Teubner
Studienskripten (TSS)

Mit der preiswerten Reihe **Teubner Studienskripten** werden dem Studenten ausgereifte Vorlesungsskripten zur Unterstützung des Studiums zur Verfügung gestellt. Die sorgfältigen Darstellungen, in Vorlesungen erprobt und bewährt, dienen der Einführung in das jeweilige Fachgebiet. Sie fassen das für das Fachstudium notwendige Präsenzwissen zusammen und ermöglichen es dem Studenten, die in den Vorlesungen erworbenen Kenntnisse zu festigen, zu vertiefen und weiterführende Literatur heranzuziehen. Für das fortschreitende Studium können **Teubner Studienskripten** als Repetitorien eingesetzt werden. Die auch zum Selbststudium geeigneten Veröffentlichungen dieser Reihe sollen darüber hinaus den in der Praxis Stehenden über neue Strömungen der einzelnen Fachrichtungen orientieren.

Einführung in die digitale Signalverarbeitung

Von Dr.-Ing. Hermann Götz
Professor an der
Fachhochschule München

Mit 144 Abbildungen und
25 durchgerechneten Beispielen

B. G. Teubner Stuttgart 1990

Professor Dr.-Ing. Hermann Götz

1936 in München geboren. 1956 - 1961 Studium der elektrischen
Nachrichtentechnik an der Technischen Hochschule München.
1961 - 1965 wissenschaftlicher Assistent am dortigen Institut
für Hochfrequenztechnik. 1963 Promotion an der Technischen
Hochschule München.
1965 - 1969 Entwicklungsingenieur und Laborleiter im Zentral-
laboratorium für Nachrichtentechnik der Siemens AG in München.
Seit 1969 Mitglied des Fachbereichs Elektrotechnik der Fachhochschule München, Leiter des Laboratoriums für Signalverarbeitung.

CIP-Titelaufnahme der Deutschen Bibliothek

Götz, Hermann:
Einführung in die digitale Signalverarbeitung /
von Hermann Götz. -
Stuttgart : Teubner, 1990
  (Teubner Studienskripten ; 117 : Elektrotechnik)
  ISBN 978-3-519-00117-1   ISBN 978-3-322-91129-2 (eBook)
  DOI 10.1007/978-3-322-91129-2

Gesamtherstellung: Druckhaus Beltz, Hemsbach/Bergstraße
Umschlaggestaltung: M. Koch, Ostfildern

Vorwort

Das vorliegende Buch geht aus einer Wahlvorlesung hervor,
die ich seit 1986 an der Fachhochschule München halte. Es
wendet sich an Studierende der Fachrichtungen Nachrichtentechnik, Meßtechnik und Informatik, und an bereits in
der Industrie tätige Ingenieure, die einen Einblick in
das moderne Gebiet der digitalen Signalverarbeitung gewinnen wollen.

Als Voraussetzung für das Verständnis des Textes genügt
die Kenntnis der Integral- und Differentialrechnung und
der komplexen Wechselstromrechnung.

Bei der digitalen Signalverarbeitung werden analoge Signale abgetastet und im Analog-Digital-Wandler in eine
binäre Zahlenfolge umgesetzt. Durch numerische Verarbeitung dieser Zahlenfolge lassen sich lineare und nichtlineare Prozesse, wie z. B. Filterung, Fourieranalyse,
Modulation, Demodulation und Gleichrichtung realisieren.
Im Digital-Analog-Wandler kann die veränderte Zahlenfolge
schließlich wieder in ein analoges Signal umgewandelt
werden.

Auf Grund der digitalen Verarbeitung sind diese Systeme
unempfindlich gegen Änderungen der Bauelementewerte, der
Temperatur und Versorgungsspannung und gegen Störungen
und Alterung. Ein individueller Abgleich erübrigt sich.
Die erreichbare Genauigkeit hängt von der Anzahl der zur
Zahlendarstellung verwendeten Binärstellen ab.
Im Gegensatz zu analogen Systemen besteht die Möglichkeit, Filter zu realisieren, die keinerlei Gruppenlaufzeitverzerrung besitzen. Die Eigenschaften eines Systems

4

können in kurzen Zeitabständen verändert werden. Bei der
Sprachsynthese wird beispielsweise der Vokaltrakt des
Menschen durch ein Filter nachgebildet, dessen Koeffi-
zienten etwa alle 20 ms verändert werden. Auch adaptive
Systeme, die sich schnell an neue Situationen anpassen
müssen, sind nur digital zu realisieren.

In diesem Buch werden einführend die Verfahren zur Beschreibung analoger (zeitkontinuierlicher) Signale und
Systeme im Zeit- und Frequenzbereich, die vielen Lesern
sicher bereits bekannt sind, zusammengefaßt und erläutert: Fourieranalyse, Fourier- und Laplace-Transforma-
tion, Faltung, Korrelation.
Davon ausgehend wird in die Darstellung digitaler (zeitdiskreter) Signale und Systeme eingeführt:
Abtastung und Quantisierung, diskrete Faltung und Korrelation, Differenzengleichung, z-Transformation, diskrete
Fourier-Transformation (DFT), schnelle Fourier-Transformation (FFT), schnelle Faltung.
Der Entwurf und die Analyse rekursiver und nichtrekur-
siver digitaler Filter werden dargestellt. Dabei werden
Direkt-, Kaskaden-, und Parallelstruktur, Kreuzglieder
und Wellendigitalfilter untersucht.
Effekte begrenzter Wortlänge werden diskutiert und an
Hand von Simulationsergebnissen demonstriert.

Allen, die zur Entstehung dieses Buches beigetragen haben, möchte ich an dieser Stelle herzlich danken, insbesondere Herrn Dr. J. Schlembach vom Verlag für wertvolle
Anregungen, meinen Kollegen Prof. Dr. E. Müller und Prof.
E. Schlagheck für die Durchsicht des Manuskripts und mei-
nem Sohn Benedikt für die Anfertigung der Zeichnungen.

München, im Oktober 1989   H. Götz

Inhaltsverzeichnis

Formelzeichen und Symbole

*	Faltung
o——•	Fourier-Transformation, Laplace-Transformation
int[...]	Abschneiden der Nachkommastellen einer Zahl
i = a (1) b	heißt i läuft mit Schrittweite 1 von a bis b.
Re[$\underline{A}$]	Realteil von $\underline{A}$
Im[$\underline{A}$]	Imaginärteil von $\underline{A}$
a	Zahl
a'	durch begrenzte Wortlänge veränderte Zahl
a(f)	Dämpfung
a_d	Durchlaßdämpfung
a_s	Sperrdämpfung
a(t)	analoges (zeitkontinuierliches) Signal
a(nT), a(n)	digitales (zeitdiskretes) Signal
$\underline{A}$	komplexe Größe
$\underline{A}^*$	konjugiert komplexe Größe
$\underline{A}$(f)	Fourier-Transformierte (Spektrum)
$\|\underline{A}(f)\|$	Amplitudenspektrum
$\underline{A}_k$	Fourierkoeffizient
$\underline{A}$(k)	Diskrete Fourier-Transformierte
$\underline{A}$(p)	Laplace-Transformierte
$\underline{A}$(z)	z-Transformierte
$\underline{A}(\psi)$	einlaufende Spannungswelle
$\underline{B}(\psi)$	auslaufende Spannungswelle
δ(t)	Diracimpuls
δ(n)	Einheitsimpuls
D	Dehnungsfaktor
DFT[...]	Diskrete Fourier-Transformierte
f	Frequenz
f_a	Abtastfrequenz
f_d	Durchlaßgrenze
f_g	Grenzfrequenz
f_s	Sperrgrenze
φ(f)	Phasenspektrum, Phasengang
F[...]	Fourier-Transformierte
F^{-1}[...]	Fourier-Rücktransformierte
γ, α	Adaptorkoeffizienten
$\underline{G}$(f)	Wunschfunktion
h(n)	digitale (zeitdiskrete) Impulsantwort
h(t)	analoge (zeitkontinuierliche) Impulsantwort
h_{nk}(n)	nichtkausale Impulsantwort
$\underline{H}$(f)	Frequenzgang
$\|\underline{H}(f)\|$	Amplitudengang

$\underline{H}_{nk}(f)$ Frequenzgang eines nichtkausalen Systems

$\underline{H}(p)$, $\underline{H}(z)$ Übertragungsfunktion

$IDFT[...]$ Diskrete Fourier-Rücktransformierte

$j = \sqrt{-1}$

k Filtergrad

$k_{12}(\tau)$ Kreuzkorrelationsfunktion

k_i Skalierungsfaktor

$L[...]$ Laplace-Transformierte

$L^{-1}[...]$ Laplace-Rücktransformierte

μ Anzahl der Koeffizenten eines Filters

$M = k + 1$ Impulsantwort-Länge (FIR-Filter)

N DFT- (FFT-) Länge

$N_{\ddot{u}}$ inverses Übertrager-Übersetzungsverhältnis

$\underline{N} = N_R + jN_I$ Nennerpolynom

$p = \sigma + j\omega$ komplexe Kreisfrequenz

q Quantisierungsstufe

ρ binäre Wortlänge inclusive Vorzeichen (Bit)

$si\,\nu = (\sin \nu)/\nu$

$\underline{S}(\psi)$ Reflexionsfaktor, Übertragungsfaktor

S/Q Signal-Quantisierungsgeräusch-Abstand (dB)

t, τ Zeit

τ_g Gruppenlaufzeit

T Abtastperiodendauer

$w = u + jv$ Kreisfrequenz im Referenzbereich der Bilineartransformation

$w' = u' + jv'$ normierte Kreisfrequenz im Referenzbereich der Bilineartransformation

$w(n)$ zeitdiskrete Fensterfunktion

ω Kreisfrequenz

Ω Kreisfrequenz, auf Abtastfrequenz normiert

Ω_p Polwinkel in der z-Ebene

$\underline{W}_N$ Drehfaktor

$x(n)$ Eingangssignal

$y(n)$ Ausgangssignal

$\psi = \varepsilon + j\eta$ Kreisfrequenz im normierten Referenzbereich eines Wellendigitalfilters

z komplexe Variable der z-Transformation

z_0 Nullstelle

z_p Polstelle

$Z[...]$ z-Transformierte

$Z^{-1}[...]$ z-Rücktransformierte

$\underline{Z} = Z_R + jZ_I$ Zählerpolynom

1. Analoge Signale und Systeme

1.1 Fourierreihe

In diesem Kapitel stellt x(t) ein periodisches Signal mit der Periodendauer T_1 dar. Es läßt sich als Summe von ganzzahlig harmonischen, sinusförmigen Schwingungen darstellen (Fourierreihe, nach dem Mathematiker Fourier benannt).
Die erste Harmonische (Grundschwingung) hat die Frequenz

$$f_1 = 1/T_1; \quad \omega_1 = 2\pi f_1 = 2\pi/T_1 \qquad (1.1)$$

ω_1 ist die sog. Kreisfrequenz.

Zu den Harmonischen kommt u. U. noch ein Gleichanteil (Mittelwert), der als cos-Schwingung der Frequenz Null aufgefaßt werden kann. Bild 1.1 zeigt dies am Beispiel eines periodischen positiven Sägezahnimpulses (gestrichelt).

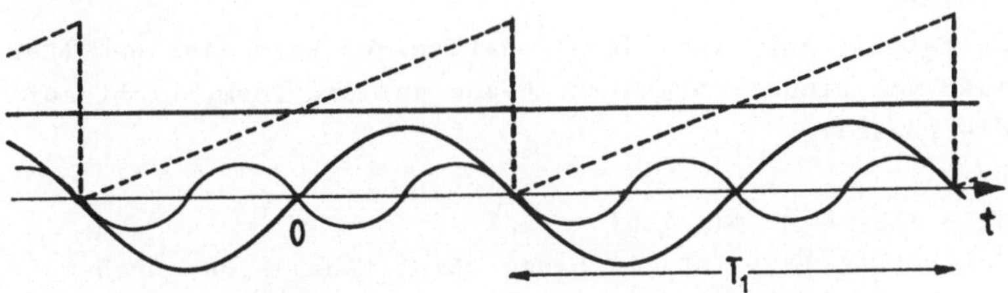

Bild 1.1 Periodischer positiver Sägezahnimpuls (gestrichelt). Gleichanteil, 1. und 2. Harmonische der Fourierreihe.

Jede Harmonische eines reellen periodischen Signals läßt
sich als Summe zweier konjugiert komplexer Zeiger beschreiben, die in der komplexen Ebene mit entgegenge-
setztem Drehsinn umlaufen.

Bild 1.2 zeigt das Beispiel einer k-ten Harmonischen, die
$\varphi_k = +\pi/6$ besitzt (Voreilung).

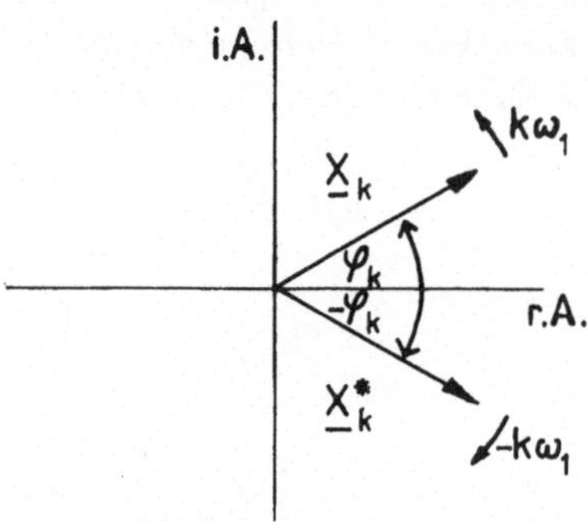

Bild 1.2
Komplexe Darstellung einer
Harmonischen zum Zeitpunkt
t = 0

Allgemein gilt:

$A_k \cos(k\omega_1 t + \varphi_k) = \underline{X}_k\, e^{jk\omega_1 t} + \underline{X}_k^* e^{-jk\omega_1 t}$

$(k = 0; 1; 2; 3; \ldots\ldots\ldots)$

Die Phase φ_k der Harmonischen ist hierbei am Cosinus definiert.

A_k ist die Amplitude der sinusförmigen Harmonischen. (Der
Ausdruck sinusförmig nimmt Bezug auf die Form, nicht auf
die Phase).

Es gilt

$\underline{X}_k = |\underline{X}_k|\, e^{j\varphi_k}$ mit $|\underline{X}_k| = A_k/2$.

Der Betrag $|\underline{X}_k|$ ist die Länge (Amplitude) eines Dreh-
zeigers.

Eine positive oder negative <u>Cosinus-Schwingung</u>
(φ_k = 0 oder π) ergibt <u>reelles</u> $\underline{X}_k$, d. h. die beiden Drehzeiger stehen zum Zeitpunkt t = 0 in Richtung der posi-
tiven oder negativen reellen Achse.

Eine positive oder negative <u>Sinus-Schwingung</u>
(φ_k = -π/2 oder +π/2) ergibt rein imaginäres $\underline{X}_k$, d. h.
einer der Drehzeiger steht zum Zeitpunkt t = 0 in Rich-
tung der negativen imaginären Achse, der andere in Richtung der positiven imaginären Achse, bzw. umgekehrt.

Verschiebt man ein Signal auf der Zeitachse, z. B. um t_0
nach rechts, so bleiben die Amplituden aller Harmonischen
unverändert, die Phasen ändern sich um $\Delta\varphi_k = -k\omega_1 t_0$.

Bild 1.3 zeigt die Drehzeiger und die zugehörige Schwingung einer k-ten Harmonischen mit φ_k = π/4 zu verschiedenen Zeitpunkten.

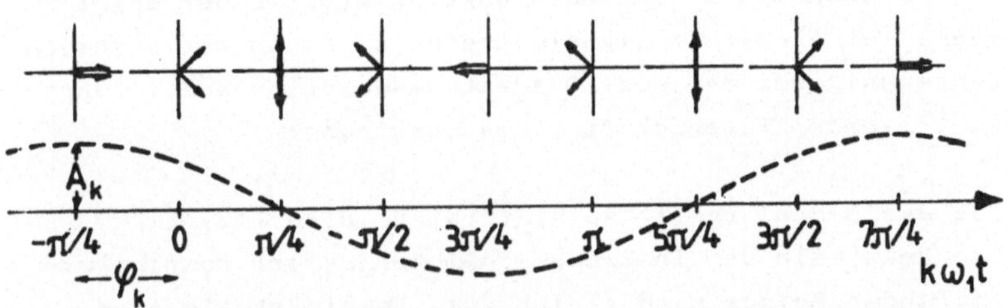

Bild 1.3 Komplexe Darstellung einer Harmonischen zu verschiedenen
Zeitpunkten

Die Fourierreihe in komplexer Schreibweise, im folgenden
F-Reihe genannt, des reellen periodischen Signals x(t)
ist die Summe aller Drehzeiger:

$$x(t) = \sum_{k=-\infty}^{+\infty} \underline{X}_k e^{jk\omega_1 t} \qquad (1.2)$$

Die in mathematisch negativer Drehrichtung umlaufenden konjugiert komplexen Zeiger $\underline{X}_k^*$ sind hierbei dadurch berücksichtigt, daß der Summenindex k auch negative Werte annimmt. Um die negative Drehrichtung anzudeuten, spricht man hierbei von "negativen Frequenzen".
Der Gleichanteil (k = 0) ist in (1.2) ebenfalls enthalten.

Trägt man die komplexen Fourierkoeffizienten $\underline{X}_k$ über der Frequenzachse auf, so erhält man das sog. Spektrum, d. h. den Frequenzgehalt des Signals. Periodische Signale besitzen ein Linienspektrum, sog. Spektrallinien. Sie liegen bei den diskreten Frequenzen $kf_1 = k/T_1$.

Eigenschaften des komplexen Spektrums:
Die Tatsache, daß eine Zeitfunktion x(t) in der Regel reell ist (komplexe Signale treten z. B. in der Nachrichtentechnik bei der sog. Quadraturmodulation auf), führt zu folgenden Eigenschaften des Spektrums:

Ist das Signal reell, so gilt (siehe Bild 1.2):
Die Realteile der in diesem Fall konjugiert komplex umlaufenden Zeiger sind gleich, die Imaginärteile sind entgegengesetzt gleich, d. h. der Realteil des Spektrums ist eine gerade Funktion der Frequenz, und der Imaginärteil des Spektrums ist eine ungerade Funktion der Frequenz.
Dies heißt auch, daß das Betragsspektrum (Amplitudenspektrum) eines reellen Signals eine gerade Funktion der Frequenz und das Phasenspektrum eine ungerade Funktion der Frequenz ist.

Bild 1.4 zeigt als Beispiel das Spektrum des periodischen, positiven Sägezahnimpulses von Bild 1.1. mit der dortigen Wahl des Zeitnullpunkts.

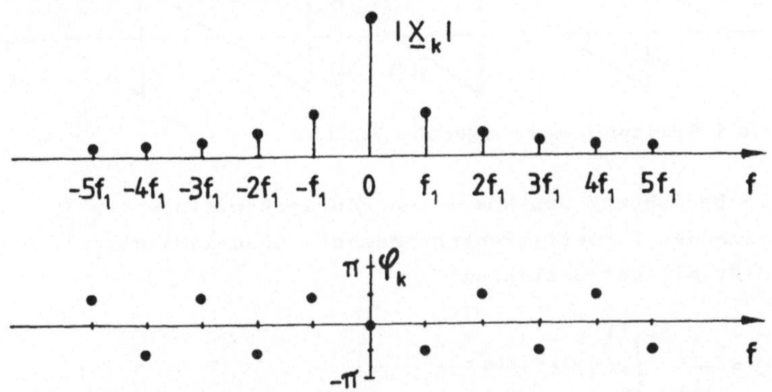

Bild 1.4 Amplituden- und Phasenspektrum des periodischen positiven Sägezahnimpulses von Bild 1.1

Ist das <u>reelle</u> Signal x(t) eine <u>gerade</u> Funktion, d. h. x(t) = x(-t) (Bild 1.5), so besteht es nur aus cos-Schwingungen (φ_k = 0 oder π). Das Spektrum $\underline{X}_k$ ist dann <u>reell</u> und <u>gerade</u>, da der Realteil des Spektrums eines reellen Signals eine gerade Funktion ist.

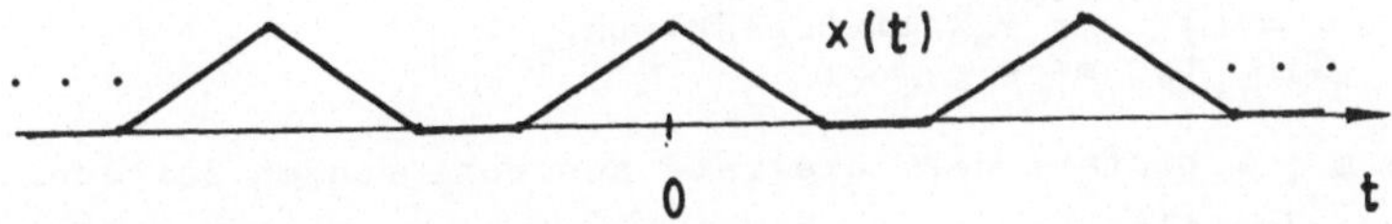

Bild 1.5 Beispiel einer geraden Funktion

Ist das <u>reelle</u> Signal x(t) eine <u>ungerade</u> Funktion (Bild 1.6), d. h. x(t) = -x(-t), so besteht es nur aus sin-Schwingungen (φ_k = $\pm\pi/2$). Das Spektrum $\underline{X}_k$ ist dann

<u>imaginär und ungerade</u>, da der Imaginärteil des Spektrums eines reellen Signals eine ungerade Funktion ist.

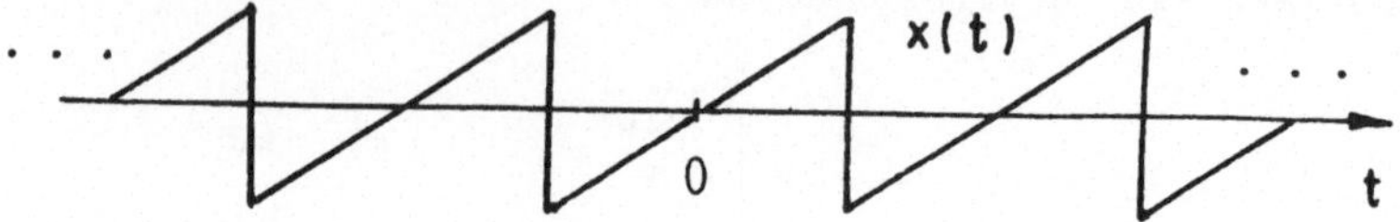

Bild 1.6 Beispiel einer ungeraden Funktion

Die Berechnung der komplexen Fourierkoeffizienten $\underline{X}_k$, im folgenden F-Koeffizienten genannt, (Fourieranalyse), erfolgt mit der Beziehung:

$$\underline{X}_k = \frac{1}{T_1} \int_{t_a}^{t_a+T_1} x(t)\, e^{-jk\omega_1 t}\, dt \tag{1.3}$$

Die Integrationszeit beginnt zu einem beliebigen Zeitpunkt t_a und erstreckt sich über eine Periode T_1 des Signals. Nimmt man an, daß $x(t)$ dimensionslos ist, so erkennt man aus (1.3), daß auch $\underline{X}_k$ dimensionslos ist.

Der Beweis von (1.3) erfolgt durch Einsetzen von (1.2), wobei dort k in m umbenannt wird, in (1.3):

$$\underline{X}_k = \frac{1}{T_1} \int_{t_a}^{t_a+T_1} \sum_{m=-\infty}^{+\infty} \underline{X}_m e^{jm\omega_1 t} \cdot e^{-jk\omega_1 t}\, dt$$

Für $m \neq k$ besteht der Integrand aus rotierenden Zeigern, wobei jeweils über eine oder mehrere ganze Perioden integriert wird. Das Ergebnis ist jeweils gleich Null. Nur für $m = k$ ergibt sich somit ein Beitrag :

$$\underline{X}_k = \frac{1}{T_1} \int_{t_a}^{t_a+T_1} \underline{X}_k e^{jk\omega_1 t} \cdot e^{-jk\omega_1 t}\, dt = \frac{\underline{X}_k}{T_1} \int_{t_a}^{t_a+T_1} dt = \underline{X}_k$$

Dies ist eine Identität.

Aus dem Beweis erkennt man, weshalb im Exponenten von
(1.3) ein Minuszeichen stehen muß:

Um die komplexe Amplitude $\underline{X}_k$ eines im Signal x(t) enthaltenen, mit der Frequenz $k\omega_1$ rotierenden Zeigers zu ermitteln, muß das Signal mit einem im umgekehrten Drehsinn
rotierenden Zeiger der Frequenz $-k\omega_1$ multipliziert werden. Hierdurch wird die Rotation dieser Harmonischen im
Integranden zum Verschwinden gebracht. Das Integral liefert dann gerade diese Harmonische.

<u>Beispiel 1.1</u>

Periodischer, positiver Rechteckimpuls (Bild 1.7).

Wird der Zeitnullpunkt zunächst in die Mitte eines
Rechteckimpulses gelegt, so ist die Funktion x(t) eine
<u>gerade</u> Funktion der Zeit. Die komplexen F-Koeffizienten
$\underline{X}_k$ müssen dann nach dem oben Gesagten reell sein.
($\varphi_k = 0$ oder π).

Die Berechnung der F-Koeffizienten erfolgt nach (1.3).
Wählt man die Integrationsgrenzen von $-T_1/2$ bis $+T_1/2$, so
stellt man folgendes fest: Die Funktion x(t) hat im
Bereich von $-\Delta/2$ bis $+\Delta/2$ den Wert 1 und ist im Rest des
Integrationsintervalls gleich Null. Somit genügt es hier,
von $-\Delta/2$ bis $+\Delta/2$ zu integrieren:

$$\underline{X}_k = \frac{1}{T_1} \int_{-\Delta/2}^{+\Delta/2} 1 \cdot e^{-jk\omega_1 t}\,dt = \frac{1}{-jk\omega_1 T_1} \left(e^{-jk\omega_1 \Delta/2} - e^{jk\omega_1 \Delta/2} \right)$$

Mit der Eulerschen Beziehung $(e^{j\alpha} - e^{-j\alpha})/2j = \sin\alpha$
ergibt dies einen reellen Ausdruck:

$$\underline{X}_k = X_k = \frac{2}{k\omega_1 T_1} \sin(k\omega_1 \Delta/2) = (\Delta/T_1)\, \frac{\sin(k\omega_1 \Delta/2)}{k\omega_1 \Delta/2}$$

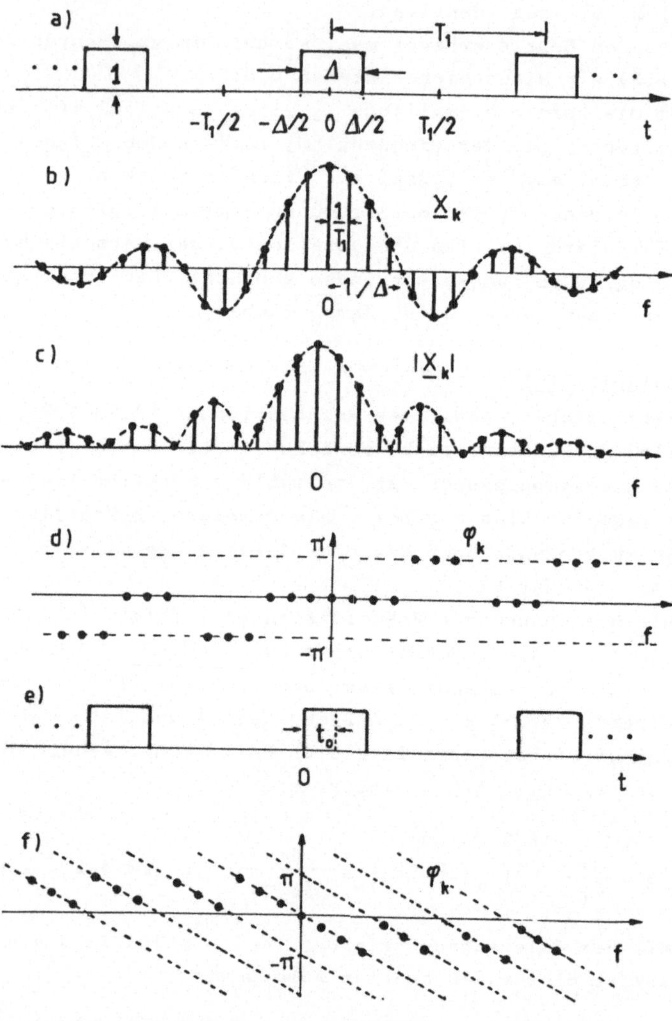

Bild 1.7 Periodischer positiver Rechteckimpuls
a) Zeitverlauf (gerade Funktion) b) Spektrum (reell)
c) Amplitudenspektrum d) Phasenspektrum
e) Signal um t_0 verzögert f) Phasenspektrum von e)

Mit der Abkürzung $\dfrac{\sin \alpha}{\alpha} = \text{si } \alpha$ erhält man

$$\underline{X}_k = X_k = (\Delta/T_1)\, \text{si}(k\omega_1\Delta/2) \qquad\qquad (1.4)$$

Der Abstand der Spektrallinien beträgt $1/T_1$. Der erste Nulldurchgang der si-Funktion liegt bei $f = 1/\Delta$.

Bild 1.7b zeigt das reelle Spektrum für $T_1 = 3,5\ \Delta$. Der Imaginärteil ist Null.

Die Fourierreihe ergibt sich durch Einsetzen von (1.4) in (1.2):

$$x(t) = (\Delta/T_1) \sum_{k=-\infty}^{+\infty} \text{si}(k\omega_1\Delta/2)e^{jk\omega_1 t} \qquad\qquad (1.5)$$

Verschiebt man das Signal z. B. um $t_0 = (1/7)\ T_1$ nach rechts (Bild 1.7e), so ergibt sich das gleiche Amplitudenspektrum. Das Phasenspektrum ändert sich um
$\Delta\varphi_k = -k\omega_1 t_0 = -k(2\pi/T_1)(T_1/7) = -k(2\pi/7)$ (Bild 1.7f).
Werte von φ_k, die außerhalb des Bereichs von $-\pi$ bis $+\pi$ liegen, sind in der Darstellung durch Verschieben um Vielfache von 2π ins Innere dieses Bereichs gebracht.

Periodischer Diracimpuls

Der Diracimpuls $\delta(t)$, nach dem Physiker Dirac benannt, ist der Grenzwert eines sehr schmalen und hohen Impulses, der zum Zeitpunkt $t = 0$ auftritt. Man kann ihn z. B. aus einem positiven Rechteckimpuls mit dem Flächeninhalt Eins ableiten, indem man die Breite Δ gegen Null gehen läßt, die Fläche jedoch konstant gleich Eins hält. Die Höhe $1/\Delta$ des Rechteckimpulses geht dann gegen Unendlich (Bild 1.8).

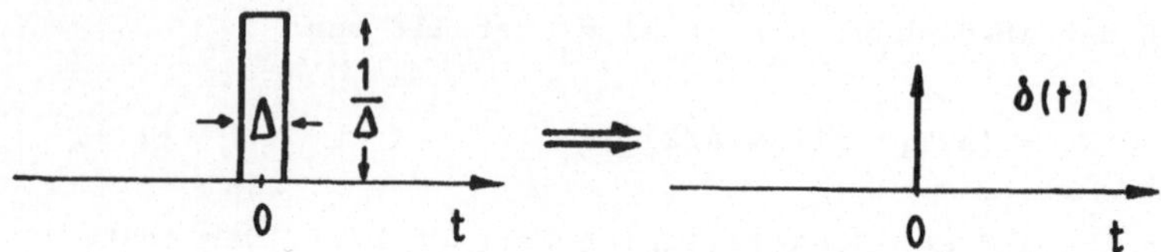

Bild 1.8 Diracimpuls aus Rechteckimpuls der Fläche 1 abgeleitet

Für die Fläche des Diracimpulses wird definiert:

$$\int_{-\infty}^{+\infty} \delta(t)\ dt = 1 \qquad (1.6)$$

Aus (1.6) erkennt man, daß der Diracimpuls - im Gegensatz zum dimensionslos definierten Signal x(t) - die Dimension 1/s besitzt.

Der Diracimpuls soll nun periodisch mit der Periodendauer T_1 auftreten. Diese Funktion nennen wir $x_\delta(t)$; die Einheit ist 1/s. (Bild 1.9).

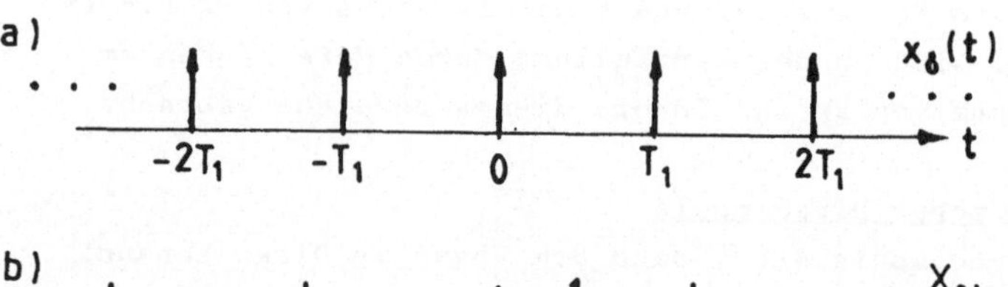

Bild 1.9 Periodischer Diracimpuls
    a) Zeitverlauf b) Spektrum (reell)

Zur Berechnung des Spektrums geht man vom periodischen Rechteckimpuls der Breite Δ und Fläche Eins, d. h. der Höhe $1/\Delta$ aus. Gegenüber Beispiel 1.1, wo der Rechteckimpuls die Höhe Eins hat, ergibt sich somit ein zusätzlicher Faktor $1/\Delta$. Bei Berücksichtigung dieses Faktors in (1.5) erhält man dann folgende Fourierreihe:

$$x_\delta(t) = \sum_{n=-\infty}^{+\infty} \delta(t - nT_1) = \lim_{\Delta \to 0} \frac{1}{T_1} \sum_{k=-\infty}^{+\infty} si(k\omega_1\Delta/2)e^{jk\omega_1 t}$$

Mit $si(0) = 1$ ergibt sich:

$$x_\delta(t) = \sum_{n=-\infty}^{+\infty} \delta(t - nT_1) = \frac{1}{T_1} \sum_{k=-\infty}^{+\infty} e^{jk\omega_1 t} \qquad (1.7)$$

Durch Vergleich mit (1.2) erhält man die Fourierkoeffizienten, die hier alle gleich groß und reell sind:

$$\underline{X}_{\delta k} = 1/T_1 \qquad (1.8)$$

Aus (1.8) erkennt man, daß diese F-Koeffizienten beim periodischen Diracimpuls die ungewöhnliche Einheit 1/s haben. Das Spektrum ist in Bild 1.9b dargestellt.

1.2 Fouriertransformation

Auch ein <u>nichtperiodisches</u> Signal x(t), z. B. ein einzelner Impuls, läßt sich, ähnlich wie ein periodisches Signal, in vielen Fällen als Summe von sinusförmigen Schwingungen darstellen. Allerdings treten hier keine ganzzahligen Harmonischen auf, sondern im allgemeinen alle Frequenzen mit mehr oder weniger (infinitesimal kleinen) Anteilen.

Durch den Grenzübergang $T_1 \to \infty$ ergibt sich aus einem periodischen ein nichtperiodisches Signal. In Bild 1.7a bleibt dann z. B. nur noch der zentrale Rechteckimpuls übrig. Wegen $T_1 \to \infty$ geht der Abstand der Spektrallinien gegen Null: $1/T_1 \to df$. Die Fouriertransformierte $\underline{X}_f(f) = |\underline{X}_f(f)|e^{j\varphi(f)}$ stellt daher ein kontinuierliches Spektrum, ein sog. <u>Dichtespektrum</u> (spektrale Dichte) mit der Einheit 1/Hz bzw. s dar (wenn x(t) dimensionslos angenommen wird).

Aus den Gleichungen der Fourierreihe (1.2) und (1.3) ergeben sich die Formeln der Fouriertransformation, im folgenden F-Transformation genannt [1; 2; 3].

Das Summenzeichen von (1.2) wird zum Integralzeichen; $\underline{X}_k$ wird durch $\underline{X}_f(f)df$ ersetzt, $k\omega_1$ durch ω (bzw. $2\pi f$) und $1/T_1$ durch df:

$$x(t) = \int_{-\infty}^{+\infty} \underline{X}_f(f)\, e^{j2\pi ft} df \tag{1.9}$$

und

$$\underline{X}_f(f) = \int_{-\infty}^{+\infty} x(t)\, e^{-j2\pi ft} dt \tag{1.10}$$

Der Index f soll darauf hindeuten, daß bei dieser Definition im Frequenzbereich die Variable f verwendet wird.

Auch in (1.10) findet sich wieder das beim Beweis von (1.3) erläuterte Minuszeichen im Exponenten, d. h. die Multiplikation mit einem entgegengesetzt rotierenden Zeiger.

Gl. (1.9) und (1.10) besitzen die gleiche Struktur, unterscheiden sich jedoch durch das Vorzeichen des Exponenten.

Wird die Kreisfrequenz ω an Stelle der Frequenz f verwendet, so definiert man die F-Transformation folgendermaßen:

$$\underline{X}_\omega(\omega) = \int\limits_{-\infty}^{+\infty} x(t)\ e^{-j\omega t} dt \qquad (1.10a)$$

Der Index ω deutet darauf hin, daß bei dieser Definition
im Frequenzbereich die Variable ω verwendet wird.

Man erkennt, daß die rechten Seiten von (1.10) und
(1.10a) wegen $\omega = 2\pi f$ identisch sind, so daß gilt:

$$\underline{X}_f(f) = \underline{X}_\omega(\omega) \qquad (1.11)$$

Die beiden Ausdrücke können daher wahlweise verwendet
werden.
Wegen $df = d\omega/2\pi$ ergibt sich aus (1.9) mit (1.11):

$$x(t) = \frac{1}{2\pi}\ \int\limits_{-\infty}^{+\infty} \underline{X}_\omega(\omega)\ e^{j\omega t} d\omega \qquad (1.9a)$$

Zur Vereinfachung der Schreibweise sollen ab jetzt die
Indizes f und ω <u>weggelassen</u> werden:
$\underline{X}_f(f) \rightarrow \underline{X}(f);\quad \underline{X}_\omega(\omega) \rightarrow \underline{X}(\omega)$.
Symbolisch schreibt man auch an Stelle von (1.9) und
(1.10) unter Verwendung des Transformationssymbols $\circ\!\!-\!\!-\!\!\bullet$

$$x(t)\ \circ\!\!-\!\!-\!\!\bullet\ \underline{X}(f) \qquad (1.12a)$$

bzw. unter Verwendung der Symbole F für F-Transformation
und F^{-1} für F-Rücktransformation

$$\underline{X}(f) = F[x(t)];\quad x(t) = F^{-1}[\underline{X}(f)]. \qquad (1.12b)$$

An Stelle von (1.9a) und (1.10a)

$$x(t) \ \circ\!\!-\!\!-\!\!-\cdot \ \underline{X}(\omega) \qquad\qquad (1.12c)$$

$$\underline{X}(\omega) = F[x(t)]; \quad x(t) = F^{-1}[\underline{X}(\omega)] \qquad (1.12d)$$

Eine Tabelle der F-Transformationen wichtiger Zeitfunktionen findet man z. B. in [2].

Wie bei periodischen Zeitfunktionen gilt auch bei nichtperiodischen Zeitfunktionen folgendes (Re = Realteil;
Im = Imaginärteil):

$\underline{x(t) \ reell}$: $Re[\underline{X}(f)]$ gerade; $Im[\underline{X}(f)]$ ungerade
$\qquad\qquad |\underline{X}(f)|$ gerade; $\varphi(f)$ ungerade $\qquad (1.13)$

$\underline{x(t) \ reell \ und \ gerade}$: $\underline{X}(f)$ reell und gerade
$$\varphi(f) = 0 \text{ oder } \pi \qquad (1.14)$$

$\underline{x(t) \ reell \ und \ ungerade}$: $\underline{X}(f)$ imaginär und ungerade
$$\varphi(f) = \pi/2 \text{ oder } -\pi/2 \qquad (1.15)$$

Bild 1.10 zeigt als Beispiel zur F-Transformation Zeitverlauf und Spektrum einer nichtperiodischen, abklingenden e-Funktion, die bei $t = 0$ beginnt.
Die Gleichungen (1.9) bzw. (1.9a) lassen sich in ähnlicher Weise wie die Fouriereihe (1.2) verstehen:
Man stellt sich hierbei vor, daß das Signal $x(t)$ aus
unendlich vielen, infinitesimal kleinen, konjugiert
komplex umlaufenden Zeigern aufgebaut ist. Zum Zeitpunkt
$t = 0$ haben diese Drehzeiger den Betrag $|\underline{X}(f) \ df|$ und die
Phase $\varphi(f)$.
$|\underline{X}(f)|$ nennt man Amplitudenspektrum, $\varphi(f)$ Phasenspektrum.

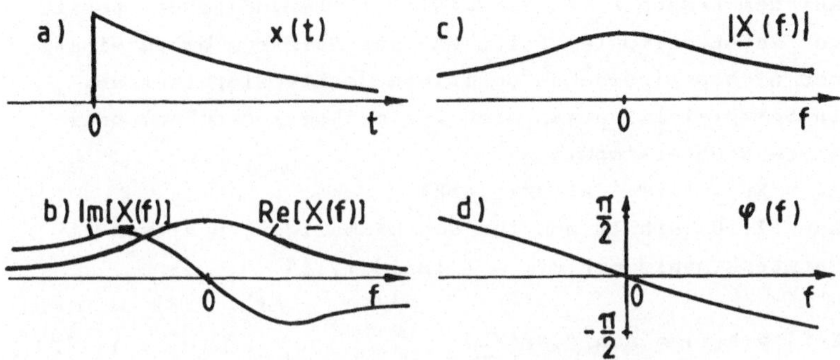

Bild 1.10 Beispiel einer nichtperiodischen Funktion
      a) Zeitverlauf b) Real- und Imaginärteil des Spektrums
      c) Amplitudenspektrum d) Phasenspektrum

Zwischen dem Spektrum $\underline{X}(f)$ eines nichtperiodischen Signals und den F-Koeffizienten $\underline{X}_k$ des periodischen Signals, das aus dem nichtperiodischen Signal durch periodische Fortsetzung nach links und rechts mit der Periodendauer T_1 hervorgeht, gilt folgender Zusammenhang:

$$T_1 \, \underline{X}_k \rightarrow \underline{X}(f) \tag{1.16}$$

Hierbei ist kf_1 durch f zu ersetzen.
Die Umkehrung lautet:

$$\underline{X}(f) \rightarrow T_1 \, \underline{X}_k \tag{1.17}$$

Hierbei ist f durch kf_1 zu ersetzen.
Die Richtigkeit dieser Beziehungen erkennt man, wenn man in (1.10) die diskrete Frequenz kf_1 einsetzt und mit (1.3) vergleicht.

<u>Beispiel 1.2</u>

Aus dem Ergebnis von Beispiel 1.1 (Periodischer, positiver Rechteckimpuls) leite man das Spektrum eines einzelnen nichtperiodischen positiven Rechteckimpulses ab.
In Beispiel 1.1 ergab sich für den periodischen, positiven Rechteckimpuls:

$\underline{X}_k = X_k = (\Delta/T_1)\ si(2\pi k f_1 \Delta/2)$

Aus (1.16) erhält man für den einmaligen, positven
Rechteckimpuls mit $kf_1 \rightarrow f$ (Bild 1.11)

$$\underline{X}(f) = X(f) = \Delta\ si(2\pi f \Delta/2) \tag{1.18}$$

Das gleiche Ergebnis hätte man natürlich durch Berechnung
mit der Formel der F-Transformation (1.10) erhalten.

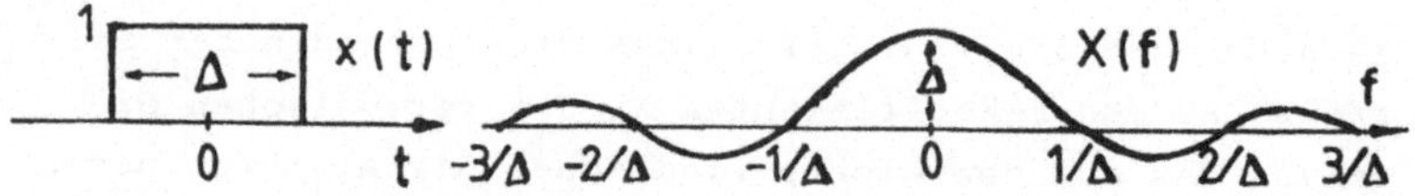

Bild 1.11 Einzelrechteckimpuls (gerade). Zeitverlauf und
Spektrum (reell)

Da dieses Spektrum reell ist, handelt es sich hier um die
Summe von unendlich vielen, infinitesimal kleinen, positiven oder negativen <u>cos-Schwingungen</u>, die sich im Zeitbereich von $-\Delta/2$ bis $+\Delta/2$ zum einmaligen Rechteckimpuls
aufbauen, und außerhalb dieses Bereichs überall auslöschen.
Einige für die folgenden Kapitel wichtige <u>Sätze der
F-Transformation</u> sollen hier erwähnt werden. Die Sätze
kann man beweisen, indem man sie in die Definition der
F-Transformation einsetzt. Mit $x(t)$ O——• $\underline{X}(f)$ ergibt
sich im einzelnen:

Linearitätssatz (Überlagerungssatz, Additionssatz)

$$a_1\, x_1(t) + a_2\, x_2(t) \; \circ\!\!-\!\!-\!\!\cdot \; a_1\, \underline{X}_1(f) + a_2\, \underline{X}_2(f) \qquad (1.19)$$

Hierbei sind a_1 und a_2 konstante Faktoren.
Die Signale einer Summe können somit einzeln transformiert werden; die Transformierten sind dann zu addieren.

Verschiebungssatz im Zeitbereich

Die Funktion $x(t)$ wird um t_0 auf der Zeitachse verschoben:

$$x(t - t_0) \; \circ\!\!-\!\!-\!\!\cdot \; \underline{X}(f)\, e^{-j2\pi f t_0} \qquad (1.20)$$

Der Betrag des Spektrums bleibt hierbei unverändert.
Ist t_0 z. B. positiv (Verzögerung), so ergibt sich eine
zusätzliche Phasendrehung des Spektrums von:
$\Delta\varphi = -\omega t_0$ (Nacheilung).

Verschiebungssatz im Frequenzbereich

Das Spektrum $\underline{X}(f)$ wird um f_0 auf der Frequenzachse
verschoben:

$$\underline{X}(f - f_0) \; \cdot\!\!-\!\!-\!\!\circ \; x(t)\, e^{j2\pi f_0 t} \qquad (1.21)$$

Hierbei ergeben sich im Zeitbereich komplexe Signale.
Komplexe Signale treten z. B. in der Nachrichtentechnik
bei der sog. Quadraturmodulation auf.

Vertauschungssatz für reelle gerade Funktionen

Die Formeln der F-Transformation (1.9) und (1.10) sind
strukturell, abgesehen von einem Minuszeichen im
Exponenten, identisch. Bei <u>reellen geraden Zeitfunktionen</u>
$x(t) = x(-t)$ mit nach (1.14) <u>reellem und geradem Spektrum</u>

X(f) = X(-f) ist dieses Minuszeichen unerheblich, so daß die Variablen f und t direkt vertauscht werden dürfen:

$$X(t) \; \circ\!\!-\!\!-\!\!\bullet \; x(f) \qquad\qquad (1.22)$$

Nach dem Tausch hat das Spektrum die Form des ursprünglichen Zeitverlaufs und der Zeitverlauf die Form des ursprünglichen Spektrums. Um dies darzustellen, ist in (1.22) X(t) groß und x(f) klein geschrieben.

Zeitinversion

Das Spektrum eines zeitinvertierten (an der Ordinate gespiegelten) Signals läßt sich aus dem sog. Ähnlichkeitssatz der F-Transformation ableiten [3].
Für reelles Signal gilt:

$$x(-t) \; \circ\!\!-\!\!-\!\!\bullet \; \underline{X}(f)^* \qquad\qquad (1.23)$$

Das Spektrum von x(-t) ist konjugiert komplex zum Spektrum von x(t).

Diracimpuls δ(t) im Zeitbereich (Bild 1.12)

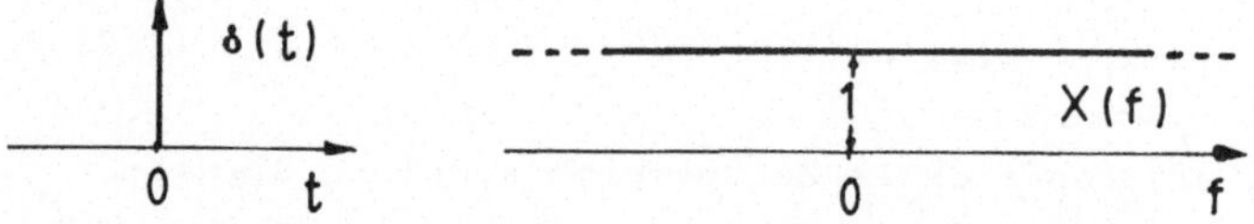

Bild 1.12 Diracimpuls im Zeitbereich; Spektrum (reell)

Das Spektrum wird, ähnlich wie bei der Ableitung der Beziehungen (1.7) und (1.8) durch Grenzübergang aus einem Rechteckimpuls der Höhe 1/Δ ermittelt. Es tritt somit gegenüber (1.18) ein zusätzlicher Faktor 1/Δ auf:

$$\underline{X}(f) = X(f) = \lim_{\Delta \to 0} si(\omega\Delta/2) = 1$$

bzw. $\delta(t)$ ⊶ $\cdot$ 1 $\qquad\qquad\qquad\qquad$ (1.24)

Das Spektrum ist reell und hat bei allen Frequenzen den gleichen Wert.

<u>Diracimpuls $\delta(f)$ im Frequenzbereich</u> (Bild 1.13)

Bild 1.13 Diracimpuls im Frequenzbereich; Zeitsignal (reell)

Obwohl es sich bei $\delta(f)$ um ein Spektrum handelt, soll der Ausdruck "Impuls" auch hier verwendet werden.
Durch Anwendung des Vertauschungssatzes (1.22) ergibt sich aus (1.24):

$$x(t) = 1; \text{ bzw. } 1 \text{ ⊶ } \cdot \delta(f) \qquad\qquad (1.25)$$

Hierbei ist das Signal $x(t)$ im Gegensatz zu (1.22) wie üblich klein geschrieben. Der Diracimpuls $\delta(f)$ wird, obwohl er ein Spektrum darstellt, hier klein geschrieben. $x(t)$ ist reell und hat zu allen Zeitpunkten den gleichen Wert. Damit kann z. B. eine Gleichspannung oder ein Gleichstrom beschrieben werden. $\delta(f)$ ist hierbei die Darstellung der bei $f = 0$ auftretenden Spektrallinie als spektrale Dichte.

Fouriertransformation periodischer Signale

Periodische Signale kann man im Frequenzbereich nicht nur
durch ihre F-Koeffizienten (Spektrallinien) darstellen,
sondern auch durch eine F-Transformierte (Spektrale
Dichte). Die Spektrallinien werden hierbei zu bewerteten
Diracimpulsen im Frequenzbereich, deren Fläche die Amplitude der Spektrallinien darstellt. Das folgende Beispiel
soll dies zeigen:

F-Transformierte des periodischen Diracimpulses

Es soll die F-Transformierte $\underline{X}_\delta(f)$ des periodischen
Diracimpulses $x_\delta(t)$ berechnet werden.
Wendet man auf (1.25) den Verschiebungssatz im Frequenz-
bereich (1.21) an, so ergibt sich mit $\underline{X}(f) = \delta(f)$ und
$x(t) = 1$

$$e^{j2\pi f_0 t} \;\; \circ\!\!-\!\!-\!\!\bullet \;\; \delta(f - f_0) \tag{1.26}$$

Setzt man $f_0 = kf_1$ und verwendet den Additionssatz
(1.19), so ergibt sich aus der F-Reihe von (1.7)

$$(1/T_1) \sum_{k=-\infty}^{+\infty} e^{jk\omega_1 t} \;\; \circ\!\!-\!\!-\!\!\bullet \;\; (1/T_1) \sum_{k=-\infty}^{+\infty} \delta(f - kf_1)$$

oder mit (1.7)

$$\sum_{n=-\infty}^{+\infty} \delta(t - nT_1) \;\; \circ\!\!-\!\!-\!\!\bullet \;\; (1/T_1) \sum_{k=-\infty}^{+\infty} \delta(f - kf_1) \tag{1.27}$$

Das Spektrum ist reell (Bild 1.14).
Die Fläche $1/T_1$ der bewerteten Diracimpulse im Frequenz-
bereich ist gleich dem Betrag der Spektrallinien (siehe
Bild 1.9).

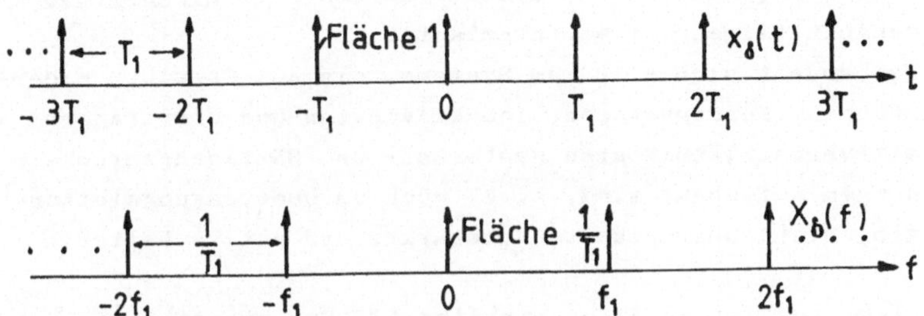

Bild 1.14 Zeitverlauf und F-Transformierte (reell) des periodischen
Diracimpulses

Der periodische Diracimpuls wird zur Beschreibung von
Abtastvorgängen verwendet.

<u>Übertragungsfunktion (Frequenzgang) und Impulsantwort
linearer zeitinvarianter stabiler Systeme</u>

<u>Linearität</u> bedeutet, daß bei Amplitudenvergrößerung des
Eingangssignals sich das Ausgangssignal (Systemreaktion)
um den gleichen Faktor vergrößert, jedoch formgleich
bleibt. Besteht das Eingangssignal aus einer Summe von
überlagerten Einzelsignalen, so ist das Ausgangssignal
die Summe der einzelnen Systemreaktionen.

<u>Zeitinvarianz</u> bedeutet, daß sich die Elemente eines
Systems zeitlich nicht verändern.

<u>Stabilität</u> bedeutet, daß nach Abschalten des Eingangs-
signals das Ausgangssignal abklingt (Schaltung schwingt
nicht).

Lineare zeitinvariante Systeme werden kurz <u>LTI-Systeme</u>
genannt (linear, time invariant).
Es handelt sich z. B. um Systeme, die aus Ohmschen Widerständen, Kondensatoren, Induktivitäten und Übertragern
mit vernachlässigbaren Hysterese- und Sättigungserschei-
nungen aufgebaut sind, z. B. auch um Übertragungsleitungen, nicht übersteuerte Verstärker und aktive Filter.

Liegt am Eingang eines stabilen LTI-Systems eine periodische, sinusförmige Schwingung, so erhält man am Ausgang
ebenfalls eine periodische, sinusförmige Schwingung der
gleichen Frequenz mit i.a. veränderter Amplitude und Pha-
senlage (Eingeschwungener Zustand).

Die Berechnung dieses Ausgangssignals kann mit der komplexen Wechselstromrechnung erfolgen. Das frequenzabhän-
gige Verhältnis von komplexem Ausgangssignal $\underline{Y}(\omega)$ zu komplexem Eingangssignal $\underline{X}(\omega)$ nennt man
<u>Übertragungsfunktion</u>:

$$\underline{H}(\omega) = |\underline{H}(\omega)| \; e^{j\varphi(\omega)} = \frac{\underline{Y}(\omega)}{\underline{X}(\omega)} \tag{1.28}$$

Auch hier gilt entspr. (1.11) die Identität $\underline{H}(f) = \underline{H}(\omega)$,
wobei zur Vereinfachung der Schreibweise die Indizes f
und ω weggelassen wurden. Beide Ausdrücke werden daher
künftig wahlweise verwendet.

Die Übertragungsfunktion beschreibt die Beziehung zwischen Ein- und Ausgang eines stabilen LTI-Systems vollständig.

Die Übertragungsfunktion $\underline{H}(\omega)$ wird auch <u>Frequenzgang</u>
genannt. Den Betrag nennt man <u>Betrags- oder Amplituden-
gang</u>; den Winkel bezeichnet man mit <u>Phasengang</u>.

In der Nachrichtentechnik werden häufig auch die Begriffe
<u>Dämpfungsmaß (Dämpfung)</u> $a(\omega) = -20 \log |\underline{H}(\omega)|$
und <u>Phasenmaß</u> $b(\omega) = -\varphi(\omega)$ verwendet.

Da nichtperiodische Signale bei der F-Transformation als
Summe von unendlich vielen, infinitesimal kleinen, periodischen sinusförmigen Schwingungen aller Frequenzen beschrieben werden, stellt die Übertragungsfunktion nach
(1.28) das Verhältnis der F-Transformierten von Aus- und
Eingangssignal dar.
Die F-Transformierte des Ausgangssignals ergibt sich aus
(1.28):

$$\underline{Y}(\omega) = \underline{X}(\omega)\,\underline{H}(\omega) \tag{1.29}$$

Das Spektrum des Ausgangssignals ist somit das mit dem
Frequenzgang des Netzwerks bewertete Spektrum des Eingangssignals.

Die Berechnung des Ausgangssignals erfolgt hierbei auf
dem Umweg über den Frequenzbereich:
Das nichtperiodische Eingangssignal wird F-transformiert;
dann wird im Frequenzbereich mit $\underline{H}(\omega)$ multipliziert und
anschließend rücktransformiert. Voraussetzung ist hier-
bei, daß das System vor dem Eintreffen des nichtperiodischen Eingangssignals unerregt ist, d. h. daß alle
Energiespeicher leer sind.

Eine andere Methode zur Berechnung des Ausgangssignals,
die sog. Faltung, wird in Kap. 1.4 besprochen. Sie erfolgt direkt im Zeitbereich ohne Umweg über den Frequenzbereich.

Legt man an den Eingang eines LTI-Systems einen Diracimpuls $\delta(t)$, so ergibt sich am Ausgang die Impulsantwort
h(t) (Bild 1.15). Sie ist kausal, d. h. sie tritt nicht
früher auf als der Diracimpuls.

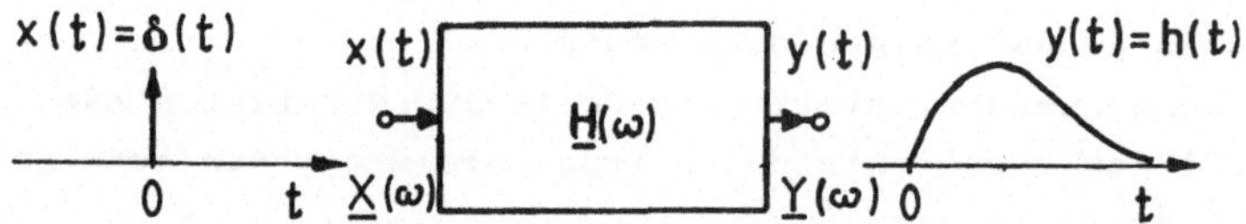

Bild 1.15 Impulsantwort eines LTI-Systems (Beispiel)

Nach (1.24) gilt für den Diracimpuls $\underline{X}(\omega) = 1$. Mit (1.29)
ergibt sich somit am Ausgang $\underline{Y}(\omega) = \underline{H}(\omega)$.
Es besteht also folgender Zusammenhang:

$$h(t) \; \circ\!\!-\!\!-\!\!\bullet \; \underline{H}(\omega) \tag{1.30}$$

Die Impulsantwort eines LTI-Systems ist die F-Rücktrans-
formierte der Übertragungsfunktion. Das System wird daher
durch seine Impulsantwort ebenfalls vollständig beschrieben. h(t) hat, wie der Diracimpuls, die ungewöhnliche
Dimension s^{-1}.

1.3 Laplace Transformation

Hier soll die einseitige Laplace Transformation, im folgenden L-Transformation genannt, behandelt werden, bei
der nur Signale x(t) zulässig sind, die frühestens bei

t = 0 beginnen. Für diese Signale ist die Bezeichnung
kausale Signale gebräuchlich. Alle in der Praxis vorkommenden Signale haben diese Eigenschaft, wenn der Zeitnullpunkt entsprechend gewählt wird.

Mit dem Pol- Nullstellenplan der L-Transformierten, kurz
PN-Plan genannt, der im folgenden behandelt wird, lassen
sich tiefere Einblicke in die Eigenschaften von Signalen
und LTI-Systemen gewinnen. Während das Integral der
F-Transformation (1.10) bzw. (1.10a) bei Signalen, die
für $t \rightarrow \infty$ unbegrenzt sind, nicht konvergiert, läßt sich
vielfach die Divergenz beseitigen, indem man das Signal
$x(t)$ mit dem "Konvergenzfaktor" $e^{-\sigma t}$ multipliziert:

$x_k(t) = x(t)\ e^{-\sigma t}$.

Der Index k steht hier für "Konvergenz".

Wählt man für σ einen hinreichend großen positiven Wert,
so kann man meist erreichen, daß $x_k(t)$ für $t \rightarrow \infty$ gegen
Null geht. Dann kann eine F-Transformation von $x_k(t)$ nach
(1.10a) erfolgen.

Das Integral beginnt hier bei t = 0, da $x(t)$ und damit
auch $x_k(t)$ laut Voraussetzung kausal sind.

$$\underline{X}_k(\sigma,\omega) = \int_0^\infty x_k(t)\ e^{-j\omega t}dt = \int_0^\infty x(t)\ e^{-(\sigma+j\omega)t}dt$$

Mit der Abkürzung

$$\sigma + j\omega = p \qquad\qquad\qquad (1.31)$$

und der Umbenennung $\underline{X}_k(\sigma,\omega) \rightarrow \underline{X}(p)$ ergibt sich die Formel
der L-Transformation

$$\underline{X}(p) = \int_0^\infty x(t)\ e^{-pt}dt \qquad\qquad\qquad (1.32)$$

mit $x(t) = 0$ für $t < 0$ und mit $\sigma > \sigma_k$;

σ_k ist der Wert von σ, ab dem (1.32) konvergiert, d. h. berechenbar ist.

p nennt man **komplexe Frequenz**. Der Einfachheit halber wird p ohne Unterstreichung geschrieben. Technische Kreisfrequenzen ω befinden sich hierbei auf der positiven imaginären Achse der p-Ebene.

Bei der L-Transformation verwendet man ebenfalls das Symbol O———· ; außerdem die Symbole L, bzw. L^{-1} für die Hin- und Rücktransformation.

Die L-Transformierte ist , wie die F-Transformierte, eine spektrale Dichte mit der Einheit s, wenn x(t) dimensionslos angenommen wird.

Beispiel 1.3 (Bild 1.16)

Gegeben sei die Funktion $x(t) = e^{at}$ mit $x(t) = 0$ für $t < 0$ und $a = 1 \, s^{-1}$.

Das L-Integral (1.32) konvergiert für $\sigma > \sigma_k$ mit $\sigma_k = a$, da dann der Integrand für $t \to \infty$ gegen Null geht.

In Bild 1.16 ist der Konvergenzbereich in der komplexen p-Ebene schraffiert dargestellt. Im Konvergenzbereich ergibt sich die Lösung

$$\underline{X}(p) = \int_0^\infty e^{at} \, e^{-pt} dt = \int_0^\infty e^{(a-p)t} dt = \frac{1}{a-p} \, e^{(a-p)t} \Big|_0^\infty$$

$$= \frac{1}{a-p} \, e^{(a-\sigma)t} \, e^{-j\omega t} \Big|_0^\infty = \frac{1}{p-a} = \frac{1}{p-1} \, s,$$

denn der Ausdruck $e^{(a-\sigma)t}$ wird im Konvergenzbereich $(\sigma > a)$ beim Einsetzen der oberen Grenze zu Null.

Der Nenner von $\underline{X}(p)$ wird Null für $p = p_p = a = 1 \, s^{-1}$. $\underline{X}(p)$ wird dort unendlich groß.

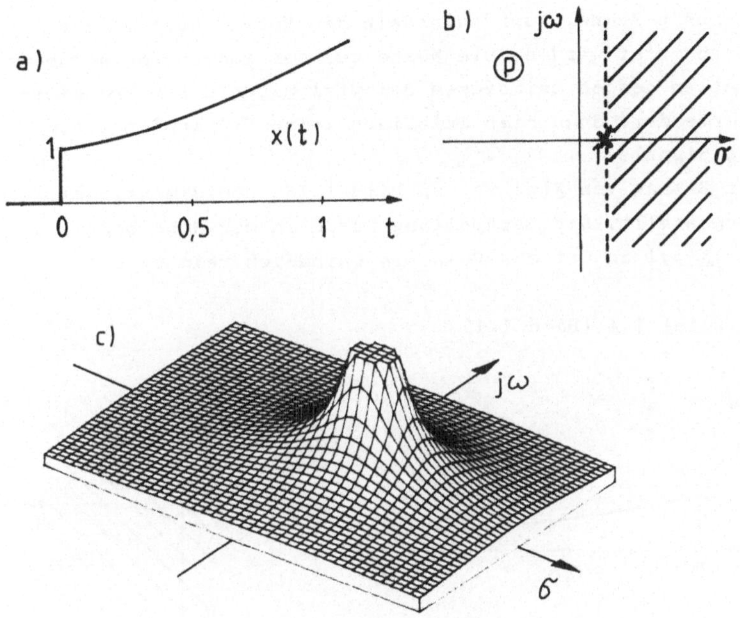

Bild 1.16 Beispiel 1.3.
      a) Signal x(t) b) p-Ebene mit Pol
      c) 3-D-Darstellung von $|\underline{X}(p)|$

p_P ist ein <u>Pol</u> von $\underline{X}(p)$. Der Pol ist als Kreuz in der
p-Ebene von Bild 1.16 eingezeichnet.
Man erkennt, daß die Konvergenzhalbebene sich vom Pol
nach rechts erstreckt (allgemein erstreckt sie sich vom
Pol mit dem größten Realteil nach rechts).

Auf der imaginären Achse der p-Ebene (p = jω) findet man
die F-Transformierte des Signals, allerdings <u>nur dann</u>,
wenn die imaginäre Achse im Konvergenzgebiet liegt.

Die Funktion $\underline{X}(p)$ kann, nachdem sie ermittelt ist, in der ganzen p-Ebene, auch außerhalb des Konvergenzbereichs, ausgewertet werden. Die Werte auf der imaginären Achse stellen jedoch bei diesem Beispiel <u>nicht</u> die F-Transformierte dar, denn hier existiert keine F-Transformierte des Signals.

Der Betrag von $\underline{X}(p)$ ist in Bild 1.16c dreidimensional dargestellt. Die Darstellung wurde in der Höhe begrenzt, da $|\underline{X}(p)|$ am Ort des Pols bis Unendlich reicht.

<u>Beispiel 1.4</u> (Bild 1.17)

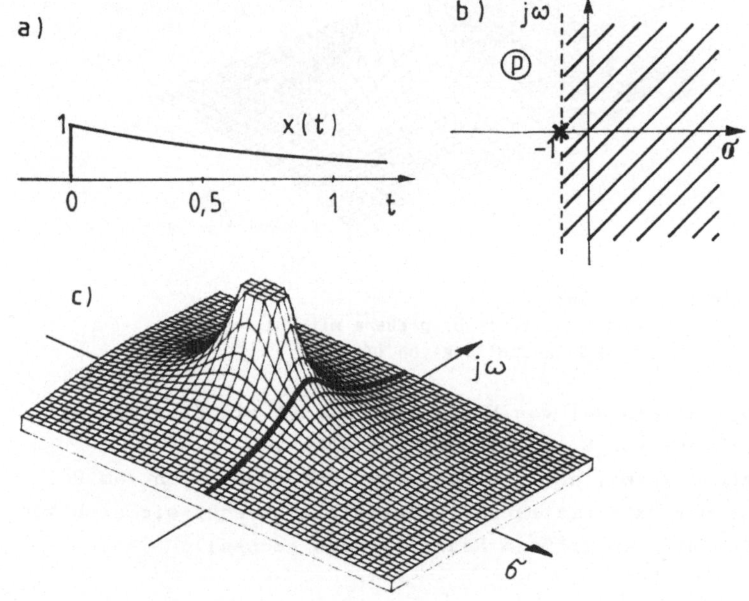

Bild 1.17 Beispiel 1.4
      a) Zeitverlauf x(t) b) p-Ebene mit Pol
      c) 3-D-Darstellung von $|\underline{X}(p)|$

Wählt man in der Funktion $x(t) = e^{at}$ von Beispiel 1.3
$a = -1\ s^{-1}$, so handelt es sich um eine mit t fallende
e-Funktion. Die L-Transformierte ist
$\underline{X}(p) = 1/(p - a) = [1/(p + 1)]$ s.
Die imaginäre Achse der p-Ebene liegt hier im Konvergenzbereich der Funktion.
Für $p = j\omega$ erhält man somit die F-Transformierte
(Spektrum) des Signals:
$\underline{X}(\omega) = 1/(j\omega - a) = [1/(j\omega + 1)]$ s
Der Betrag des Spektrums $|\underline{X}(\omega)|$ ist der Betrag der
L-Transformierten $|\underline{X}(p)|$ auf der imaginären Achse der
p-Ebene. Er ist in der dreidimensionalen Darstellung von
Bild 1.17 als kräftige Linie dargestellt (siehe auch Bild
1.10).

<u>Laplace-Rücktransformation</u>
$\underline{X}(p)$ ist die F-Transformierte der Funktion
$x_k(t) = x(t)\ e^{-\sigma t}$ (siehe Ableitung von (1.32)).
Mit der Formel der F-Rücktransformation (1.9a) gilt daher

$$x(t)\ e^{-\sigma t} = (1/2\pi) \int_{-\infty}^{+\infty} \underline{X}(p)\ e^{j\omega t} d\omega$$

Multipliziert man diese Gleichung mit $e^{\sigma t}$, so gilt:

$$x(t) = (1/2\pi) \int_{-\infty}^{+\infty} \underline{X}(p)\ e^{(\sigma+j\omega)t} d\omega = (1/2\pi) \int_{-\infty}^{+\infty} \underline{X}(p)\ e^{pt} d\omega$$

Die Integration erfolgt über ω; $\sigma = \sigma_0$ ist ein Wert im
Konvergenzgebiet, denn bei der Definition von x_k wurde
$\sigma > \sigma_k$ gewählt.
Mit $p = \sigma_0 + j\omega$; $dp = j\ d\omega$; $d\omega = dp/j$; ergibt sich dann

$$x(t) = (1/2\pi j) \int_{\sigma_0-j\infty}^{\sigma_0+j\infty} X(p)\, e^{pt} dp \qquad\qquad (1.33)$$

Der Integrationsweg verläuft im Konvergenzgebiet im
Abstand σ_0 parallel zur imaginären Achse der p-Ebene.

Wegen $e^{pt} = e^{\sigma t}\, e^{j\omega t}$ stellt man sich (1.33) so vor, daß
das Signal x(t) aus unendlich vielen, infinitesimal
kleinen, konjugiert komplex umlaufenden Zeigern aller
Frequenzen aufgebaut ist. Im Gegensatz zur F-Transformation können bei der L-Transformation die Längen der
Drehzeiger, je nach Wahl von σ_0, mit der Zeit anwachsen
oder abfallen. Ein nichtperiodisches Signal läßt sich
also offensichtlich nicht nur aus stationären Schwingungen, sondern auch aus mit der Zeit anwachsenden oder
abfallenden Schwingungen aufbauen. Handelt es sich um ein
Signal, das für $t \to \infty$ unbegrenzt ist (Beispiel 1.3), so
müssen hierzu anwachsende Schwingungen verwendet werden
(Integration im Konvergenzgebiet).

Meist wird man versuchen, die L-Rücktransformation mit
einer Tabelle, z. B. [2] durchzuführen, u. U. nach vor-
heriger Umformung mit den Sätzen der L-Transformation.
Viele Signale und Übertragungsfunktionen sind gebrochen
rationale Funktionen von p. Die L-Rücktransformation kann
dann, wenn sie nicht tabelliert ist, statt mit (1.33)
einfacher mittels Partialbruchzerlegung durchgeführt
werden [1; 2].

<u>Einige Sätze der Laplace Transformation</u>
Die Sätze der F-Transformation können Verwendung finden,
indem man $j\omega$ durch p ersetzt, wenn sie nicht der Voraussetzung der L-Transformation, daß x(t) kausal sein muß,
widersprechen. Zwei Sätze sollen hier erwähnt werden:

<u>Linearitätssatz (Überlagerungssatz, Additionssatz)</u>

$$a_1 \, x_1(t) + a_2 \, x_2(t) \; \circ\!\!-\!\!-\!\!\cdot \; a_1 \, \underline{X}_1(p) + a_2 \, \underline{X}_2(p) \qquad (1.34)$$

<u>Verschiebungssatz im Zeitbereich</u>
$x(t)$ wird um t_0 <u>nach rechts</u> verschoben (t_0 ist positiv).

$$x(t - t_0) \; \circ\!\!-\!\!-\!\!\cdot \; \underline{X}(p) \, e^{-p t_0} \qquad (1.35)$$

$$\text{mit } x(t - t_0) = 0 \text{ für } t < t_0$$

<u>Übertragungsfunktion eines stabilen LTI-Systems</u>
Sie wird analog zu (1.28) definiert:

$$\underline{H}(p) = \frac{\underline{Y}(p)}{\underline{X}(p)} \qquad (1.36)$$

Die Berechnung erfolgt wieder mit der komplexen Wechselstromrechnung, wobei $j\omega$ durch p ersetzt wird. Die
L-Transformierte des Ausgangssignals ist

$$\underline{Y}(p) = \underline{X}(p) \, \underline{H}(p) \qquad (1.37)$$

Für die Impulsantwort nach (1.30) gilt

$$h(t) \; \circ\!\!-\!\!-\!\!\cdot \; \underline{H}(p) \qquad (1.38)$$

<u>Stabilität</u>
Die Impulsantwort $h(t)$ eines stabilen Systems muß für
$t \to \infty$ verschwinden. Es existiert dann eine F-Transformierte $\underline{H}(\omega)$, d. h. die imaginäre Achse der p-Ebene liegt
im Konvergenzgebiet von $\underline{H}(p)$. Alle Pole von $\underline{H}(p)$ müssen
deshalb in der offenen linken p-Halbebene ($\sigma < 0$) liegen
und deshalb negative Realteile besitzen. Die Pole von

$\underline{H}(p)$ werden auch als Eigenfrequenzen bezeichnet. Regt man
z. B. das System mit einem Diracimpuls an, so erscheint
am Ausgang des Systems als Impulsantwort eine Summe von
Schwingungen mit den jeweiligen Eigenfrequenzen. Bei
einem stabilen System sind dies abklingende Schwingungen.

<u>Beispiel 1.5</u>

Die Spannungsübertragungsfunktion eines RC-Tiefpasses
nach Bild 1.18 ist zu berechnen.

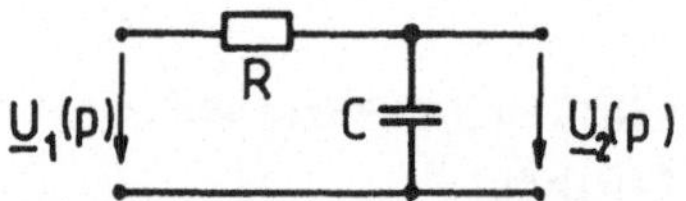

Bild 1.18 RC-Tiefpaß

Die Spannungsteilerregel der komplexen Wechselstromrechnung ergibt:

$$\underline{H}(\omega) = \frac{\underline{U}_2(\omega)}{\underline{U}_1(\omega)} = \frac{(1/j\omega C)}{(1/j\omega C) + R} = \frac{1}{j\omega RC + 1}$$

nun wird $j\omega$ durch p ersetzt

$$\underline{H}(p) = \frac{1}{pRC + 1}$$

Wenn das Produkt RC zu 1 s gewählt wird, ist dies die
gleiche Funktion wie in Beispiel 1.4 (Bild 1.17), wobei
$\underline{X}$ durch $\underline{H}$ und $x(t)$ durch die Impulsantwort $h(t)$ zu ersetzen sind.
Der Betrag des Frequenzgangs der Übertragungsfunktion
$|\underline{H}(\omega)|$, (Amplitudengang) ist die kräftig gezeichnete
Linie oberhalb der imaginären Achse von Bild 1.17c.

Man erkennt, daß $|\underline{H}(\omega)|$ bei denjenigen Werten von ω groß
ist, bei denen sich ein Pol von $\underline{H}(p)$ in der Nähe der
imaginären Achse befindet. Bei diesem Beispiel handelt es

sich um einen Tiefpaß, da der Pol am dichtesten bei der
Frequenz $\omega = 0$ liegt.

Bei Bandpässen z. B. befinden sich Pole <u>dort</u> in der Nähe
der imaginären Achse, wo der Durchlaßfrequenzbereich
liegt. Wenn die Impulsantwort reell ist, treten diese
Pole, wie noch gezeigt wird, in konjugiert komplexen
Paaren auf.

Viele L-Transformierte von Signalen und viele Übertragungsfunktionen besitzen außer Polen auch Nullstellen,
die ebenfalls den Frequenzgang beeinflussen.

<u>Beispiel 1.6</u>
An den Eingang eines RC-Hochpasses nach Bild 1.19 wird
zum Zeitpunkt t = 0 ein Spannungssprung der Höhe 1 V
gelegt.
Der Verlauf der Ausgangsspannung ist zu ermitteln.

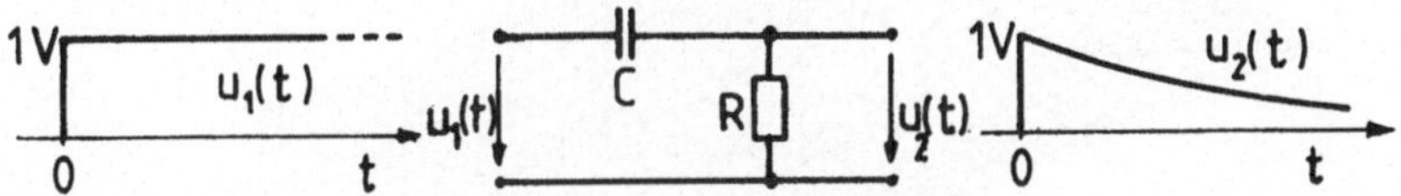

Bild 1.19 Spannungssprung am RC-Hochpaß

Die L-Transformierte der Eingangsspannung ist mit (1.32)

$$\underline{U}_1(p) = \int_0^\infty 1\, e^{-pt}dt = \frac{1}{p}\ Vs$$

Die Übertragungsfunktion ist

$$\underline{H}(p) = \frac{R}{R + (1/pC)} = \frac{pRC}{pRC + 1}$$

Die Übertragungsfunktion ist gleich Null bei
$p = p_0 = 0$ s^{-1} (Nullstelle).
Ein Pol liegt bei $p = p_p = -(1/RC)$ s^{-1}.
Dies ist in Bild 1.20 für $RC = 1$ s dargestellt.
(Der Konvergenzbereich ist dort nicht eingetragen).

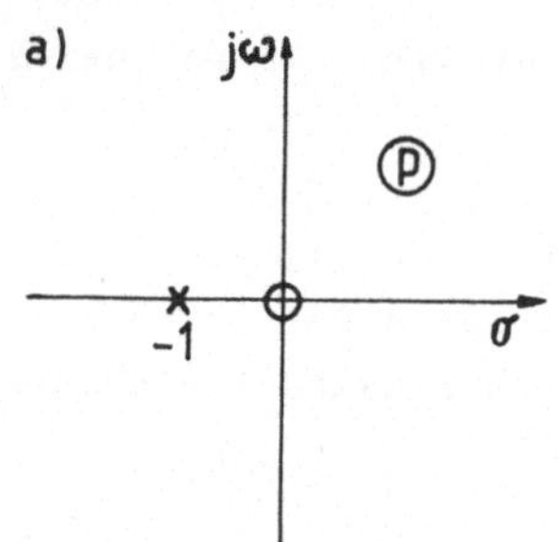

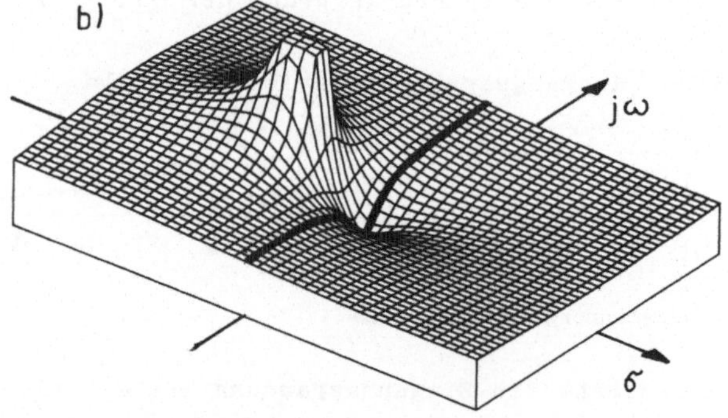

Bild 1.20 RC-Hochpaß, Übertragungsfunktion
  a) Pol-Nullstellen-Plan
  b) 3-D-Darstellung von $|\underline{H}(p)|$

Die L-Transformierte der Ausgangsspannung ist entsprechend (1.37)

$$\underline{U}_2(p) = \underline{U}_1(p) \cdot \underline{H}(p) = \frac{1}{p}\, Vs \cdot \frac{pRC}{pRC + 1} = \frac{RC}{pRC + 1}\, Vs$$

Wählt man das Produkt RC zu 1 s, so ist dies wieder die gleiche Funktion wie in Beispiel 1.4 (Bild 1.17), wobei $\underline{X}$ durch $\underline{U}_2$ und $x(t)$ durch $u_2(t)$ zu ersetzen sind.

Wie in den Beispielen 1.5 und 1.6 gezeigt wurde, ist die Übertragungsfunktion eines stabilen, aus konzentrierten Elementen aufgebauten LTI-Systems eine gebrochen rationale Funktion von p. Dies gilt auch für eine große Klasse von Signalen.
Die allgemeine Form einer gebrochen rationalen Funktion von p soll hier am Beispiel Übertragungsfunktion gezeigt werden:

$$\underline{H}(p) = \frac{c_0 + c_1p + c_2p^2 + \ldots\ldots\ldots +c_rp^r}{d_0 + d_1p + d_2p^2 + \ldots\ldots\ldots + p^k} \qquad (1.39)$$

Die Funktion ist hier so normiert, daß der Koeffizient $d_k = 1$ ist. Bei kausalen Signalen und Systemen (Bedingung der einseitigen L-Transformation) gilt $r \leq k$. Bei reeller Impulsantwort $h(t)$ sind alle Koeffizienten reell.

Die Nullstellen des Zähler- und Nennerpolynoms lassen sich bis zum 4. Grad geschlossen, darüber nur mit numerischen Verfahren berechnen. In Filterkatalogen sind sie meist angegeben.Die Übertragungsfunktion kann dann auch in der Produktform dargestellt werden:

$$\underline{H}(p) = c_r \frac{(p - p_{01})(p - p_{02}) \ldots\ldots (p - p_{0r})}{(p - p_{p1})(p - p_{p2}) \ldots\ldots (p - p_{pk})} \qquad (1.39a)$$

p_{0i} = Nullstellen von $\underline{H}(p)$; p_{pi} = Pole von $\underline{H}(p)$;

Man erkennt, daß die Übertragungsfunktion (bis auf einen konstanten Faktor) allein durch die Lage der Pole und Nullstellen definiert ist (reguläre Funktion).

Wenn die Koeffizienten von (1.39) <u>reell</u> sind, gilt folgendes:

Komplexe Nullstellen treten immer in <u>konjugiert komplexen Paaren</u> auf, denn das Produkt $(p - p_0)(p - p_0^*)$ ist reell. Das gleiche gilt für die Pole.

Frequenzgang der Übertragungsfunktion

Reelle Kreisfrequenzen ω liegen auf der imaginären Achse der p-Ebene. Man setzt in (1.39) bzw. (1.39a) $p = j\omega$. Aus (1.39a) ergibt sich dann für den Frequenzgang

$$\underline{H}(\omega) = c_r \frac{\prod\limits_{i=1}^{r}(j\omega - p_{0i})}{\prod\limits_{i=1}^{k}(j\omega - p_{pi})} \tag{1.40}$$

Der Betrag (Amplitudengang) ist

$$|\underline{H}(\omega)| = |c_r| \frac{\prod\limits_{i=1}^{r}|j\omega - p_{0i}|}{\prod\limits_{i=1}^{k}|j\omega - p_{pi}|} = |c_r| \frac{\prod\limits_{i=1}^{r} s_{0i}(\omega)}{\prod\limits_{i=1}^{k} s_{pi}(\omega)} \tag{1.41}$$

Die s_{0i} und s_{pi} sind hierbei die Längen der komplexen Zeiger, die sich von den Nullstellen und Polen zu einem Punkt $j\omega$ auf der imaginären Achse erstrecken. Bild 1.21 zeigt ein Beispiel mit einer Nullstelle und zwei konjugiert komplexen Polen. Statt (1.41) zu berechnen, kann man somit den Amplitudengang auch graphisch ermitteln.

Untersucht man den Betrag der Übertragungsfunktion (Amplitudengang) in Abhängigkeit von der Frequenz, d. h. läuft man auf der imaginären Achse der p-Ebene nach oben, so erkennt man aus (1.41), daß der Betrag an den Stellen groß ist, wo sich ein Pol in der Nähe der imaginären

Achse befindet, und daß er dort klein ist, wo sich eine
Nullstelle in der Nähe oder auf der imaginären Achse be-
findet. Aus dem PN-Plan läßt sich daher oft mit einem
Blick die Filtereigenschaft eines Netzwerks erkennen.

Der Phasengang ist

$$\varphi(\omega) = \text{arc}[\underline{H}(\omega)]$$

$$= \text{arc}[c_r] + \sum_{i=1}^{r} \text{arc}[j\omega - p_{0i}] - \sum_{i=1}^{k} \text{arc}[j\omega - p_{pi}]$$

$$= \text{arc}[c_r] + \sum_{i=1}^{r} \varphi_{0i}(\omega) - \sum_{i=1}^{k} \varphi_{pi}(\omega) \tag{1.42}$$

Die φ_{0i} und φ_{pi} sind hierbei die Winkel zwischen der
positiven reellen Achse der p-Ebene und den oben genann-
ten komplexen Zeigern (Bild 1.21).

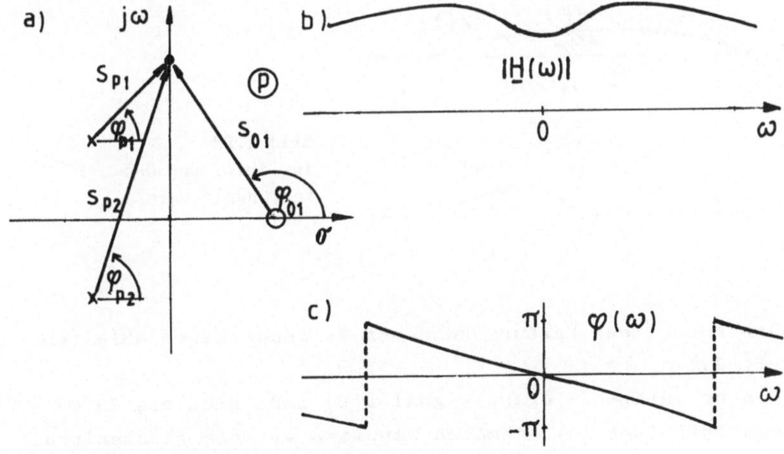

Bild 1.21 Graphische Ermittlung des Frequenzgangs
     a) Pol-Nullstellen-Plan b) Amplitudengang
     c) Phasengang (c_r negativ angenommen)

Das Amplituden- und Phasenspektrum eines kausalen
Signals, das für t → ∞ gegen Null strebt, läßt sich in
gleicher Weise aus seinem PN-Plan ermitteln.

1.4 Faltung

Die Faltung ist ein Verfahren, bei dem das Ausgangssignal
y(t) eines LTI-Systems direkt im Zeitbereich aus dem Eingangssignal x(t) und der Impulsantwort h(t) des Systems
berechnet wird.
In den Kapiteln 1.2 bzw. 1.3 wurde im Gegensatz dazu der
Weg über den Frequenzbereich unter Verwendung der Transformierten der Impulsantwort, der Übertragungsfunktion
$\underline{H}(\omega)$ bzw. $\underline{H}(p)$, sowie der Spektralfunktion $\underline{X}(p)$ beschrieben (Gl.(1.29) bzw. (1.37)).

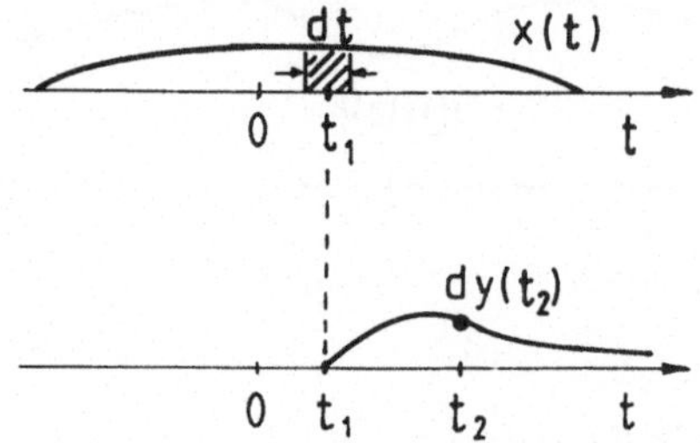

Bild 1.22
Zur Ableitung des
Faltungsintegrals

Die Formel der Faltung kann man folgendermaßen ableiten
[1; 3]:
Ein beliebiges Eingangssignal x(t) läßt sich als Folge
von infinitesimal schmalen Impulsen mit dem Flächeninhalt
x(t)dt auffassen. Bild 1.22 zeigt einen derartigen Impuls, der zum Zeitpunkt t_1 auftritt. Er bewirkt ein Ausgangssignal dy, das der mit der Impulsfläche bewerteten

und verzögerten Impulsantwort $h(t)$ des LTI-Systems entspricht.
Zum Zeitpunkt t_2 hat dieses Ausgangssignal den Wert
$dy(t_2) = x(t_1)dt\; h(t_2 - t_1)$.
Alle Impulse des Eigangssignals liefern zum Zeitpunkt t_2
den Beitrag (t_1 ist jetzt variabel und wird durch t ersetzt):

$$y(t_2) = \int_{-\infty}^{+\infty} x(t)\; h(t_2 - t)dt$$

Zum Integral tragen nur Werte des Eingangssignals bei,
die vor dem Zeitpunkt t_2 auftreten, denn $h(t_2 - t)$ ist
Null für $t > t_2$ (kausale Impulsantwort).
t_2 soll nun ebenfalls variabel sein. Deshalb ersetzt man
wie folgt: $t \rightarrow \tau$; $t_2 \rightarrow t$;
Dann ergibt sich die Schreibweise:

$$y(t) = \int_{-\infty}^{+\infty} x(\tau)\; h(t - \tau)d\tau \qquad\qquad (1.43)$$

Dies ist das Faltungsintegral (Englisch: Convolution).
Symbolisch verwendet man den Faltungsstern:

$$y(t) = x(t) * h(t) \qquad\qquad (1.43a)$$

Das Ausgangssignal ergibt sich somit als Faltung des
Eingangssignals mit der Impulsantwort des LTI-Systems
($x(t)$ gefaltet mit $h(t)$).
Die Faltung ist kommutativ [3]:

$$\int_{-\infty}^{+\infty} x(\tau)\; h(t - \tau)d\tau = \int_{-\infty}^{+\infty} x(t - \tau)\; h(\tau)d\tau \qquad\qquad (1.44)$$

bzw.

$$x(t) * h(t) = h(t) * x(t) \qquad\qquad (1.44a)$$

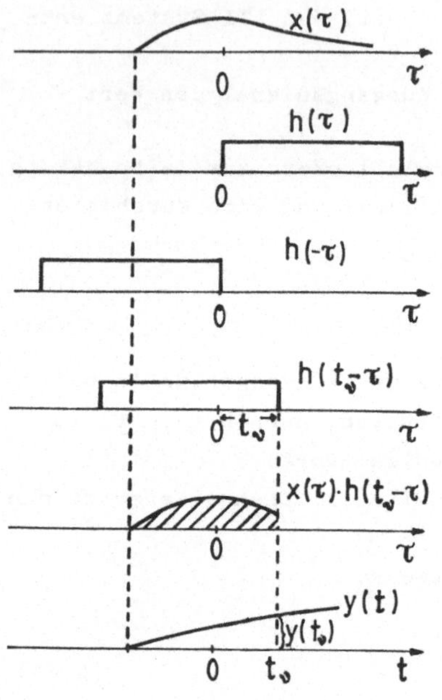

Wenn das Faltungsintegral (1.43) nicht geschlossen lösbar ist, kann man es näherungsweise auch numerisch oder graphisch ermitteln. Bei der graphischen Lösungsmethode ist zu erkennen, woher der Name Faltung stammt (Bild 1.23):

Bild 1.23 Faltung (Schraffierte Fläche = $y(t_\nu)$)

Das Eingangssignal x(t) und die Impulsantwort h(t) des LTI-Systems seien gegeben. Nun wird t durch τ ersetzt, wodurch man x(τ) und h(τ) erhält. In (1.43) wird h(t - τ) benötigt. Hierzu wird zunächst h(τ) nach links umgeklappt (<u>umgefaltet</u>), wodurch sich h(-τ) ergibt.
Soll nun eine graphische Lösung, z. B. für den Zeitpunkt t = t_ν gefunden werden, so verschiebt man die Kurve noch um t_ν. Man erhält h(t_ν - τ). Multiplikation mit x(τ) und anschließende Ermittlung der Fläche ergibt y(t_ν).
Wiederholt man diese Konstruktion für genügend viele Zeitpunkte t = t_ν, so erhält man eine Näherungslösung für y(t). Sie ist in der untersten Skizze von Bild 1.23

dargestellt. Man beachte, daß diese Skizze eine t-Achse besitzt.

Die Faltung zweier mit T_1 periodischer Signale $x_{p1}(t)$ und $x_{p2}(t)$ wird ähnlich wie (1.43) definiert:

$$y_p(t) = \frac{1}{T_1} \int\limits_{t_a}^{t_a+T_1} x_{p1}(\tau)\, x_{p2}(t - \tau)\, d\tau \qquad (1.43b)$$

Das Integral erstreckt sich über eine Periode. $y_p(t)$ ist ebenfalls mit T_1 periodisch.

<u>Faltungssätze der F-Transformation</u>
Wie gezeigt wurde, entspricht einer Multiplikation im Frequenzbereich, z. B. (1.29), eine Faltung im Zeitbereich, z. B. (1.43) bzw. (1.43a). Allgemein:

$$\underline{X}_1(\omega)\, \underline{X}_2(\omega) \quad \bullet\!\!-\!\!-\!\!\circ \quad x_1(t) * x_2(t) \qquad (1.45)$$

Ebenso kann man zeigen, daß einer Multiplikation im Zeitbereich eine Faltung im Frequenzbereich entspricht [1; 2]:

$$x_1(t)\, x_2(t) \quad \circ\!\!-\!\!-\!\!\bullet \quad \underline{X}_1(f) * \underline{X}_2(f) \qquad (1.46)$$

bzw. wegen $df = d\omega/2\pi$

$$x_1(t)\, x_2(t) \quad \circ\!\!-\!\!-\!\!\bullet \quad (1/2\pi)\, [\underline{X}_1(\omega) * \underline{X}_2(\omega)] \qquad (1.46a)$$

Hier tritt die sog. komplexe Faltung auf. Durch Zerlegung der komplexen Größen in Real- und Imaginärteil ergeben sich vier reelle Faltungsintegrale.

Faltung mit verschobenem Diracimpuls

Der Diracimpuls soll hier zum Zeitpunkt $t = t_0$ auftreten: $\delta(t - t_0)$. Die damit zu faltende Funktion sei $x(t)$ genannt. Mit dem Kommutativgesetz (1.44a) gilt

$$x(t) * \delta(t - t_0) = \delta(t - t_0) * x(t) =$$

$$\int_{-\infty}^{+\infty} \delta(\tau - t_0)\, x(t - \tau)\, d\tau$$

Der Integrand ist nur zum Zeitpunkt $\tau = t_0$, wo der Diracimpuls auftritt, ungleich Null. Dort nimmt $x(t - \tau)$ den Wert $x(t - t_0)$ an und kann, da nun keine Abhängigkeit von τ mehr besteht, vor das Integral gezogen werden:

$$x(t) * \delta(t - t_0) = x(t - t_0) \int_{-\infty}^{+\infty} \delta(\tau - t_0)\, d\tau$$

Das Integral über einen Diracimpuls ist definitionsgemäß gleich Eins. Somit ergibt sich

$$x(t) * \delta(t - t_0) = x(t - t_0) \qquad\qquad (1.47)$$

Die Funktion $x(t)$ wird um t_0 verschoben, der Diracimpuls verschwindet.

In gleicher Weise läßt sich auch folgende Beziehung ableiten:
Integriert man das Produkt von Signal und Diracimpuls, so ergibt sich derjenige Wert, den das Signal dort hat, wo der Diracimpuls auftritt:

$$\int_{-\infty}^{+\infty} x(\nu)\, \delta(\nu - \nu_0)\, d\nu = x(\nu_0) \qquad\qquad (1.48)$$

Man nennt dies die <u>Ausblendeigenschaft</u> des Diracimpulses.

Ähnlich wie oben ergibt sich für die Faltung eines Spektrums mit einem auf der Frequenzachse verschobenen Diracimpuls :

$$\underline{X}(f) * \delta(f - f_0) = \underline{X}(f - f_0) \qquad (1.49)$$

bzw.

$$\underline{X}(\omega) * \delta(\omega - \omega_0) = \underline{X}(\omega - \omega_0) \qquad (1.49a)$$

1.5 Korrelation

In Bild 1.24 sind zwei Signale $x_1(t)$ und $x_2(t)$ dargestellt. Die Kreuzkorrelationsfunktion (KKF) k_{12} wird nun so definiert, daß sie dann einen großen Wert erreicht, wenn diese Signale erstens möglichst formgleich sind und zweitens zur gleichen Zeit auftreten. Verschiebt man eines der beiden Signale gegenüber dem anderen um τ, so ändert sich der Wert von k_{12}. Man definiert k_{12} daher in Abhängigkeit von τ:

$$k_{12}(\tau) = \int_{-\infty}^{+\infty} x_1(t)\, x_2(t - \tau)\, dt \qquad (1.50)$$

Die KKF zweier mit T_1 periodischer Signale $x_{p1}(t)$ und $x_{p2}(t)$ wird ähnlich wie (1.50) definiert:

$$k_{p12}(\tau) = \frac{1}{T_1} \int_{t_a}^{t_a+T_1} x_{p1}(t)\, x_{p2}(t - \tau)\, dt \qquad (1.50a)$$

Das Integral erstreckt sich über eine Periode. $k_{p12}(\tau)$ ist ebenfalls mit T_1 periodisch.

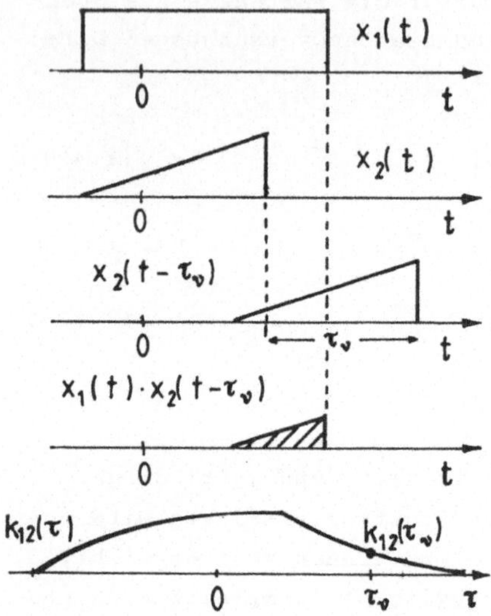

Bild 1.24 zeigt die graphische Lösung für eine relative Verschiebung $\tau = \tau_v$. Bei positivem τ_v wird die Funktion x_2 nach rechts verschoben.

Wiederholt man diese Konstruktion für genügend viele τ_v, so erhält man eine Näherungslösung. Diese ist in der untersten Skizze von Bild 1.24 in Abhängigkeit von τ dargestellt.

Bild 1.24 Korrelation (Schraffierte Fläche = $k_{12}(\tau_v)$)

Vergleicht man Bild 1.24 mit Bild 1.23, so erkennt man, daß bei der Korrelation, im Gegensatz zur Faltung, nicht umgeklappt wird.

Die Korrelation läßt sich auch <u>als Faltung</u> formulieren, wenn das Umklappen durch ein Minuszeichen rückgängig gemacht wird [3]:

$$k_{12}(\tau) = x_1(\tau) * x_2(-\tau) \tag{1.51}$$

Die KKF ist nicht kommutativ. Mit der Definition

$$k_{21}(\tau) = \int_{-\infty}^{+\infty} x_1(t - \tau)\, x_2(t)\,dt \tag{1.52}$$

gilt [3]:

$$k_{12}(\tau) = k_{21}(-\tau) \qquad\qquad (1.53)$$

Dies bedeutet eine Spiegelung an der Ordinate (Zeitinversion).

Die F-Transformierte $\underline{K}_{12}(f)$ von $k_{12}(\tau)$ ergibt sich aus (1.51) mit dem Faltungssatz (1.45) (t wird dort durch τ ersetzt) und mit (1.23):

$$\underline{K}_{12}(f) = \underline{X}_1(f)\,\underline{X}_2^*(f) \qquad\qquad (1.54)$$

Vergleicht man eine Funktion mit sich selbst d. h., wenn in (1.50) $x_1(t) = x_2(t)$ ist, so spricht man von Autokorrelationsfunktion (AKF).

In der Literatur findet sich auch eine andere Definition der KKF, wobei in (1.50) und (1.52) das Argument $t + \tau$ an Stelle des Arguments $t - \tau$ verwendet wird. Dies bedeutet bei positivem τ_ν, daß z. B. in (1.50) die Funktion x_2 nach links statt nach rechts verschoben wird. Hierbei vertauschen sich die Ergebnisse von k_{12} und k_{21} gegenüber der hier verwendeten Definition.

2. Beschreibung digitaler Signale und Systeme im Zeitbereich

2.1 Blockschaltbild einer digitalen Signalverarbeitung

Bild 2.1 zeigt das Blockschaltbild einer digitalen Signalverarbeitung. Durch einen einfachen analogen Tiefpaß, das Vorfilter TP1 (Antialias-Tiefpaß) wird das analoge (zeitkontinuierliche) Eingangssignal nach oben hin frequenzbandbegrenzt, um das Abtasttheorem (siehe Kap. 2.2) zu erfüllen. Anschließend wird das Signal mit der Abtasthalteschaltung SH zeitdiskretisiert und über eine Abtastperiodendauer T festgehalten (Sample- and Hold-Baustein). Die Abtastwerte werden dann amplitudenquantisiert (AD-Wandler). Die binäre Zahlenfolge gelangt nun in die digitale Verarbeitungseinheit (z. B. Signalprozessor).

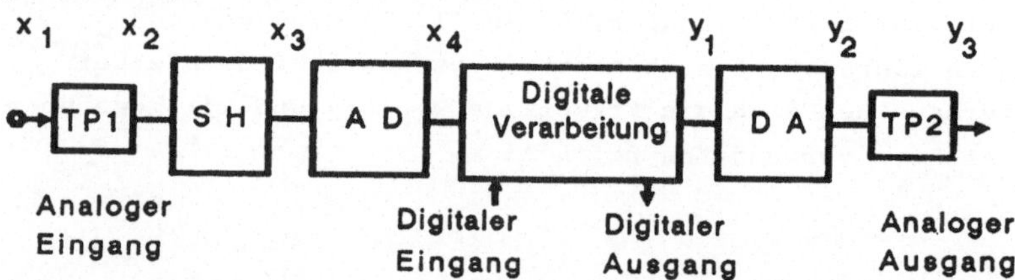

Bild 2.1 Blockschaltbild einer digitalen Signalverarbeitung

Bei vielen Anwendungen der digitalen Signalverarbeitung sind digitale Ergebnisse erwünscht, z. B. die Frequenz eines sinusförmigen Signals. Der digitale Ausgang ist gestrichelt eingezeichnet.

Wird dagegen das Ausgangssignal in analoger Form benötigt, so wird die digitale Ausgangszahlenfolge zunächst als treppenförmiges Signal dargestellt (DA-Wandler) und anschließend mit einem analogen Tiefpaß, dem Nachfilter TP2 geglättet (Regenerationstiefpaß).

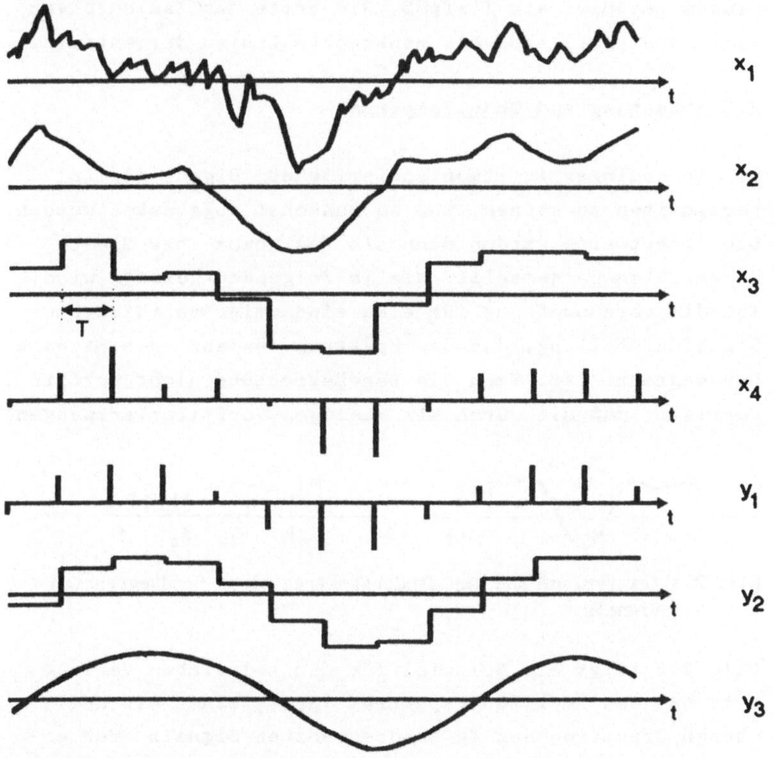

Bild 2.2 Signale an verschiedenen Punkten des Blockschaltbildes

Wenn digitale Signale, z. B. Pulscodemodulationssignale (PCM) verarbeitet werden sollen, wird der gestrichelt gezeichnete digitale Eingang verwendet. Soll eine lineare

Verarbeitung erfolgen, so müssen z. B. PCM-Signale, die
mit der sog. Kompandierungskennlinie vorverzerrt sind,
zunächst entzerrt werden.

Bild 2.2 zeigt Signalbeispiele an den einzelnen Stellen
des Blockschaltbildes. Die digitale Verarbeitung wirkt in
diesem Beispiel als Tiefpaß. Die Werte der Zahlenfolgen
$x_4(t)$ und $y_1(t)$ sind als senkrechte Linien dargestellt.

2.2 Abtastung und Quantisierung

Um ein analoges (zeitkontinuierliches) Signal digital
verarbeiten zu können, muß es zunächst abgetastet werden.
Die Abtastwerte werden dann als Festkomma- bzw Gleitkommazahlen dargestellt. Wie im folgenden gezeigt wird,
ist die Voraussetzung für eine eindeutige zeitdiskrete
Signaldarstellung, daß das Spektrum des analogen Signals
bandbegrenzt ist. Wenn die Bandbegrenzung nicht bereits
vorliegt, muß sie durch ein analoges Vorfilter erzwungen
werden.

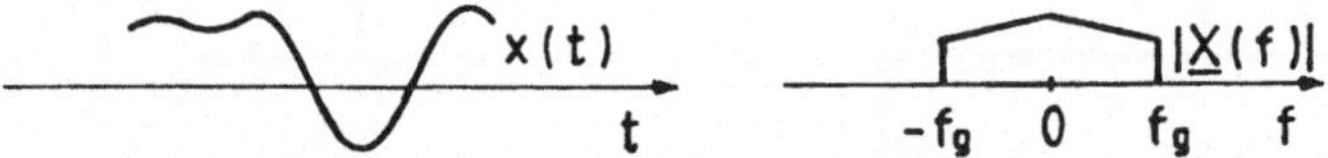

Bild 2.3 Zeitverlauf und Amplitudenspektrum eines bandbegrenzten
Signals

Bild 2.3 zeigt ein Beispiel für den zeitlichen Verlauf
$x(t)$ und das Amplitudenspektrum $|\underline{X}(f)|$ eines mit der
oberen Grenzfrequenz f_g bandbegrenzten Signals. Man erkennt, daß der Signalverlauf sich nicht abrupt ändern
kann, da nur Schwingungen bis zur Frequenz f_g im Signal
enthalten sind. Daraus läßt sich bereits vermuten, daß es

genügt, in gewissen periodischen Zeitabständen T Abtastwerte zu entnehmen, um dieses Signal vollständig zu beschreiben.

Die Abtastfrequenz wird f_a genannt:

$$f_a = 1/T \qquad (2.1)$$

Das abgetastete Signal läßt sich theoretisch als Folge
von bewerteten Diracimpulsen beschreiben, deren Flächen
die Abtastwerte $x(nT)$ sind:

$$x_a(t) = x(t) \cdot \sum_{n=-\infty}^{+\infty} \delta(t - nT) = \sum_{n=-\infty}^{+\infty} x(nT) \cdot \delta(t - nT) \qquad (2.2)$$

Nach dem Faltungssatz (1.46) entspricht einem Produkt von
Funktionen im Zeitbereich die Faltung der zugehörigen
Spektren im Frequenzbereich. Mit (1.27) ergibt sich dann,
wenn man dort T_1 durch T und f_1 durch f_a ersetzt, für das
Spektrum des ideal abgetasteten Signals:

$$\underline{X}_a(f) = \underline{X}(f) * \frac{1}{T} \sum_{k=-\infty}^{+\infty} \delta(f - kf_a)$$

Mit der Ausblendeigenschaft des Diracimpulses in der
Schreibweise (1.49) ergibt dies:

$$\underline{X}_a(f) = \frac{1}{T} \sum_{k=-\infty}^{+\infty} \underline{X}(f - kf_a) \qquad (2.3)$$

Das Spektrum des Analogsignals wiederholt sich periodisch
mit der Abtastfrequenz f_a auf der Frequenzachse
(abgesehen von einem konstanten Amplitudenfaktor 1/T).

Die Abtastung wirkt somit wie ein Modulator mit unendlich
vielen Trägerfrequenzen kf_a.

Das Spektrum des abgetasteten Signals läßt sich auch noch
anders darstellen: Mit der Formel der F-Transformation
(1.10) ergibt sich:

$$\underline{X}_a(f) = \int\limits_{-\infty}^{+\infty} x_a(t)\, e^{-j2\pi ft}dt = \int\limits_{-\infty}^{+\infty} x(t) \sum\limits_{n=-\infty}^{+\infty} \delta(t - nT)\, e^{-j2\pi ft}dt$$

Jeder Summand kann einzeln integriert werden:

$$\underline{X}_a(f) = \sum\limits_{n=-\infty}^{+\infty} \int\limits_{-\infty}^{+\infty} x(t)\, \delta(t - nT)\, e^{-j2\pi ft}dt$$

Mit der Ausblendeigenschaft des Diracimpulses (1.48)
ergibt dies:

$$\underline{X}_a(f) = \sum\limits_{n=-\infty}^{+\infty} x(nT)\, e^{-j2\pi fnT} \tag{2.3a}$$

Die <u>im Frequenzbereich periodische</u> Funktion $\underline{X}_a(f)$ wird
hier durch eine Summe von <u>frequenzabhängig rotierenden</u>,
ganzzahlig harmonischen Drehzeigern beschrieben. In
ähnlicher Weise wurde in Kap.1.1 eine <u>im Zeitbereich
periodische</u> Funktion durch eine Summe von <u>zeitabhängig
rotierenden</u>, ganzzahlig harmonischen Drehzeigern beschrieben (Fourierreihe). Den Fourierkoeffizienten $\underline{X}_k$ von
Kap. 1.1 entsprechen hier die Abtastwerte $x(nT)$. Man beachte jedoch, daß die Zeiger in (2.3a) wegen des Minus-
zeichens im Exponenten mit wachsender Frequenz in

umgekehrter Drehrichtung rotieren wie die Zeiger in (1.2)
mit wachsender Zeit.

Die im Frequenzbereich periodische Funktion $\underline{X}_a(f)$ läßt
sich also offensichtlich im Zeitbereich auf zwei verschiedene Arten darstellen:
Einerseits als Folge von bewerteten Diracimpulsen entspr.
(2.2), andererseits als Folge von Abtastwerten $x(nT)$, die
die Fläche der bewerteten Diracimpulse darstellen.

Die beiden Möglichkeiten zur Darstellung der Transformierten einer periodischen Funktion kennen wir bereits
aus den Kapiteln 1.1 und 1.2. Dort geht es darum, eine <u>im
Zeitbereich periodische</u> Funktion im Frequenzbereich darzustellen: Einerseits erfolgt dies in Kap. 1.1 mittels
F-Koeffizienten endlicher Amplitude (Spektrallinien),
andererseits in Kap. 1.2 mittels bewerteter Diracimpulse
endlicher Fläche. Die Flächen der bewerteten Diracimpulse
sind hierbei die Amplituden der Spektrallinien.

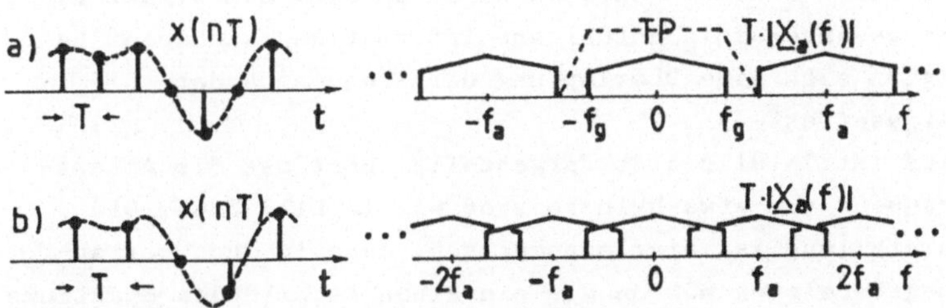

Bild 2.4 Abtastung des in Bild 2.3 dargestellten Signals
a) Abtasttheorem erfüllt; b) Abtasttheorem verletzt

Bild 2.4a zeigt die Folge der Abtastwerte $x(nT)$ und das
zugehörige Amplitudenspektrum $|\underline{X}_a(f)|$ für das in Bild 2.3
dargestellte Beispiel. Man erkennt, daß im Spektrum der

Abtastwerte das unverzerrte Spektrum des Analogsignals
enthalten ist. Zur Wiedergewinnung des Analogsignals aus
den Abtastwerten genügt es daher, die Abtastwerte mit
einem analogen Tiefpaß mit näherungsweise konstanter
Laufzeit (linearer Phase) der Grenzfrequenz $0,5f_a$ zu
filtern. Die Übertragungsfunktion des Tiefpasses ist in
Bild 2.4a schematisch gestrichelt eingezeichnet.
Wie aus Bild 2.4a zu erkennen ist, erhält man die einzelnen Frequenzbänder nur dann ohne Überlappung, wenn man
die Bedingung des sogenannten Abtasttheorems einhält:

$$f_a > 2f_g \tag{2.4}$$

Das bedeutet, daß die Abtastfrequenz mindestens doppelt
so hoch sein muß wie die höchste im abzutastenden Signal
enthaltene Frequenz. Die nötige Bandbegrenzung wird durch
das analoge Vorfilter TP1 von Bild 2.1 erreicht.

Wird so selten abgetastet, daß die Bedingung des Abtasttheorems nicht eingehalten wird, so wird dem Signal nicht
die gesamte darin enthaltene Information entnommen. Es
ergibt sich eine Überlappung der Frequenzbänder
(Aliaseffekt).
Dies ist in Bild 2.4b dargestellt. Dort ist die Abtastfrequenz nur etwa halb so groß wie in Bild 2.4a. Die
Darstellung ist hier schematisch, denn in den Überlap-
pungsbereichen müßten die einzelnen Anteile des Spektrums
vor der Betragsbildung zuerst komplex addiert werden.
Man erkennt, daß im Spektrum der Abtastwerte jetzt das
Spektrum des ursprünglichen Analogsignals nicht mehr
unverzerrt vorhanden ist (Unterabtastung). Das ursprüngliche Analogsignal läßt sich somit auch nicht mit einem
analogen Tiefpaß unverzerrt wiedergewinnen.

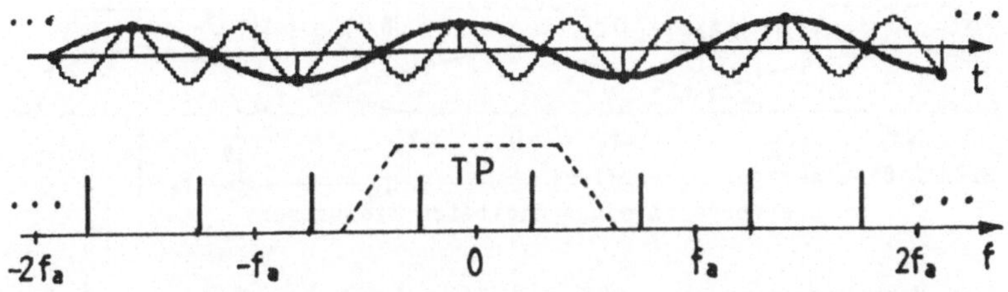

Bild 2.5 Aliaseffekt bei Abtastung eines Sinus der Frequenz 0,75 f_a

Bild 2.5 zeigt nochmals den Aliaseffekt im Zeit- und Frequenzbereich, wie er sich bei Abtastung eines sinusförmigen Testsignals der Frequenz 0,75 f_a äußert (Abtasttheorem verletzt). Am Ausgang des analogen Rekonstruktionstiefpasses erscheint eine sinusförmige Schwingung der Frequenz 0,25 f_a (kräftig durchgezogene Linie). Die Abtastwerte sind beiden Signalen gemeinsam.

Bei digitalen Filtern kann jedoch häufig eine gewisse Unterabtastung zulässig sein [6]. Man betrachte hierzu Bild 2.6 für das Beispiel eines digitalen Tiefpasses. Das Spektrum des abzutastenden Analogsignals reicht hierbei wieder bis fg. Das Spektrum $|\underline{X}_a(f)|$ des mit fa abgetasteten Analogsignals ist dargestellt. Man erkennt, daß Unterabtastung zulässig ist, so lange der Aliaseffekt nur im Sperrbereich des digitalen Filters auftritt. Die Grenze des Sperrbereichs ist mit f_ε bezeichnet.

Im Durchlaßbereich des digitalen Filters sollte der Aliaseffekt nicht größer sein als die dort auftretenden Störungen (Quantisierungsrauschen, Rundungsrauschen, Grenzzyklusschwingungen, siehe später). Hieraus ergibt sich die Dimensionierungsvorschrift für die Sperrdämpfung des analogen Vorfilters (Antialias-Tiefpaß).

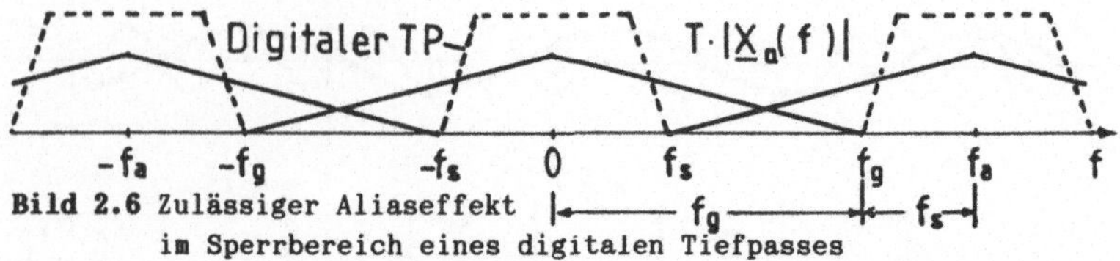

Bild 2.6 Zulässiger Aliaseffekt
im Sperrbereich eines digitalen Tiefpasses

Zur Verminderung des Aufwands im digitalen Filter ist es
empfehlenswert, die Abtastfrequenz so niedrig wie möglich
zu wählen. Hierdurch sinkt sowohl die benötigte Rechenge-
schwindigkeit, als auch die benötigte Genauigkeit der
Filterkoeffizienten auf Grund der geringeren Polgüte,
siehe Kap. 4.8.
Die zu verwendende Abtastfrequenz ist somit hier
(Bild 2.6):

$$f_a \geq f_g + f_s \tag{2.5}$$

Für digitale Bandpässe lassen sich ähnliche Überlegungen
anstellen.

Am Ausgang des digitalen Tiefpasses kann infolge der
Bandbegrenzung des Ausgangssignals auf f_s nach dem
Abtasttheorem (2.4) mit reduzierter Abtastfrequenz f_{a0}
gearbeitet werden (Dezimierung):

$$f_{a0} \geq 2f_s \tag{2.6}$$

Bei dem in Bild 2.6 dargestellten Beispiel mit $f_s = f_a/4$
könnte $f_{a0} = f_a/2$ gewählt werden. Es würde dann genügen,
am Ausgang der digitalen Verarbeitung nur jeden zweiten
Signalwert auszugeben. Bei nichtrekursiven digitalen
Filtern (FIR) in der direkten Struktur (siehe später)
genügt es dann auch, nur jeden zweiten Ausgangswert zu

berechnen. Bei rekursiven digitalen Filtern (IIR) (siehe später) muß allerdings jeder Ausgangswert berechnet werden, da alle diese Werte im Filter nochmals benötigt werden.

Um den Aufwand beim analogen Vorfilter gering zu halten, wird das Prinzip der Dezimierung, d. h. der stufenweisen Erniedrigung der Abtastfrequenz, manchmal bereits vor dem eigentlichen digitalen Filter angewandt, um im digitalen Filter mit niedriger Verarbeitungsgeschwindigkeit arbeiten zu können:
Das einfache analoge Vorfilter niedrigen Grades begrenzt das Signalfrequenzband ausreichend erst bei einer relativ hohen Frequenz. Um das Abtasttheorem (2.4) zu erfüllen, muß daher zunächst mit einer relativ hohen Abtastfrequenz gearbeitet werden (hohe Überabtastung). Mit einer Kaskade von digitalen Tiefpässen kann dann die Signalbandbreite und somit die Abtastfrequenz stufenweise erniedrigt werden. Die Tiefpässe sollen linearen Phasengang besitzen, um Laufzeitverzerrungen zu vermeiden. Dann folgt das eigentliche digitale Filter [49].

Einfache Filterungsprozesse können natürlich u. U. ohne Dezimierung direkt mit der hohen Abtastfreqenz durchgeführt werden.

Die Halteschaltung des DA-Wandlers am Ausgang des digitalen Filters erzeugt ein treppenförmiges Ausgangssignal (Bild 2.2) mit Treppen der Breite T. Dies entspricht einer zusätzlichen Tiefpaßfilterung mit einer zusätzlichen Laufzeit von T/2 [3]. Der Betrag der zugehörigen Übertragungsfunktion ist:

$$|\underline{H}(f)| = |si(\pi f/f_a)| \qquad\qquad (2.7)$$

Bild 2.7 zeigt den Verlauf von $|\underline{H}(f)|$.

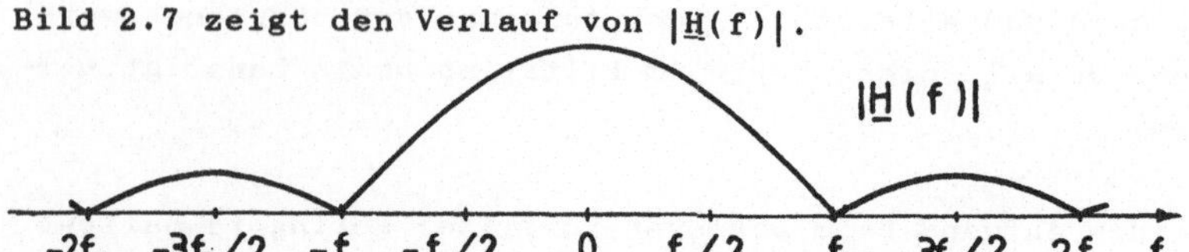

Bild 2.7 Amplitudengang der Halteschaltung des DA-Wandlers

Im interessierenden Frequenzbereich kann die Dämpfungs-
verzerrung durch einen geeignet gewählten Frequenzgang
des digitalen Filters oder des analogen Nachfilters entzerrt werden (si-Entzerrer).

Eine andere Möglichkeit, diese Dämpfungsverzerrungen
klein zu halten, ist die Wahl einer hohen Abtastfrequenz
(Überabtastung). Sie kann auch erst am Ausgang des eigentlichen digitalen Filters durch die Berechnung von
zusätzlichen Zwischenwerten, sog. Interpolation, siehe
z. B. [34; 37; 49], erreicht werden.

Weitere Vorteile der Überabtastung sind:
Die Anforderungen an die Flankensteilheit des analogen
Nachfilters sind nicht so hoch. Das im Signalfrequenzband
auftretende Quantisierungsrauschen ist geringer, da sich,
wie noch gezeigt wird, die gesamte Quantisierungsrausch-
leistung auf ein breiteres Frequenzband verteilt.

<u>Quantisierungsrauschen</u>
Das Signal wird mit der Wortlänge ρ, z. B. $\rho = 12$ Bit
quantisiert. Daher läßt sich das Originalsignal nicht
mehr fehlerfrei rekonstruieren. Die Differenz zum Originalsignal wird als Quantisierungsrauschen bezeichnet.

Bild 2.8 zeigt ein Beispiel für ρ = 2 Bit, d. h. 4 Quantisierungsstufen mit der Quantisierungsstufenhöhe q.

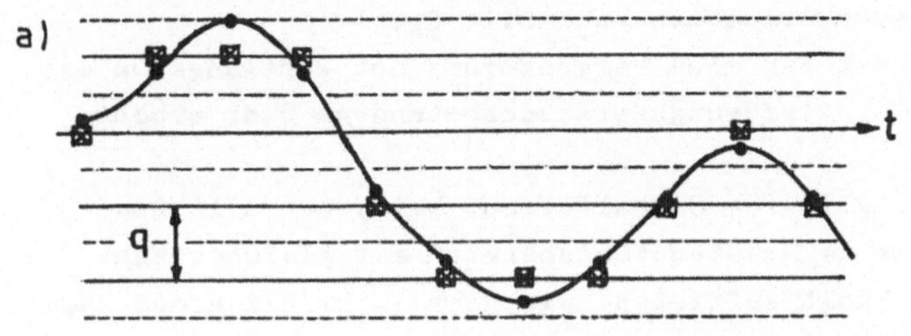

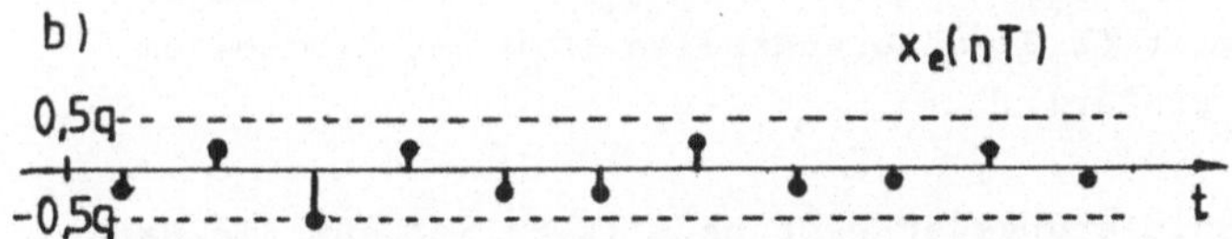

Bild 2.8 Signalquantisierung
    a) Entstehung der quantisierten Abtastwerte
    b) Quantisierungsrauschen $x_e = x_q - x_a$

Beim Quantisierungsrauschen handelt es sich näherungsweise um "weißes Rauschen", d. h. es tritt bei jeder Frequenz etwa mit gleicher Intensität auf.

Der Abstand zwischen Signal und Quantisierungsrauschen S/Q bei voller Aussteuerung (Dynamik) ergibt sich zu [3; 4; 8]

$$S/Q = 20 \log(X_{qeff}/X_{eeff}) = 6\,\rho \quad dB \qquad (2.8)$$

ρ ist die verwendete Wortlänge in Bit. X_{qeff} und X_{eeff}
sind die Effektivwerte von quantisiertem Signal und
Quantisierungsrauschen nach Bild 2.8.
Man erkennt, daß eine Vergrößerung der Wortlänge um ein
Bit den Quantisierungsgeräuschabstand um 6 dB erhöht.

Gl. (2.8) gilt für Signalformen, bei denen alle Span-
nungswerte im Aussteuerungsbereich mit gleicher Wahrscheinlichkeit auftreten, wie dies z. B. bei einem säge-
zahnförmigen Signal der Fall ist. Bei sinusförmigem
Signal gilt (2.8) näherungsweise (S/Q ist hierbei um
1,76 dB größer).

Das Quantisierungsgeräusch nach (2.8) ist auf die Bandbreite $f_a/2$ bezogen. Wird die Bandbreite nach dem AD-
oder DA-Wandler durch ein Filter der Bandbreite Δf weiter
eingeschränkt, so gilt an Stelle von (2.8):

$$S/Q = 6 \rho + 10 \log[(f_a/2)/\Delta f] \quad \text{dB} \tag{2.8a}$$

Im digitalen Filter, das normalerweise mit größerer
Wortlänge arbeitet als der AD-Wandler, wird der im Sperr-
bereich liegende Anteil des Quantisierungsgeräuschs des
AD-Wandlers unterdrückt. Jedoch treten im digitalen
Filter meist zusätzliche Rausch- und Störquellen auf
(Rundungsrauschen, Grenzzyklen, siehe Kap. 7).

Arbeitet der DA-Wandler mit geringerer Wortlänge als das
digitale Filter, so stellt er eine nicht vernachlässig-
bare zusätzliche Rauschquelle dar, die breitbandiges
Quantisierungsrauschen nach (2.8), auf $f_a/2$ bezogen,
erzeugt.
Am Ausgang ergibt sich somit eine Summe von aus verschiedenen Quellen stammenden Rauschleistungen.

Besteht die Möglichkeit, ein nachfolgendes Regenerations-
filter mit einer Bandbreite Δf zu verwenden, die geringer
als $f_a/2$ ist, so kann das Quantisierungsgeräusch des
DA-Wandlers entspr. (2.8a) verringert werden.

Insbesondere kann durch sog. Überabtastung ($f_a \gg 2f_g$)
sowohl beim AD- als auch beim DA-Wandler der Quantisierungsgeräuschabstand verbessert werden, da sich die
Rauschleistung nach (2.8) hierbei auf ein breiteres Band
verteilt.[5]. Bei Vervierfachung der Abtastfrequenz erhält man z. B. im Durchlaßbereich nur noch ein Viertel
der ursprünglichen Rauschleistung, was eine Erhöhung des
Quantisierungsgeräuschabstands um 6 dB bedeutet (siehe
(2.8a)). Dies ist die gleiche Verbesserung, die man auch
durch Erhöhung der Wortlänge um ein Bit erreichen kann.

<u>Konsequenzen für den Entwurf digitaler Filter</u>:

Bild 2.9 zeigt das Toleranzschema eines digitalen Filters. Beim Filterentwurf ist es nicht sinnvoll, eine geringere zulässige Schwankung ΔH des Amplitudengangs zu
fordern, als die durch das breitbandige Quantisierungsrauschen bedingten Schwankungen des Signals betragen
(Dynamik). Man setzt daher $\Delta H/H_0 \approx X_{eeff}/X_{qeff}$
mit H_0 als Maximalwert des Amplitudengangs und X_{eeff} und
X_{qeff} als Effektivwerte von Quantisierungsrauschen und
quantisiertem Signal.

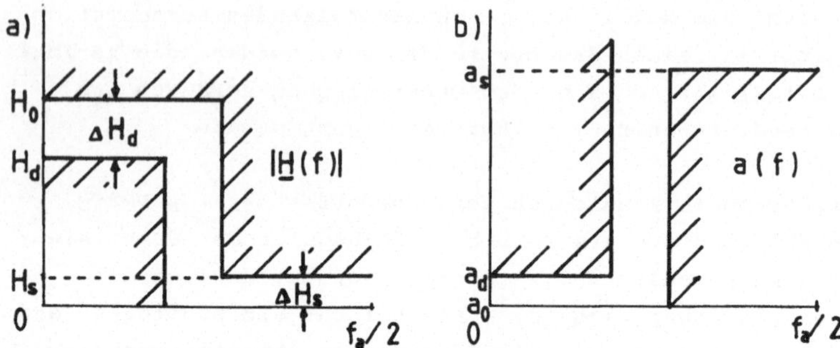

Bild 2.9 Toleranzschema eines digitalen Tiefpasses
     a) für den Amplitudengang $|\underline{H}(f)|$
     b) für die Dämpfung $a(f) = -20 \log|\underline{H}(f)|$ dB

Im folgenden wird angenommen, daß der Amplitudengang auf
Eins normiert ist: $H_0 = 1$; $a_0 = -20 \log H_0 = 0$ dB.
Für die Sperrdämpfung gilt: $a_s = -20 \log H_s = -20 \log \Delta H_s$
Mit $\Delta H_s \approx X_{eeff}/X_{qeff}$ und (2.8) erhält man dann:

$$a_s \approx 6 \, \rho \quad \text{dB} \tag{2.9}$$

Man sollte daher keine wesentlich größere Sperrdämpfung
fordern, als durch (2.9) angegeben wird. Soll z. B. ein
DA-Wandler der Wortlänge $\rho = 12$ Bit Verwendung finden, so
ist die zu fordernde Sperrdämpfung höchstens etwa
$a_s \approx 72 \quad$ dB

Für die Durchlaßdämpfung gilt mit $H_0 = 1$:
$a_d = -20 \log H_d = -20 \log (1 - \Delta H_d)$.
Mit $\Delta H_d \approx X_{eeff}/X_{qeff}$ und (2.8) erhält man dann

$$a_d \approx -20 \log (1 - 10^{-6\rho/20}) \quad \text{dB} \tag{2.10}$$

Man sollte daher keine wesentlich kleinere Durchlaßdämpfung fordern als durch (2.10) angegeben wird.

Für 12 Bit AD-und DA-Wandler ergibt sich z.B.
$a_d \approx 2 \cdot 10^{-3}$ dB.

Die Beziehungen (2.9) und (2.10) dienen nur zur groben
Abschätzung. Genauere Abschätzungen lassen sich bei sinn-
gemäßer Verwendung von (2.8a) an Stelle von (2.8) gewinnen. Auch die erwähnten, im digitalen Filter selbst auftretenden Rausch- und Störquellen müßten hierbei berücksichtigt werden.

Der AD-Wandler sollte normalerweise mit der gleichen
Wortlänge ρ arbeiten wie der DA-Wandler (Ausnahmefälle
u. U. Dezimierung oder Interpolation).

Auf Grund numerischer Effekte bei begrenzter Wortlänge
(Koeffizientenungenauigkeit, Rundungsrauschen, Grenz-
zyklusschwingungen, siehe Kap. 7) sollte im digitalen
Filter mit größerer Wortlänge gearbeitet werden als im
AD- und DA-Wandler.

2.3 Diskrete Faltung

Zur Vereinfachung der Schreibweise wird im folgenden
meist die Zeit auf die Abtastperiodendauer T bezogen:
x(nT) wird z. B. ersetzt durch x(n).
Es werden nur lineare, zeitinvariante (LTI) Systeme behandelt.

In Kap.1, Gl.(1.43) wurde das Ausgangssignal y(t) eines
zeitkontinuierlichen LTI-Systems als Integral von mit dem
Eingangssignal x(t) bewerteten, verzögerten Impulsantworten h(t) dargestellt (Faltung). Eine entsprechende Beziehung läßt sich für zeitdiskrete LTI-Systeme aufstellen

(Diskrete Faltung). Hierbei sind die zeitkontinuierlichen Werte folgendermaßen zu ersetzen:

$$x(t) \rightarrow x(n); \quad h(t)dt \rightarrow [h(t)]_{t=nT} \cdot T = h(n) \qquad (2.11)$$

Die Multiplikation der Impulsantwort h(t) des zeitkontinuierlichen Systems mit T ist deshalb nötig, weil h(t) die Einheit 1/s hat, während die Impulsantwort h(n) des zeitdiskreten Systems dimensionslos definiert ist. Das Integral Gl.(1.43) geht in eine Summe über:

$$y(n) = \sum_{m=-\infty}^{+\infty} x(m) \cdot h(n - m) \qquad (2.12)$$

Symbolisch schreibt man hier:

$$y(n) = x(n) * h(n) \qquad (2.12a)$$

Auch die diskrete Faltung ist kommutativ:

$$x(n) * h(n) = h(n) * x(n) \qquad (2.13)$$

Die Impulsantwort h(n) ist die Antwort des zeitdiskreten Systems auf den folgendermaßen definierten Einheitsimpuls $\delta(n)$ (Bild 2.10):

$$\delta(n) = 1; \ 0; \ 0; \ 0; \ 0; \ \ldots\ldots \qquad (2.14)$$

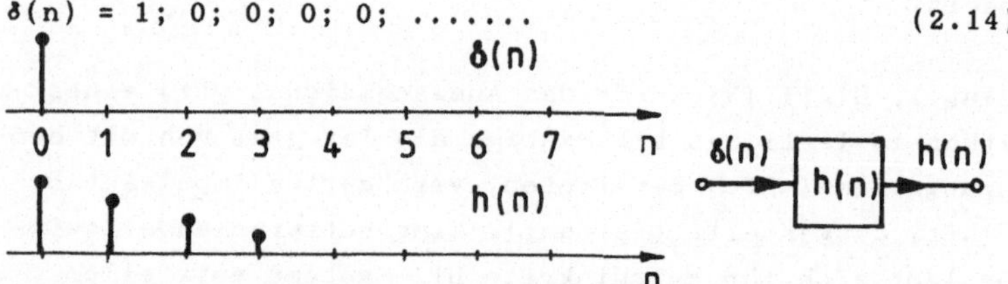

Bild 2.10 Impulsantwort eines zeitdiskreten LTI-Systems (Beispiel)

Durch die Impulsantwort h(n) ist das LTI-System vollständig charakterisiert.

Die Impulsantwort ist kausal: h(n) = 0 für n < 0.

Nach (2.12) ist das Ausgangssignal y(n) die Summe von mit
dem Eingangssignal x(n) bewerteten, verzögerten Impulsantworten. Bild 2.11 zeigt ein Beispiel mit h(n) nach
Bild 2.10, wobei die einzelnen Summanden skizziert sind.

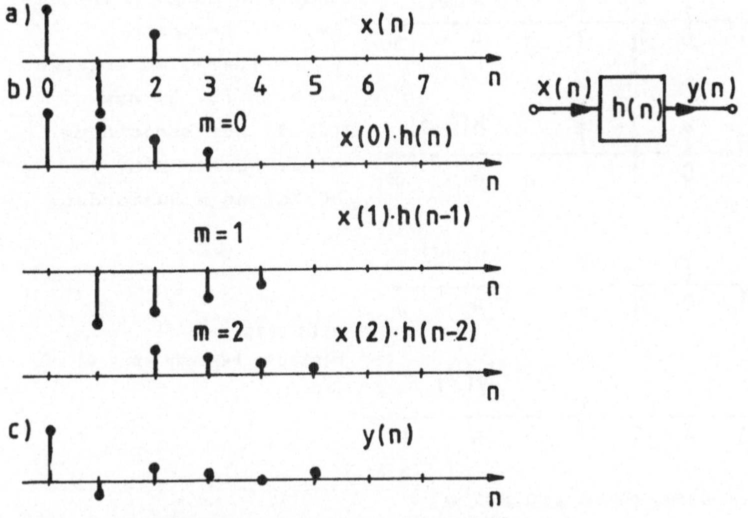

Bild 2.11 Zeitdiskretes LTI-System (Beispiel)
     a) Eingangsfolge
     b) Systemantwort auf die einzelnen Impulse
     c) Ausgangsfolge

Eine andere Möglichkeit, das Ausgangssignal y(n) zu
ermitteln, ist folgende:

Für einen Wert n ergibt sich nach (2.12) das Ausgangssignal durch Addition der Werte der Summanden für diesen
Wert n.

Das entspricht dem aus Kap. 1 bekannten Faltungsschema:
Spiegelung von h an der Ordinate, Rechtsverschiebung um

n, Multiplikation mit x und Summierung der Produkte.
Bild 2.12 zeigt dies für n = 2 mit den in den Bildern
2.10 und 2.11 verwendeten Signalformen. Man beachte, daß
in Bild 2.12 m- und n-Achsen vorkommen. Der Wert $y(2)$ in
Bild 2.12 ist natürlich identisch mit dem Wert $y(2)$ in
Bild 2.11.

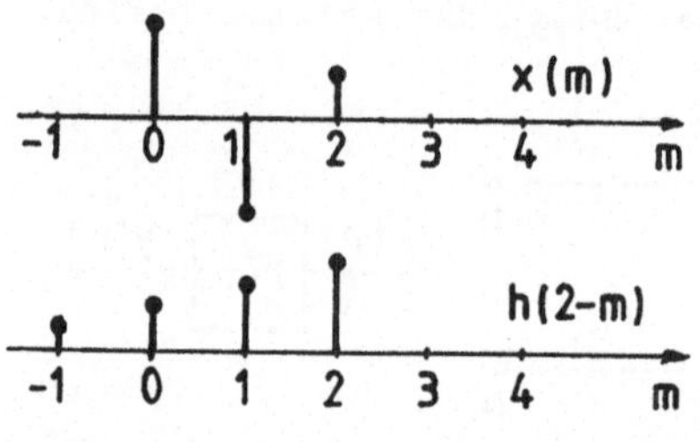

Hat die Impulsantwort die endliche Länge M (Finite Impulse Response, FIR-Filter), so ergeben sich in (2.12) bzw. (2.13') zur Berechnung eines Wertes $y(n)$ höchstens M Summanden.

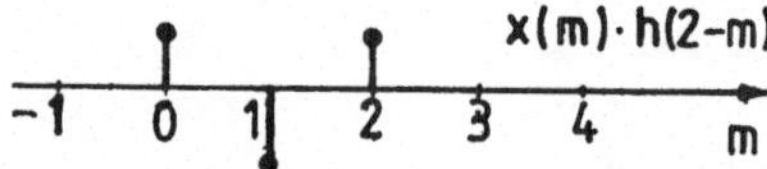

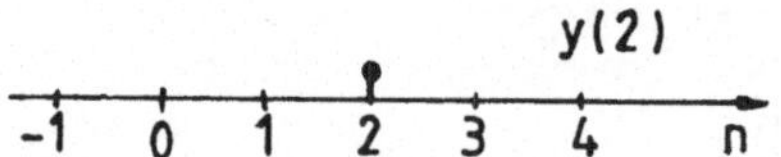

Bild 2.12
Diskrete Faltung (n = 2)

2.4 Diskrete Korrelation

Die Korrelation zweier zeitdiskreter Signale $x_1(m)$ und
$x_2(m)$ ist analog zu Gl. (1.50), Kap. 1, definiert. Das
dortige Integral erscheint hier als Summe:

$$k_{12}(n) = \sum_{m=-\infty}^{+\infty} x_1(m) \cdot x_2(m - n) \qquad (2.15)$$

Man kann den Ausdruck auch als Faltungssumme berechnen, indem man die Funktion x2 zeitlich invertiert (Beweis durch Vergleich mit (2.12) und (2.12a)):

$$k_{12}(n) = \sum_{m=-\infty}^{+\infty} x_1(m) \cdot x_2[-(n - m)] = x_1(n) * x_2(-n) \qquad (2.16)$$

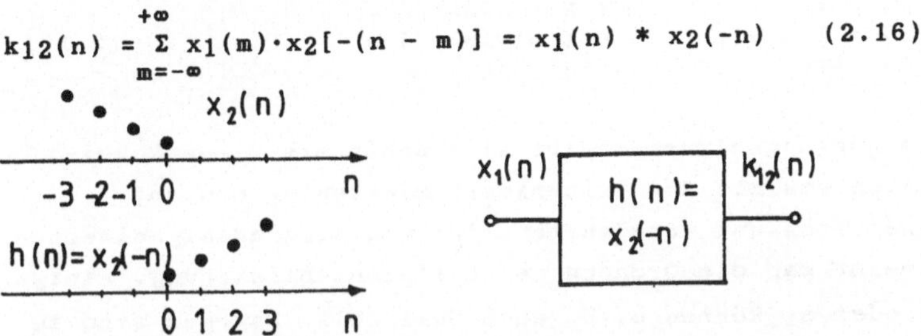

Bild 2.13 Digitales Filter als Korrelator

Durch Vergleich von (2.16) mit (2.12a) erkennt man, daß $x_2(-n)$ als Impulsantwort h(n) einer LTI-Schaltung interpretiert werden kann: $x_2(-n) = h(n)$. Die diskrete Korrelation läßt sich mit einem digitalen Filter durchführen. Um realisierbar zu sein, muß h(n) kausal sein, d. h. es muß $x_2(n) = 0$ für $n > 0$ sein. Wenn dies nicht der Fall ist, läßt es sich bei zeitbegrenzten Signalen durch geeignete zeitliche Verschiebung von $x_2(n)$ nach links erreichen. Das Resultat erscheint dann um diese Verschiebung gegenüber (2.15) verzögert. Bild 2.13 zeigt ein Beispiel. Hier erfüllt $x_2(n)$ obige Bedingung. Bei zeitbegrenzter Impulsantwort kann ein FIR-Filter verwendet werden.

2.5 Differenzengleichung.

Die Beziehung zwischen Ein- und Ausgangssignal eines aus konzentrierten Bauelementen bestehenden, zeitkontinuierlichen LTI-Systems läßt sich bekanntlich durch eine

lineare Differentialgleichung mit konstanten Koeffizienten beschreiben [1]. An ihre Stelle tritt beim zeitdiskreten System eine Differenzengleichung:

$$y(n) = \sum_{i=0}^{k} b_i x(n - i) - \sum_{i=1}^{k} a_i y(n - i) \qquad (2.17)$$

Das Ausgangssignal ergibt sich somit als Linearkombi-
nation von mit den Filterkoeffizienten b_i bzw. a_i
bewerteten und verzögerten Ein- und Ausgangssignalwerten.
k nennt man die Ordnung der Differenzengleichung. Einige
b_i oder a_i können u. U. auch Null sein. Dagegen sind a_k
und / oder b_k ungleich Null.
Mit (2.17) läßt sich die sog. <u>Direktstruktur 1</u> der Schaltung angeben (Bild 2.14).
In den Strukturen werden folgende Elemente verwendet:

Ein <u>Verzögerungsglied</u> verzögert um eine Abtastperiodendauer T. Es kann durch ein Schieberegister oder einen
Speicher (RAM = Random Access Memory), in dem der Wert
für kurze Zeit abgespeichert wird, realisiert werden.

Ein <u>Multiplizierer</u> bildet das Produkt seines Eingangs-
wertes mit einem konstanten Koeffizienten.

Ein <u>Addierer</u> bildet die Summe mehrerer Eingangswerte. Die
in der Praxis verwendeten Addierwerke können meist nur
zwei Werte addieren, so daß u. U. mehrere Addierwerke,
bzw. ein Addierwerk im Zeitmultiplexbetrieb, benötigt
werden.

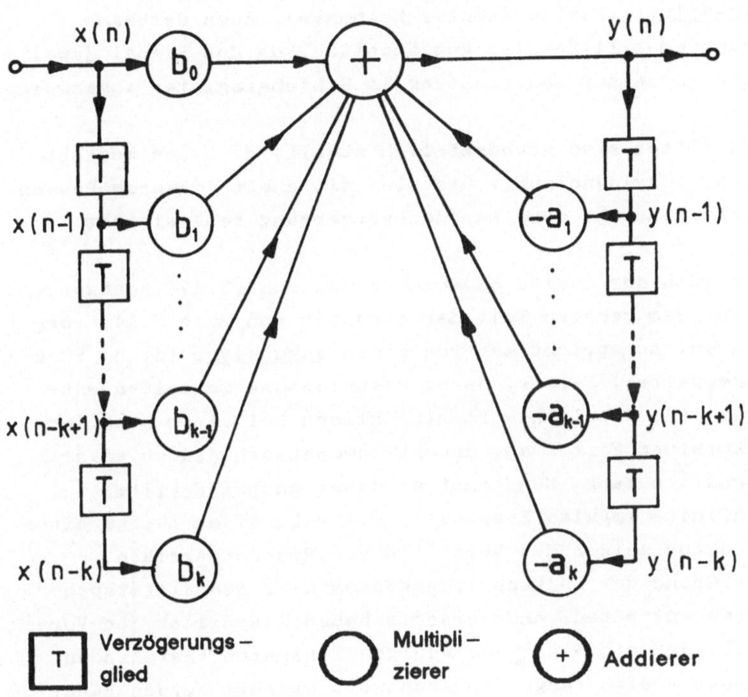

Bild 2.14 Direktstruktur 1

Bei Verwendung eines Signalprozessors müssen alle Operationen innerhalb einer Abtastperiodendauer nacheinander durchgeführt werden.

Ein digitales Filter, bei dem nur der linke Abschnitt der Struktur nach Bild 2.14 , der dem ersten Summenausdruck von (2.17) entspricht, vorhanden ist, nennt man <u>nichtrekursiv</u> (d. h. nicht rückgekoppelt). Da seine Impulsantwort h(n) nicht länger als k+1 Abtasttaktperioden dauert, also eine endliche Zeit, nennt man es auch

<u>FIR-Filter</u> (Finite Impulse Response). Auch der Name Transversalfilter ist gebräuchlich, da das Signal jeweils quer zu seiner Laufrichtung im Schieberegister abgezweigt wird.
FIR-Filter sind grundsätzlich stabil, d. h. es besteht keine Schwingneigung. Sie sind mit exakt linearem Phasenverlauf, d. h. ohne Laufzeitverzerrung realisierbar.

Ist auch der zweite Summenausdruck von (2.17), entsprechend dem rechten Teil der Struktur von Bild 2.14, vorhanden, so spricht man von einem <u>rekursiven</u> (d. h. rückgekoppelten) Filter, da es geschlossene Schleifen enthält. Die Impulsantwort h(n) klingt bei einem stabilen rekursiven Filter ab, dauert theoretisch jedoch meist unendlich lang. Man nennt es daher auch <u>IIR-Filter</u> (Infinite Impulse Response). Die rekursiven Zweige einer Struktur zeigen das Verhalten von Resonanzkreisen.
Auf Grund der Rückkopplung können hier Stabilitätsprobleme auftreten. Andererseits haben IIR-Filter den Vorteil, daß mit einer aus wenigen Elementen bestehenden Struktur eine lange Impulsantwort erzeugt werden kann, was gleichbedeutend mit guten Selektionseigenschaften ist. IIR-Filter lassen sich <u>nicht</u> mit exakt linearem Phasenverlauf realisieren.

Zunächst soll an zwei Beispielen für eingeschwungenes (stationäres), sinusförmiges Signal die Filterwirkung demonstriert werden:

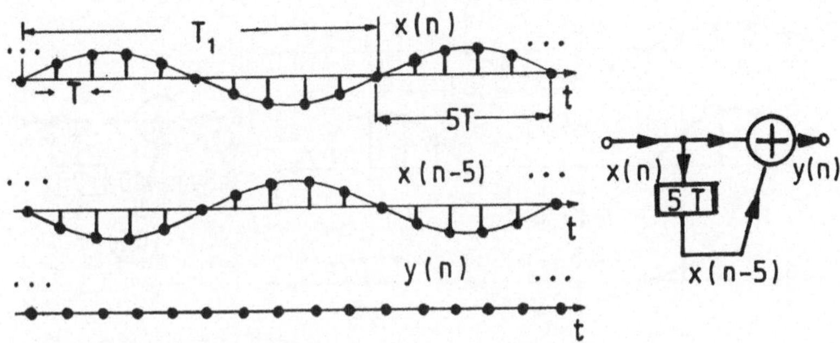

Bild 2.15 Nichtrekursive Struktur (eingeschwungen)
$$y(n) = x(n) + x(n - 5)$$

Beispiel 2.1:

Nichtrekursive Struktur (Bild 2.15).

Die Periodendauer T_1 des sinusförmigen Signals $x(n)$ ist hier so gewählt, daß $T_1/2$ gleich der Verzögerungszeit des Verzögerungsgliedes 5T ist. Die auf den Addierer treffenden Signale sind dann hier gegenphasig und löschen sich aus, d. h. das digitale Filter sperrt bei der Frequenz $f = 1/T_1 = 1/(10\ T) = 0,1\ f_a$;

Das Resultat ist unabhängig von der Abtastphase.

Dieses Filter hat mehrere Sperr- und Durchlaßfrequenzen.

Es sperrt allgemein unter der Bedingung

$(2i + 1)T_1/2 = 5\ T$, d. h. $f = 1/T_1 = 0,1\ (2i + 1)f_a$;

$(i = 0;\ 1;\ 2;\ 3;\ \ldots\ldots)$

Unter der Bedingung $2iT_1/2 = 5\ T$, d. h. $f = 0,2\ if_a$ sind die auf den Addierer treffenden Signale gleichphasig und addieren sich zur doppelten Amplitude des Eingangssignals. Die Übertragungsfunktion ist bei diesem einfachen Beispiel kammförmig (Kammfilter).

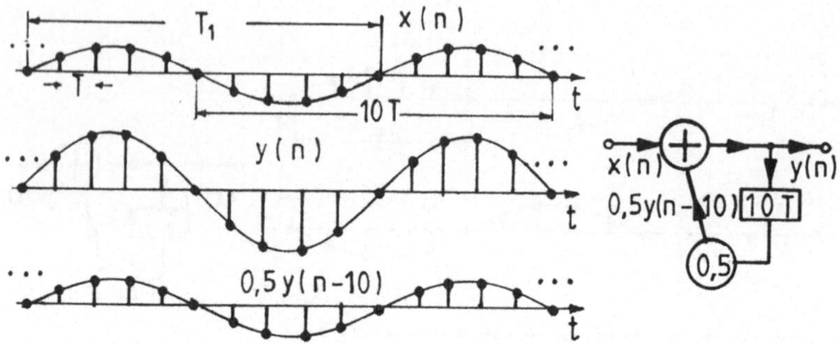

Bild 2.16 Rein rekursive Struktur (eingeschwungen)
$$y(n) = x(n) + 0,5 \ y(n - 10)$$

<u>Beispiel 2.2</u>:

Rein rekursive Struktur (Bild 2.16):

Die Periodendauer T_1 des sinusförmigen Signals x(n) ist hier so gewählt, daß T_1 gleich der Verzögerungszeit des Verzögerungsgliedes 10 T ist. Die auf den Addierer treffenden Signale sind dann gleichphasig und addieren sich zu einem Maximum:

$$f = 1/T_1 = 1/(10 \ T) = 0,1 \ f_a;$$

Das Resultat ist unabhängig von der Abtastphase.

Die Übertragungsfunktion dieses einfachen Filters besitzt periodisch auftretende Maxima und Minima (Kammfilter):

Allgemein ergeben sich hier Maxima der Übertragungsfunktion für $2iT_1/2 = 10 \ T$;

$$f = 1/T_1 = 0,1 \ if_a; \qquad (i = 0; \ 1; \ 2; \ 3; \ ....).$$

Minima ergeben sich für

$$(2i + 1)T_p/2 = 10 \ T; \quad f = 0,05 \ (2i + 1)f_a.$$

Die Minima der Übertragungsfunktion sind jedoch nicht gleich Null:

Es gibt bei rein rekursiven Strukturen keine Frequenz,

bei der sich die auf den Addierer treffenden Signale völlig auslöschen, denn y(n) = 0 würde bedeuten x(n) = 0 (siehe Bild 2.16).
Die rein rekursive Struktur nach Bild 2.16 zeigt das Verhalten von gedämpften Resonanzkreisen.

<u>Ermittlung von Impulsantwort und Ausgangssignal:</u>
Wenn die Differenzengleichung (2.17) bzw. die Struktur nach Bild 2.14 gegeben ist, dann können hieraus sowohl die Impulsantwort h(n) als auch das Ausgangssignal y(n) bei gegebenem Eingangssignal x(n) ermittelt werden. Allerdings müssen die Anfangsbedingungen bekannt sein, z. B. y(n) = 0 für n < 0.

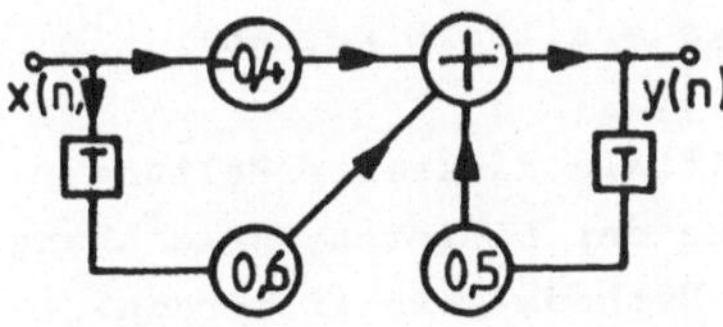

Bild 2.17
Direktstruktur 1
zu Beispiel 2.3

<u>Beispiel 2.3:</u>
Gegeben sei die Differenzengleichung
y(n) = -0,4 x(n) + 0,6 x(n - 1) + 0,5 y(n - 1);
Die zugehörige direkte Struktur zeigt Bild 2.17.
Die Impulsantwort y(n) = h(n) auf den Einheitsimpuls x(n) = δ(n) ergibt sich iterativ. Mit der Anfangsbedingung y(-1) = 0 gilt:

n = 0:   h(0) = -0,4 δ(0) + 0,6 δ(-1) + 0,5 y(-1)
            = -0,4·1 + 0 + 0 = -0,4;

n = 1:   h(1) = -0,4 δ(1) + 0,6 δ(0) + 0,5 h(0)
            = 0 + 0,6·1 + 0,5·(-0,4) = 0,4;

n = 2:   h(2) = -0,4 δ(2) + 0,6 δ(1) + 0,5 h(1)
            = 0 + 0 + 0,5·0,4 = 0,2;

$$n = 3: \quad h(3) = -0,4\ \delta(3) + 0,6\ \delta(2) + 0,5\ h(2)$$
$$= 0 + 0 + 0,5\cdot 0,2 = 0,1;$$
$$n = 4: \quad h(4) = -0,4\ \delta(4) + 0,6\ \delta(3) + 0,5\ h(3)$$
$$= 0 + 0 + 0,5\cdot 0,1 = 0,05;$$

usw.

Die Impulsantwort ist unendlich lang; sie strebt gegen Null, weil der im rekursiven Zweig umlaufende Impuls bei jedem Umlauf wegen des Koeffizienten 0,5 immer kleiner wird. Die Berechnung der Impulsantwort kann abgebrochen werden, wenn sich Werte ergeben, die kleiner sind als ein Quantisierungsintervall q des digitalen Filters.

Nun soll das Ausgangssignal $y(n)$ für folgende, aus drei Werten bestehende, Eingangsfolge ermittelt werden:
$$x(n) = 1;\ -1;\ 0,5;\ 0;\ 0;\ 0;\ \dots\dots$$
Die Berechnung kann entweder mittels diskreter Faltung (2.12), oder direkt iterativ aus der Differenzengleichung erfolgen. Hier soll die zweite Methode gezeigt werden:
Mit der Anfangsbedingung $y(-1) = 0$ gilt:

$$n = 0: \quad y(0) = -0,4\ x(0) + 0,6\ x(-1) + 0,5\ y(-1)$$
$$= -0,4\cdot 1 + 0 + 0 = -0,4;$$
$$n = 1: \quad y(1) = -0,4\ x(1) + 0,6\ x(0) + 0,5\ y(0)$$
$$= -0,4\cdot(-1) + 0,6\cdot 1 + 0,5\cdot(-0,4) = 0,8;$$
$$n = 2: \quad y(2) = -0,4\ x(2) + 0,6\ x(1) + 0,5\ y(1)$$
$$= -0,4\cdot 0,5 + 0,6\cdot(-1) + 0,5\cdot 0,8 = -0,4;$$
$$n = 3: \quad y(3) = -0,4\ x(3) + 0,6\ x(2) + 0,5\ y(2)$$
$$= 0 + 0,6\cdot 0,5 + 0,5\cdot(-0,4) = 0,1;$$
$$n = 4: \quad y(4) = -0,4\ x(4) + 0,6\ x(3) + 0,5\ y(3)$$
$$= 0 + 0 + 0,5\cdot 0,1 = 0,05;$$
$$n = 5: \quad y(5) = -0,4\ x(5) + 0,6\ x(4) + 0,5\ y(4) =$$
$$= 0 + 0 + 0,5\cdot 0,05 = 0,025;$$

usw.

3. Beschreibung digitaler Signale und Systeme im Frequenzbereich

3.1 z-Transformation zeitdiskreter Signale

Nach Kap.2.2, Gl.(2.2) läßt sich die ideale Abtastung eines analogen (zeitkontinuierlichen) Signals $x(t)$ folgendermaßen darstellen:

$$x_a(t) = x(t) \sum_{n=0}^{\infty} \delta(t - nT) = \sum_{n=0}^{\infty} x(t)\, \delta(t - nT)$$

Hierbei wird angenommen, daß $x(t)$ erst bei $t = 0$ beginnt (kausal).

Es soll nun die Laplace-Transformierte $\underline{X}_a(p)$ dieses Signals berechnet werden. Nach (1.32) gilt:

$$\underline{X}_a(p) = \int_0^{\infty} x_a(t)\, e^{-pt} dt = \int_0^{\infty} \sum_{n=0}^{\infty} x(t)\, \delta(t - nT)\, e^{-pt} dt$$

Jeder Summand kann einzeln integriert werden:

$$\underline{X}_a(p) = \sum_{n=0}^{\infty} \int_0^{\infty} x(t)\, \delta(t - nT)\, e^{-pt} dt$$

Mit der Ausblendeigenschaft des Diracimpulses, Gl.(1.48) ergibt dies:

$$\underline{X}_a(p) = \sum_{n=0}^{\infty} x(nT)\, e^{-pnT} \qquad\qquad (3.1)$$

Wegen $p = \sigma + j\omega$ ist die Funktion $\underline{X}_a(p)$ eine mit $\omega_a = 2\pi/T$ periodische Funktion von ω.

Um zu einer einfacheren <u>nichtperiodischen</u> Darstellung zu gelangen, führt man die komplexe Variable z ein:

$$z = e^{pT} = e^{2\pi p/\omega_a} \qquad\qquad (3.2)$$

Durch (3.2) wird die komplexe p-Ebene auf die komplexe z-Ebene abgebildet. Bild 3.1 zeigt die Abbildung entsprechend (3.2). Die schraffierten Streifen der komplexen p-Ebene werden hierbei jeweils in das ganze Innere des Einheitskreises der komplexen z-Ebene abgebildet und überlappen sich dort. Auch alle weiteren in $\pm j\omega$-Richtung der p-Ebene mit der Abtastfrequenz ω_a periodischen Streifen werden ebenfalls auf die gleichen Punkte der z-Ebene abgebildet.

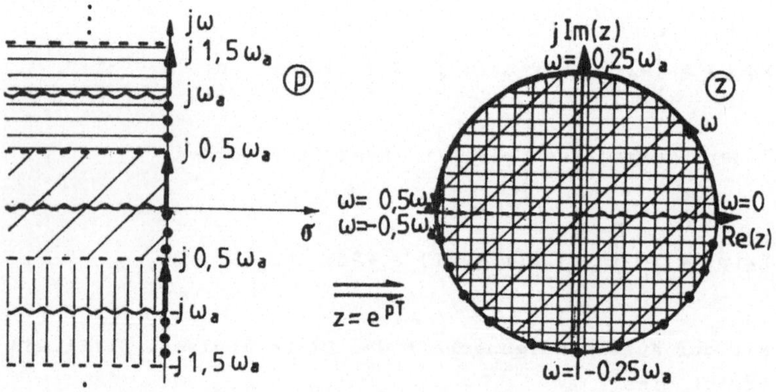

Bild 3.1 z-Transformation, Abbildung der p-Ebene auf die z-Ebene
$\qquad\qquad (\omega_a = 2\pi/T)$

Eine in der p-Ebene in Richtung der $j\omega$-Achse mit ω_a
periodische Funktion, z. B. das Spektrum eines abgetasteten Signals, erscheint daher in der z-Ebene nur einmal.

Die $j\omega$-Achse der p-Ebene wird zum Einheitskreis der
z-Ebene, der mit der Periode $\omega_a = 2\pi/T$ immer wieder
durchlaufen wird, denn
$p = j\omega$ ergibt $z = e^{j\omega T} = e^{j2\pi\omega/\omega_a}$.
Die verschiedenen Bereiche der $j\omega$-Achse, die sich auf dem
Einheitskreis der z-Ebene überlappen, sind in Bild 3.1
gleichartig gekennzeichnet. Frequenzen sind am Einheitskreis der z-Ebene für die schräg schraffierte Fläche eingetragen. Die rechte p-Halbebene wird, ebenfalls über-
lappend, in das Äußere des Einheitskreises der z-Ebene
abgebildet.

Aus (3.1) ergibt sich mit (3.2), wobei $\underline{X}_a(p)$ jetzt $\underline{X}_a(z)$,
die z-Transformierte von x(nT), genannt wird:

$$\underline{X}_a(z) = \sum_{n=0}^{\infty} x(nT)\, z^{-n} \qquad\qquad (3.3a)$$

x(nT) wird meist zur Abkürzung x(n) genannt:

$$\underline{X}_a(z) = \sum_{n=0}^{\infty} x(n)\, z^{-n} \qquad\qquad (3.3b)$$

$$(x(n) = 0 \text{ für } n < 0)$$

Dies ist die Formel der (einseitigen) z-Transformation.
Symbolisch schreibt man auch:

$$\underline{X}_a(z) = Z[x(n)] \qquad\qquad (3.4)$$

Für Signale, die auch für n < 0 vorhanden sind, kann eine zweiseitige z-Transformation definiert werden, die jedoch keine praktische Bedeutung hat, denn alle in der Praxis auftretenden Signale sind kausal.

Das $\underline{Spektrum}$ $\underline{X}_a(\omega)$ des diskreten Signals $x(n)$ ergibt sich für $p = j\omega$ bzw., mit (3.2), für $z = e^{j\omega T}$, d. h. man findet es auf dem Einheitskreis der z-Ebene. Dies gilt allerdings nur, wenn sich der Einheitskreis im Konvergenzgebiet der z-Transformierten befindet, d. h., wenn alle Pole innerhalb des Einheitskreises liegen (abklingendes Signal). Aus (3.3b) ergibt sich dann

$$\underline{X}_a(\omega) = \sum_{n=0}^{\infty} x(n) \, e^{-j\omega nT} \tag{3.5}$$

Die Formel der $\underline{z\text{-Rücktransformation}}$ ähnelt der Formel der L-Rücktransformation (1.33), siehe z. B. [14]:

$$x(n) = (1/2\pi j) \oint \underline{X}_a(z) z^{n-1} \, dz \tag{3.6}$$

Das Integral erstreckt sich über einen konzentrischen Kreis der z-Ebene, der alle Pole einschließt. Er entspricht der Parallelen zur imaginären Achse der p-Ebene in (1.33). Symbolisch schreibt man:

$$x(n) = Z^{-1}[\underline{X}_a(z)] \tag{3.7}$$

Ähnlich wie bei der L-Transformation gibt es für die z-Transformation Tabellen. Auch hier kann die Methode der Partialbruchzerlegung bei gebrochen rationalen Funktionen zur Rücktransformation verwendet werden. Die Sätze der

L-Transformation gelten sinngemäß auch für die z-Transformation [1].

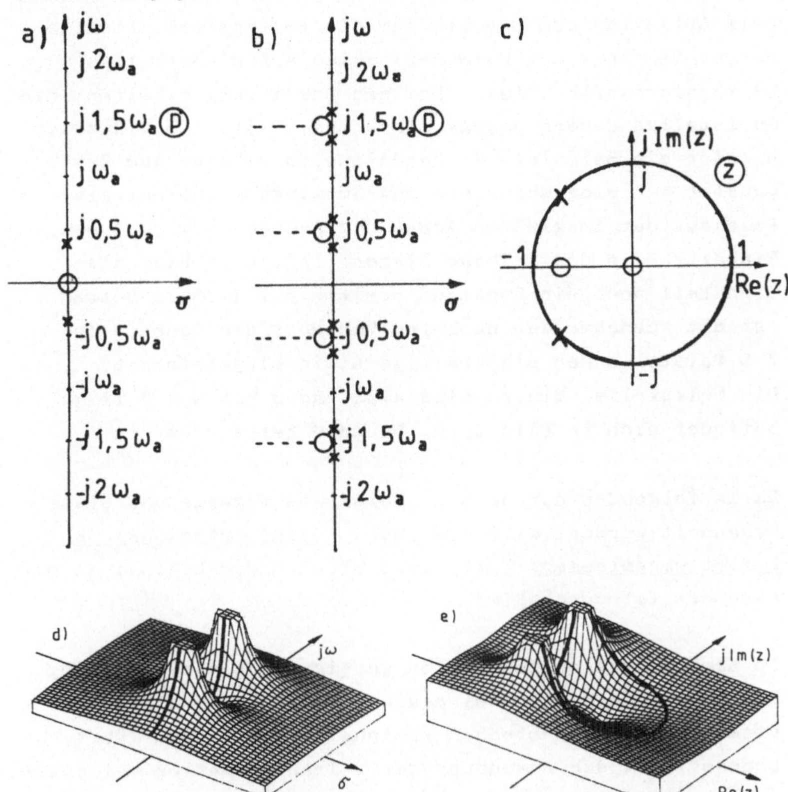

Bild 3.2 Pol- Nullstellen-Plan
a) Analogsignal $\underline{X}(p)$ b) Abtastwerte $\underline{X}_a(p)$
c) Abtastwerte $\underline{X}_a(z)$ d) 3-D Darstellung von $|\underline{X}(p)|$
e) 3-D Darstellung von $|\underline{X}_a(z)|$

Wie gezeigt wurde, ist die L-Transformierte des abgeta-
steten Signals $\underline{X}_a(p)$ in Richtung der $j\omega$-Achse der p-Ebene
mit ω_a periodisch. $\underline{X}_a(p)$ ist die Summe von jeweils um ω_a

verschobenen und mit dem Faktor 1/T bewerteten L-Transformierten des Analogsignals [7]. In Kap.2.2 wurde dies beim Abtasttheorem bereits für die F-Transformierten gezeigt. Die Lage der Pole der periodisch wiederholten L-Transformierten bleibt bei der Summierung erhalten; die Nullstellen ändern dagegen ihre Lage [7]. Bild 3.2 zeigt hierfür ein Beispiel. Es handelt sich um eine zum Zeitpunkt $t = 0$ eingeschaltete cos-Schwingung. Obwohl die Pole auf der imaginären Achse der p-Ebene bzw. auf dem Einheitskreis der z-Ebene liegen, läßt sich hier als Grenzfall noch ein Spektrum ermitteln [3]. Sein Betrag ist mit Ausnahme der nächsten Umgebung der Pole in den 3-D Darstellungen als kräftige Linie eingezeichnet. Die Nullstelle, die in Bild 3.2c und e bei $z = 0$ liegt, befindet sich in Bild 3.2a, b und d bei $\sigma = -\infty$.

Da im folgenden nur noch zeitdiskrete Signale und Systeme behandelt werden, wird der <u>Index a (für Abtastung) ab sofort weggelassen</u>: $\underline{X}_a(z)$ wird ersetzt durch $\underline{X}(z)$; $\underline{X}_a(\omega)$ wird ersetzt durch $\underline{X}(\omega)$.

In Kap.1 wurde an Beispielen gezeigt, daß die Anwendung der L-Transformation bei analogen Signalen und LTI-Systemen meist zu gebrochen rationalen Funktionen führt. Ebenso führt die Anwendung der z-Transformation bei zeitdiskreten Signalen und LTI-Systemen meist zu gebrochen rationalen Funktionen, z.B.:

$$\underline{X}(z) = \frac{c_0 + c_1 z + c_2 z^2 + \ldots\ldots\ldots + c_r z^r}{d_0 + d_1 z + d_2 z^2 + \ldots\ldots\ldots + z^k} \qquad (3.8)$$

$$(r \leq k)$$

Alle Koeffizienten c_i und d_i sind hierbei reell, wenn das Signal $x(n)$ reell ist. Man beachte, daß der letzte Koeffizient im Nenner zu Eins gewählt wurde ($d_k = 1$).

Das Spektrum $\underline{X}(\omega)$ erhält man für $p = j\omega$, bzw. $z = e^{j\omega T}$, d. h. auf dem Einheitskreis der z-Ebene, wenn alle Pole von $\underline{X}(z)$ innerhalb des Einheitskreises liegen (Der Einheitskreis liegt dann im Konvergenzgebiet):

$$\underline{X}(\omega) = \frac{c_0 + c_1 e^{j\omega T} + c_2 e^{j2\omega T} + \ldots\ldots + c_r e^{jr\omega T}}{d_0 + d_1 e^{j\omega T} + d_2 e^{j2\omega T} + \ldots\ldots + e^{jk\omega T}} \qquad (3.8a)$$

(3.8) läßt sich auch in der Produktform darstellen:

$$\underline{X}(z) = c_r \cdot \frac{\displaystyle\prod_{i=1}^{r} z - z_{0i}}{\displaystyle\prod_{i=1}^{k} z - z_{pi}} \qquad (3.9)$$

z_{0i} = Nullstellen von $\underline{X}(z)$

z_{pi} = Pole von $\underline{X}(z)$

Das Spektrum $\underline{X}(\omega)$ erhält man wieder für $z = e^{j\omega T}$:

$$\underline{X}(\omega) = |\underline{X}(\omega)| \; e^{j\varphi(\omega)} = c_r \cdot \frac{\displaystyle\prod_{i=1}^{r} e^{j\omega T} - z_{0i}}{\displaystyle\prod_{i=1}^{k} e^{j\omega T} - z_{pi}} \qquad (3.10)$$

Der Betrag dieses Ausdrucks ist:

$$|\underline{X}(\omega)| = |c_r| \cdot \frac{\displaystyle\prod_{i=1}^{r} |e^{j\omega T} - z_{0i}|}{\displaystyle\prod_{i=1}^{k} |e^{j\omega T} - z_{pi}|} = |c_r| \cdot \frac{\displaystyle\prod_{i=1}^{r} s_{0i}}{\displaystyle\prod_{i=1}^{k} s_{pi}} \qquad (3.11)$$

Die s_{0i} und s_{pi} sind hierbei die Längen der komplexen Zeiger von den Nullstellen und Polen zu einem Punkt $e^{j\omega T}$ auf dem Einheitskreis der z-Ebene.

Der Phasenwinkel ist:

$$\varphi(\omega) = \text{arc}[\underline{X}(\omega)]$$

$$= \text{arc}[c_r] + \sum_{i=1}^{r} \text{arc}[e^{j\omega T} - z_{0i}] - \sum_{i=1}^{k} \text{arc}[e^{j\omega T} - z_{pi}]$$

$$= \text{arc}[c_r] + \sum_{i=1}^{r} \varphi_{0i} - \sum_{i=1}^{k} \varphi_{pi} \tag{3.12}$$

Die φ_{0i} und φ_{pi} sind hierbei die Winkel zwischen der reellen Achse der z-Ebene und den oben genannten komplexen Zeigern.

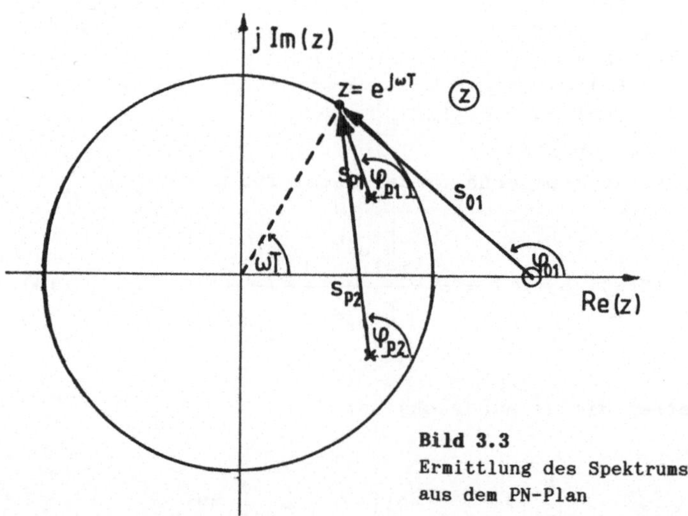

Bild 3.3
Ermittlung des Spektrums
aus dem PN-Plan

Bild 3.3 zeigt ein Beispiel mit zwei konjugiert komplexen Polen und einer Nullstelle. Die in den Formeln vorkommenden Größen sind hierbei für die Frequenz $\omega = \omega_a/6$, bzw. $\omega T = \pi/3$ (entspricht 60°) eingezeichnet.

Somit ergibt sich folgendes Resultat:

Wenn mit wachsender Frequenz der Einheitskreis der z-Ebene im Gegenuhrzeigersinn durchlaufen wird, dann ist der Betrag des Spektrums dort klein, wo man in der Nähe einer Nullstelle vorbeiläuft; er ist dort groß, wo man in der Nähe eines Pols vorbeiläuft.

Im folgenden Beispiel soll das Spektrum eines analogen Signals mit dem Spektrum des abgetasteten Signals verglichen werden:

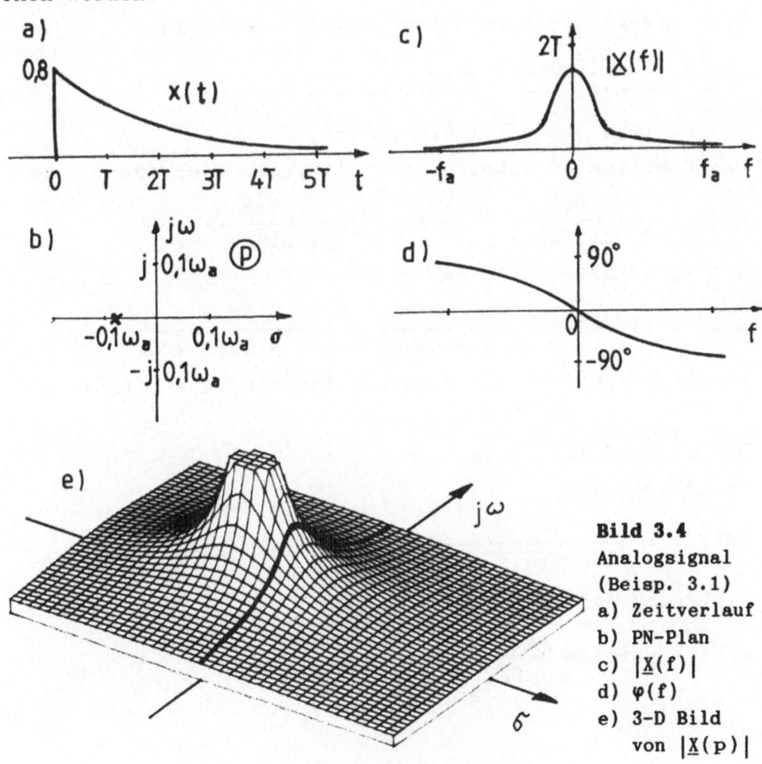

Bild 3.4
Analogsignal
(Beisp. 3.1)
a) Zeitverlauf
b) PN-Plan
c) $|\underline{X}(f)|$
d) $\varphi(f)$
e) 3-D Bild
von $|\underline{X}(p)|$

<u>Beispiel 3.1</u>
<u>Analogsignal</u> (Bild 3.4):

$$x(t) = 0{,}8 \ (0{,}6^{t/T}) \qquad \text{für } t \geq 0.$$

T ist hierbei die Periodendauer mit der das Signal anschließend abgetastet werden soll ($\omega_a = 2\pi/T$).
Mit der Beziehung $0{,}6 = e^{\ln 0{,}6} = e^{-0{,}51}$
läßt sich der Ausdruck umformen in
$$x(t) = 0{,}8 \ e^{-0{,}51 t/T}$$

Die L-Transformierte dieses Analogsignals ist

$$\underline{X}(p) = \frac{0{,}8}{0{,}51/T + p} = \frac{0{,}8}{0{,}0813 \ \omega_a + p}$$

Sie besitzt einen Pol bei $p = -0{,}0813 \ \omega_a$.

Das Spektrum (F-Transformierte) ergibt sich für $p = j\omega$:

$$\underline{X}(\omega) = \frac{0{,}8}{0{,}0813 \ \omega_a + j\omega} = (1/\omega_a) \ \frac{0{,}8}{0{,}0813 + j\omega/\omega_a}$$

Mit $\omega_a = 2\pi/T$ erhält man

$$\underline{X}(\omega) = (T/2\pi) \ \frac{0{,}8}{0{,}0813 + j\omega/\omega_a} = \frac{1{,}56 \ T}{1 + j \ 12{,}3 \ \omega/\omega_a}$$

bzw. als Funktion der Frequenz f mit $\omega/\omega_a = f/f_a$:

$$\underline{X}(f) = \frac{1{,}56 \ T}{1 + j12{,}3 \ f/f_a}$$

Der Betrag ist:

$$|\underline{X}(f)| = \frac{1{,}56 \ T}{\sqrt{1 + (12{,}3 \ f/f_a)^2}}$$

Die Phase ist:

$$\varphi(f) = -\arctan \frac{12{,}3 \ f}{f_a}$$

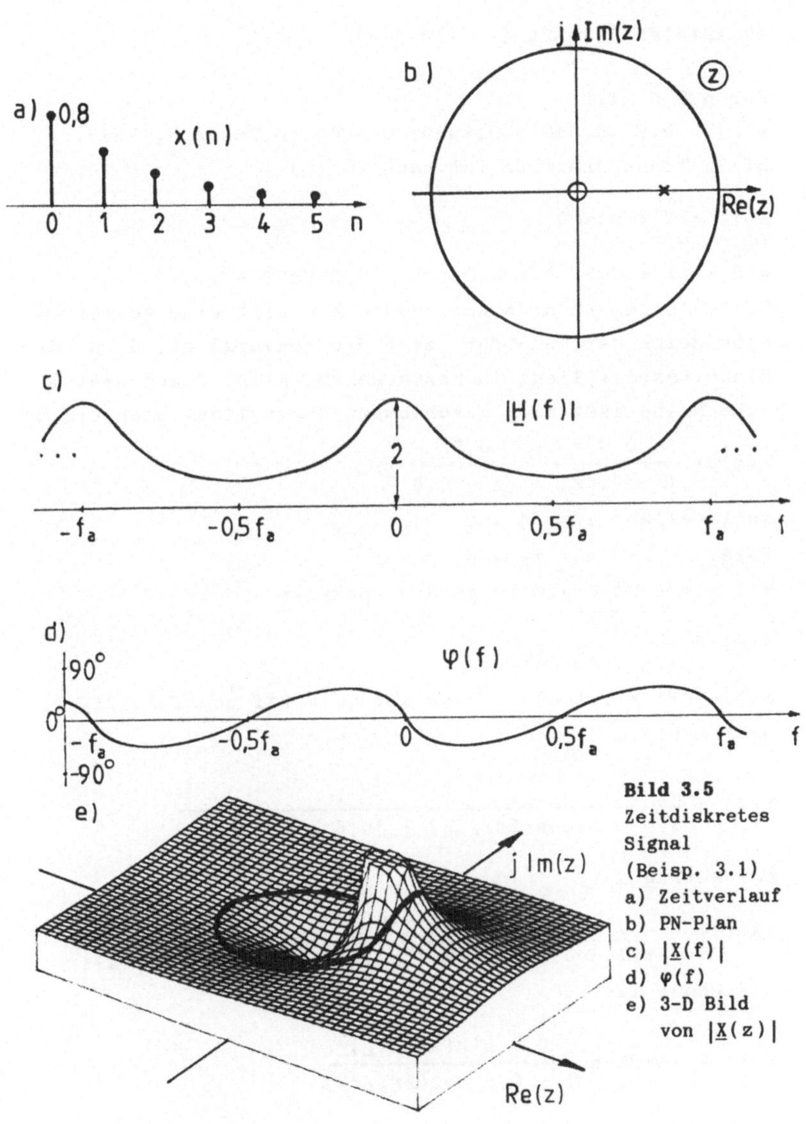

Bild 3.5
Zeitdiskretes
Signal
(Beisp. 3.1)
a) Zeitverlauf
b) PN-Plan
c) $|\underline{X}(f)|$
d) $\varphi(f)$
e) 3-D Bild
von $|\underline{X}(z)|$

<u>Zeitdiskretes Signal</u> (Bild 3.5):

Für $n \geq 0$ gilt

$x(n) = 0,8 \ (0,6)^n = 0,8000; \ 0,4800; \ 0,2880; \ 0,1728; \ \ldots\ldots$

Die z-Transformierte ist nach (3.3b)

$$\underline{X}(z) = \sum_{n=0}^{\infty} x(n)z^{-n}$$

$$= 0,8 \ (1 + 0,6z^{-1} + 0,36z^{-2} + 0,216z^{-3} + \ldots\ldots\ldots)$$

Der in Klammern stehende Ausdruck stellt eine geometrische Reihe dar, die für $|z| > 0,6$ konvergiert, d. h. der Einheitskreis liegt im Konvergenzbereich. Die geometrische Reihe läßt sich geschlossen darstellen. Dies ergibt:

$$\underline{X}(z) = \frac{0,8}{1 - 0,6z^{-1}} = \frac{0,8z}{z - 0,6}$$

Nullstellen: $z = z_0 = 0$

Pole: $\quad\quad z = z_p = 0,6$

Mit $z = e^{j\omega T}$ ergibt sich das Spektrum:

$$\underline{X}(\omega) = \frac{0,8}{1 - 0,6e^{-j\omega T}}$$

mit $e^{-j\omega T} = \cos \omega T - j \sin \omega T$; $\quad \omega = 2\pi f$ und $T = 1/f_a$ erhält man:

$$\underline{X}(f) = \frac{0,8}{1 - 0,6 \cos(2\pi f/f_a) + j0,6 \sin(2\pi f/f_a)}$$

Der Betrag ist:

$$|\underline{X}(f)| = \frac{0,8}{\sqrt{[1 - 0,6 \cos(2\pi f/f_a)]^2 + [0,6 \sin(2\pi f/f_a)]^2}}$$

Die Phase ist:

$$\varphi(f) = -\arctan \frac{0,6 \sin(2\pi f/f_a)}{1 - 0,6 \cos(2\pi f/f_a)}$$

3.2 Übertragungsfunktion und Frequenzgang linearer zeitinvarianter zeitdiskreter Systeme

Zur Ermittlung der z-Bereichs-Übertragungsfunktion $H(z)$, im folgenden einfach Übertragungsfunktion genannt, verwendet man als Eingangssignal Abtastwerte der verallgemeinerten sinusförmigen Schwingung, d. h. Abtastwerte eines an- bzw. abklingenden komplexen Drehzeigers (dies dient nur zur theoretischen Ableitung der Übertragungsfunktion; in der Praxis werden meist nur reelle Signale verwendet, da die Verarbeitung sonst aufwendiger würde).

$$\underline{x}(n) = e^{pnT} = z^n \qquad\qquad (3.13)$$

Das Ausgangssignal ergibt sich durch diskrete Faltung, siehe (2.12) und (2.13), mit der kausalen Impulsantwort $h(n)$:

$$\underline{y}(n) = h(n) * \underline{x}(n) = \sum_{m=0}^{\infty} h(m)\, \underline{x}(n - m) =$$

$$= \sum_{m=0}^{\infty} h(m)\, z^{n-m} = z^n \sum_{m=0}^{\infty} h(m)\, z^{-m} \qquad\qquad (3.14)$$

Die Übertragungsfunktion $H(z)$ für die verallgemeinerte sinusförmige Schwingung ist das Verhältnis des Ausgangssignals nach (3.14) zum Eingangssignal nach (3.13):

$$\underline{H}(z) = \sum_{m=0}^{\infty} h(m)\, z^{-m} \qquad\qquad (3.15)$$

Ersetzt man nun m durch n und vergleicht dies mit (3.3b), so erkennt man, daß $H(z)$ die z-Transformierte der Impulsantwort $h(n)$ ist:

$$\underline{H}(z) = Z[h(n)] \qquad\qquad (3.15a)$$

94

Der Zusammenhang zwischen der Übertragungsfunktion und
den Koeffizienten der Differenzengleichung, bzw. der direkten Struktur, ergibt sich durch Einsetzen des Eingangssignals (3.13) in die Differenzengleichung (2.17).
Mit $\underline{y}(n) = \underline{H}(z)\,\underline{x}(n)$, entsprechend (3.15), ergibt dies:

$$\underline{H}(z)\,z^n = \sum_{i=0}^{k} b_i z^{n-i} - \sum_{i=1}^{k} a_i \underline{H}(z)\,z^{n-i};$$

$$\underline{H}(z)\,z^n \left(1 + \sum_{i=1}^{k} a_i z^{-i}\right) = z^n \sum_{i=0}^{k} b_i z^{-i};$$

$$\underline{H}(z) = \frac{\displaystyle\sum_{i=0}^{k} b_i\,z^{-i}}{1 + \displaystyle\sum_{i=1}^{k} a_i\,z^{-i}} \qquad\qquad (3.16)$$

Bei reeller Impulsantwort $h(n)$ sind alle Koeffizienten a_i
und b_i reell.
Die Übertragungsfunktion läßt sich somit problemlos mittels (3.16) aus den Koeffizienten der Differenzengleichung, bzw. der direkten Struktur, ermitteln. Einige a_i
bzw. b_i sind u. U. gleich Null, d. h. sie sind in der direkten Struktur nicht vorhanden.

Eine andere Möglichkeit, die Übertragungsfunktion (3.16)
aus der Differenzengleichung (2.17) abzuleiten ist folgende:
Ähnlich wie man bei Analogsystemen die Übertragungsfunktion durch L-Transformation der Differentialgleichung gewinnen kann, kann man sie bei zeitdiskreten Systemen
durch z-Transformation der Differenzengleichung (2.17)
ermitteln:

$$Z[y(n)] = Z[\sum_{i=0}^{k} b_i x(n - i) - \sum_{i=1}^{k} a_i y(n - i)]$$

Die Summanden können einzeln z-transformiert werden (Additionssatz):

$$Z[y(n)] = \sum_{i=0}^{k} b_i Z[x(n - i)] - \sum_{i=1}^{k} a_i Z[y(n - i)] \qquad (3.17)$$

Nun wird der Verschiebungssatz der (einseitigen) z-Transformation benötigt. Er läßt sich aus dem Verschiebungssatz der L-Transformation, Kap.1, Gl.(1.35), folgendermaßen ableiten:

$$L[x(t - t_0)] = e^{-pt_0} \underline{X}(p)$$

Ersetzt man nun t durch nT und t_0 durch iT, so ergibt sich

$$L[x(nT - iT)] = e^{-piT} \underline{X}(p)$$

Mit $z = e^{pT}$ und der Abkürzung $x(nT - iT) \rightarrow x(n - i)$ erhält man den Verschiebungssatz:

$$Z[x(n - i)] = z^{-i} \underline{X}(z) \qquad (3.18)$$

Wendet man diesen Satz auf die Signale von (3.17) an, so ergibt sich:

$$\underline{Y}(z) = \underline{X}(z) \sum_{i=0}^{k} b_i z^{-i} - \underline{Y}(z) \sum_{i=1}^{k} a_i z^{-i}$$

bzw.

$$\underline{Y}(z) (1 + \sum_{i=1}^{k} a_i z^{-i}) = \underline{X}(z) \sum_{i=0}^{k} b_i z^{-i} \qquad (3.19)$$

Die Übertragungsfunktion definiert man wieder als Verhältnis von Ausgangs- zu Eingangssignal:

$$\underline{H}(z) = \frac{\underline{Y}(z)}{\underline{X}(z)} \tag{3.20}$$

Durch Umstellen von (3.19) erhält man dann wieder (3.16).

Der Frequenzgang $\underline{H}(\omega)$ der Übertragungsfunktion ergibt sich in gleicher Weise wie das Spektrum eines diskreten Signals, auf dem Einheitskreis der z-Ebene, indem man in (3.16) $z = e^{j\omega T}$ setzt:

$$\underline{H}(\omega) = |\underline{H}(\omega)| \; e^{j\varphi(\omega)} = \frac{\sum\limits_{i=0}^{k} b_i \; e^{-ji\omega T}}{1 + \sum\limits_{i=1}^{k} a_i \; e^{-ji\omega T}} \tag{3.16a}$$

$\underline{H}(\omega)$ ist mit der Abtastfrequenz ω_a periodisch. Da bei der Abtastung von analogen Signalen das Abtasttheorem zu beachten ist, ist normalerweise nur der Frequenzbereich bis $\omega_a/2$ von Interesse.

<u>Stabilitätskriterium:</u>

In Kap.1 wurde gezeigt, daß sämtliche Pole der Übertragungsfunktion eines zeitkontinuierlichen, stabilen LTI-Systems in der linken p-Halbebene liegen. Da die linke p-Halbebene auf das Innere des Einheitskreises der z-Ebene abgebildet wird (siehe Bild 3.1), folgt, daß $\underline{H}(z)$ nur Pole im Inneren des Einheitskreises haben darf. Befinden sich Pole auch auf dem Einheitskreis, so bezeichnet man das System als bedingt stabil.

Die Übertragungsfunktion (3.16) läßt sich auch etwas anders darstellen [6]:

Man erweitert den Bruch mit z^k:

$$\underline{H}(z) = \frac{\sum\limits_{i=0}^{k} b_i z^{k-i}}{z^k + \sum\limits_{i=1}^{k} a_i z^{k-i}} \tag{3.21}$$

Die Koeffizienten werden umbenannt:

$b_i = c_{k-i}; \quad a_i = d_{k-i};$

$$\underline{H}(z) = \frac{\sum\limits_{i=0}^{k} c_{k-i} z^{k-i}}{z^k + \sum\limits_{i=1}^{k} d_{k-i} z^{k-i}} \tag{3.22}$$

Schreibt man die Summen in umgekehrter Reihenfolge an, so ergibt sich:

$$\underline{H}(z) = \frac{\sum\limits_{i=0}^{k} c_i z^i}{z^k + \sum\limits_{i=0}^{k-1} d_i z^i} \tag{3.23}$$

Da die letzten Summanden des Zählers u. U. auch Null sein können, ist folgende Schreibweise üblich:

$$\underline{H}(z) = \frac{\sum\limits_{i=0}^{r} c_i z^i}{z^k + \sum\limits_{i=0}^{k-1} d_i z^i} \qquad (r \leq k) \tag{3.24}$$

Dies entspricht der in (3.8) angegebenen Form der
z-Transformierten zeitdiskreter Signale.

Bei reeller Impulsantwort sind alle Koeffizienten c_i und
d_i reell.

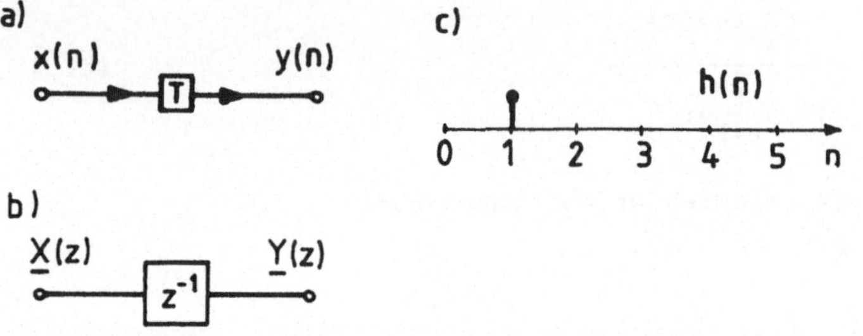

Bild 3.6 Beispiel 3.2, Verzögerungsglied
          a) Zeitbereich b) z-Bereich c) Impulsantwort

<u>Beispiel 3.2</u>

Zeitdiskretes LTI-System mit der Differenzengleichung
$y(n) = x(n-1)$.

Durch Vergleich mit (2.17) erkennt man, daß nur der Koeffizient b_1 auftritt: $b_1 = 1$.

Die direkte Struktur ergibt sich entspr. Bild 2.14 und
ist in Bild 3.6a dargestellt. Es handelt sich um ein Verzögerungsglied, das das Eingangssignal um eine Abtastperiodendauer T verzögert.

Die Übertragungsfunktion ergibt sich entspr. (3.16) und
(3.20):

$\underline{H}(z) = \underline{Y}(z)/\underline{X}(z) = b_1 z^{-1} = z^{-1}$

Bild 3.6b zeigt das Signalflußdiagramm im Bereich der
z-Transformierten. Das Symbol z^{-1} wird an Stelle des Sym-
bols T auch häufig bei Signalflußdiagrammen im Zeitbereich verwendet, um ein Verzögerungsglied zu kennzeich-
nen.

Den Frequenzgang der Übertragungsfunktion erhält man auf dem Einheitskreis der z-Ebene mit $z = e^{j\omega T}$:

$$\underline{H}(\omega) = e^{-j\omega T}$$

Der Betrag ist $|\underline{H}(\omega)| = 1$.

Die Impulsantwort $h(n)$ kann man z. B. aus der Differenzengleichung oder aus der Struktur ermitteln:

Mit $x(n) = \delta(n) = 1; \ 0; \ 0; \ 0; \ \ldots\ldots\ldots$ ergibt sich:

$y(n) = h(n) = x(n - 1) = \delta(n - 1) = 0; \ 1; \ 0; \ 0; \ \ldots\ldots\ldots$

Die Impulsantwort ist in Bild 3.6c dargestellt.

Beispiel 3.3

Zeitdiskretes LTI-System mit der Differenzengleichung:

$$y(n) = 0{,}8\, x(n) + 0{,}6\, y(n - 1)$$

Gesucht sind:

Direkte Struktur, Übertragungsfunktion, Pol- Nullstellen-Verteilung, Betrag und Phase des Frequenzgangs, Impuls-antwort.

Durch Vergleich mit (2.17) erkennt man, daß folgende Koeffizienten auftreten:

$$a_1 = -0{,}6; \quad b_0 = 0{,}8;$$

Die direkte Struktur ergibt sich entspr. Bild 2.14 und ist in Bild 3.7 dargestellt.

Die Übertragungsfunktion ergibt sich wieder aus (3.16):

$$\underline{H}(z) = \frac{b_0}{1 + a_1 z^{-1}} = \frac{0{,}8}{1 - 0{,}6 z^{-1}} = \frac{0{,}8 z}{z - 0{,}6}$$

Diese Funktion ist uns bereits aus Beispiel 3.1 bekannt. Die dortigen Ergebnisse (Bild 3.5) können übernommen wer-den, wenn $x(n)$ durch $h(n)$ und $\underline{X}(z)$ durch $\underline{H}(z)$ ersetzt wird; sie sind in Bild 3.7 teilweise nochmals darge-stellt.

Der Frequenzgang $\underline{H}(f)$ ist mit f_a periodisch. Auf Grund des Abtasttheorems interessiert allerdings nur der Frequenzbereich bis $f_a/2$. Die Struktur stellt einen digitalen Tiefpaß dar.

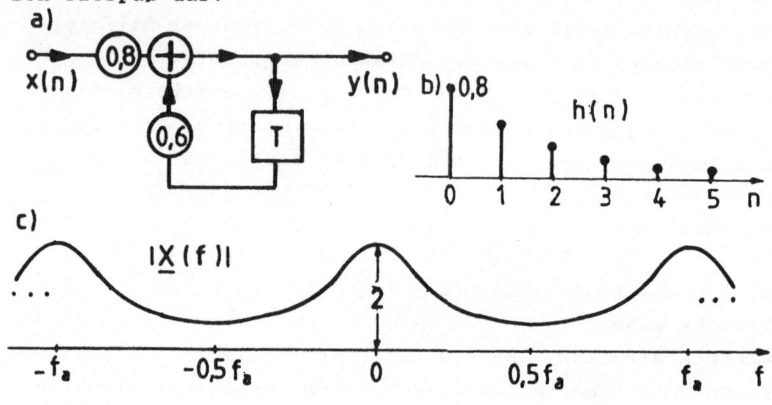

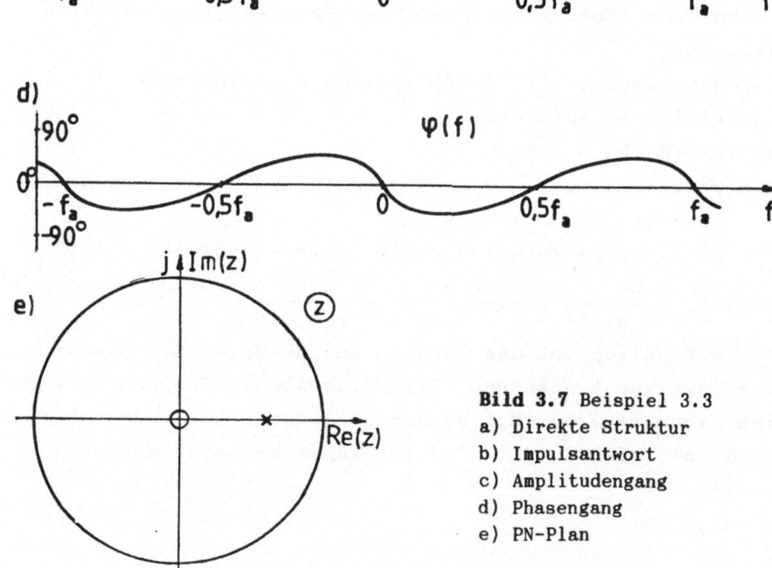

Bild 3.7 Beispiel 3.3
a) Direkte Struktur
b) Impulsantwort
c) Amplitudengang
d) Phasengang
e) PN-Plan

Bei Mißachtung des Abtasttheorems, d. h. Abtastung eines
Analogsignals, dessen Spektrum sich über $f_a/2$ hinaus erstreckt, erscheinen die oberhalb $f_a/2$ liegenden Anteile
nach der Filterung am Ausgang des DA-Wandlers bei ihren
Aliasfrequenzen unterhalb von $f_a/2$ (siehe Bild 2.5).

Der Frequenzgang $\underline{H}(f)$ beschreibt die Änderung von Amplitude und Phase der Einhüllenden der Abtastwerte einer
sinusförmigen Schwingung beim Durchgang durch das zeit-
diskrete Netzwerk im eingeschwungenen (stationären)
Zustand (Nach Abklingen des Einschaltvorgangs).
Dies soll hier z. B. für eine sinusförmige Schwingung der
folgenden Frequenz gezeigt werden:
$f_1 = 1/T_1 = f_a/8 = 1/8T$
Die Periodendauer beträgt hierbei acht Abtastintervalle.
Der Amplitudengang hat bei dieser Frequenz den Wert
(siehe Beispiel 3.1):
$|\underline{H}(f_1)| = 1,12$
Der Phasengang hat den Wert:
$\varphi(f_1) = -36°$
Dies entspricht einer Nacheilung des Ausgangssignals um
$T_1/10 = 8T/10 = 0,8T$.
In Bild 3.8 ist das sinusförmige Eingangssignal $x(n)$ der
Frequenz f_1 dargestellt. Aus Amplituden- und Phasengang
der Umhüllenden wird das Ausgangssignal $y(n)$ im einge-
schwungenen Zustand ermittelt und skizziert. Außerdem
wird gezeigt, daß die Differenzengleichung
$y(n) = 0,8\ x(n) + 0,6\ y(n - 1)$ erfüllt ist, indem zunächst $0,8\ x(n)$ und $0,6\ y(n - 1)$ und anschließend die
Summe $0,8\ x(n) + 0,6\ y(n - 1)$ skizziert wird.

Es sei nochmals darauf hingewiesen, daß infolge der
Halteschaltung des DA-Wandlers am Analogausgang zusätzlich ein Frequenzgang entsprechend (2.7) mit einer Laufzeit $T/2$ zu berücksichtigen ist. Auch die Wandler selbst
und die arithmetischen Operationen bedingen zusätzliche
Laufzeiten, so steht z. B. der in Bild 3.7a mit $y(n)$ bezeichnete Ausgangswert in der Praxis erst in der nächsten
Abtasttaktperiode am Ausgang zur Verfügung. Die zusätzlichen Laufzeiten bewirken zusätzliche Phasendrehungen,
die in den Formeln und Bildern nicht berücksichtigt sind.

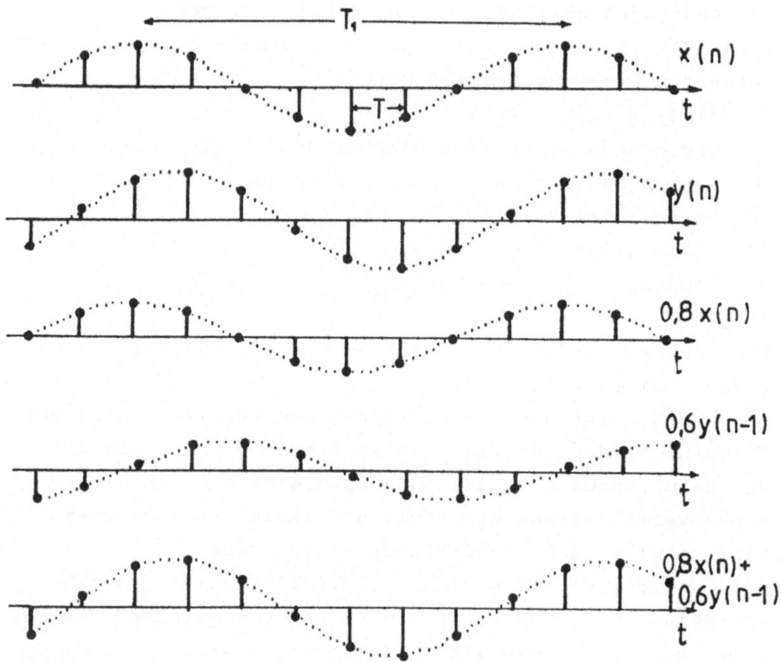

Bild 3.8 Beispiel 3.3, Sinus (eingeschwungen)

3.3 Diskrete Fouriertransformation

Die diskrete Fouriertransformation (DFT), die schnelle
Fouriertransformation (Fast Fourier Transform, FFT) und
die schnelle Faltung und Korrelation werden z. B. in
[6; 9; 14; 15; 17; 30; 31; 33; 36 - 48] beschrieben.
Die FFT ist ein effizientes Verfahren zur Berechnung der
DFT, bei dem wesentlich weniger Operationen benötigt werden als bei direkter Anwendung der Formel der DFT.

Die DFT bzw. FFT kann unter anderem zur näherungsweisen
numerischen Berechnung des Spektrums eines analogen Signals verwendet werden. Der Signalausschnitt, dessen Abtastwerte transformiert werden, die sog. Fensterbreite
ist folgendermaßen zu wählen:
Bei einem einmaligen, energiebegrenzten Signal
(Energiesignal) nach Möglichkeit die gesamte Impulsdauer.
Bei einem periodischen, leistungsbegrenzten Signal
(Leistungssignal) mindestens einige Perioden.
Bei einem stochastischen Leistungssignal mindestens einige Perioden der tiefsten interessierenden Frequenz, wobei
sich ein sog. Kurzzeitspektrum ergibt.
In Bild 3.9 wird gezeigt, welche Effekte hierbei auftreten. Zur Vereinfachung der Darstellung sind neben den Si-
gnalen nur die Beträge der Spektren skizziert.

Bild 3.9a zeigt ein reelles, bandbegrenztes, analoges
Signal $x(t)$ und sein Amplitudenspektrum $|\underline{X}(f)|$.

Bild 3.9b zeigt ein Fenster $w(t)$, das dazu dient, einen
endlichen Zeitabschnitt des Signals herauszugreifen. Dargestellt ist ein Rechteck-Fenster der Breite T_1 und sein
Amplitudenspektrum $|\underline{W}(f)|$.

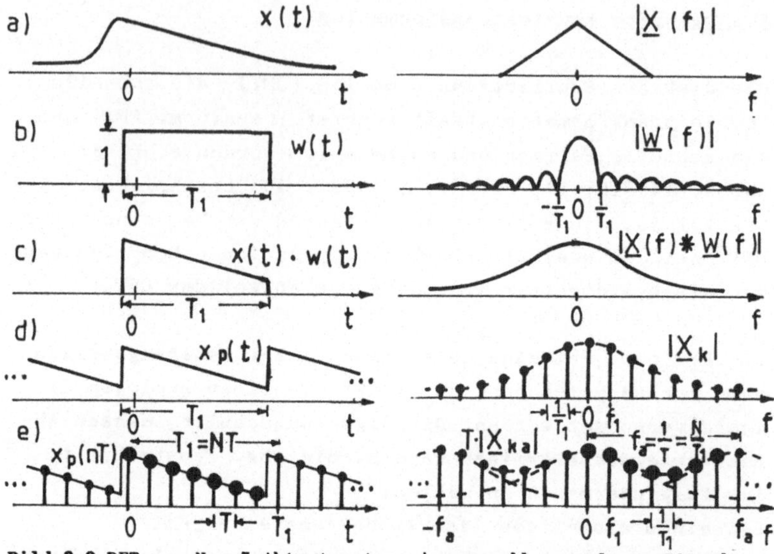

Bild 3.9 DFT von N = 7 Abtastwerten eines reellen analogen Signals

Bild 3.9c zeigt den herausgegriffenen Signalabschnitt, der sich als Produkt x(t) w(t) darstellen läßt. Das Spektrum läßt sich als Faltung $\underline{X}(f) * \underline{W}(f)$ darstellen. Hierbei wird das Spektrum des Analogsignals durch die Faltung mit dem Spektrum des Fensters "verschmiert". Dies wird bei sinusförmigem Analogsignal x(t) als Leckeffekt bzw. Lattenzauneffekt bezeichnet (siehe später). Die "Verschmierung" läßt sich verringern, wenn ein breiteres Fenster, das außerdem eine günstigere Form besitzt, gewählt wird (z. B. ein Hann-Fenster, siehe später). Das Spektrum eines derartigen Fensters ist dann, infolge der größeren Fensterbreite, schmaler und besitzt außerdem auf Grund der günstigeren Form kleinere Nebenlappen.

Ein numerisches Berechnungsverfahren kann das Spektrum nur an diskreten Punkten der Frequenzachse, die im folgenden Auswertefrequenzen genannt werden, berechnen. Zur Beschreibung dieser Eigenschaft der DFT stellt man sich vor, daß der herausgegriffene Signalabschnitt auf der Zeitachse mit der Fensterbreite T_1 periodisch auftritt. Dieses periodische Signal $x_p(t)$ läßt sich durch eine F-Reihe beschreiben. Die F-Koeffizienten $\underline{X}_k$ treten auf der Frequenzachse in Abständen $f_1 = 1/T_1$ bei den Auswertefrequenzen auf. Dies ist in Bild 3.9d dargestellt. Die Hüllkurve der F-Koeffizienten hat die gleiche Form wie das Spektrum in Bild 3.9c.

In Bild 3.9e links sind Abtastwerte $x_p(nT)$ des periodischen Signals $x_p(t)$ von Bild 3.9d dargestellt. Die Abtastperiodendauer ist $T = T_1/N$ (N ganzzahlig). In Bild 3.9 ist $N = 7$ (7-Punkte-DFT). Die Abtastung bewirkt nach (2.3) die Periodisierung des Spektrums des Signals mit der Periode $f_a = 1/T$. Dies ist in Bild 3.9e rechts dargestellt. Die $\underline{X}_{ka}$ sind die F-Koeffizienten des abgetasteten Signals. Der eingetragene Amplitudenfaktor T ist durch die Abtastung bedingt, siehe (2.3).
Um den durch die Abtastung verursachten Aliaseffekt klein zu halten, sollte mit ausreichend hoher Abtastfrequenz gearbeitet werden.

Die DFT berechnet (abgesehen von einem Amplitudenfaktor) aus den N in Bild 3.9e links kräftig hervorgehobenen Abtastwerten des Analogsignals die N kräftig hervorgehobenen Werte bei den Auswertefrequenzen in Bild 3.9e rechts. Durch periodische Fortsetzung läßt sich hieraus das gesamte, in Bild 3.9e rechts skizzierte Spektrum gewinnen. Es handelt sich um das Spektrum der in Bild 3.9e links dargestellten <u>periodisch wiederholten</u>

N Abtastwerte des Analogsignals. Dies ist eine wichtige
Eigenschaft der DFT.

Im Bereich von $-f_a/2$ bis $+f_a/2$ stellt das mit der DFT
berechnete Spektrum (abgesehen von einem Amplitudenfaktor) eine gute Näherung des Spektrums des Analogsignals dar, wenn mit ausreichend großer Fensterbreite T_1
und ausreichend kleiner Abtastperiodendauer T gearbeitet
wird. Dies bedeutet eine große Zahl N von zu transformierenden Abtastwerten.

Wenn das Analogsignal x(t) nicht bandbegrenzt ist, ergeben sich noch stärkere Aliaseffekte als in diesem Beispiel.

Mit der diskreten F-Rücktransformation (Inverse diskrete
F-Transformation, IDFT) lassen sich umgekehrt aus den N
kräftig hervorgehobenen Werten des Spektrums die N kräftig hervorgehobenen Werte des Zeitverlaufs berechnen. Die
DFT ist umkehrbar eindeutig.

Zur Verallgemeinerung soll hier im folgenden angenommen
werden, daß das Eingangssignal komplex ist, was z. B. bei
Quadraturmodulation auftritt. Das abgetastete Signal,
Bild 3.9e links, läßt sich nach (2.2) auch als Folge von
bewerteten Diracimpulsen darstellen. Dieses Signal wird
$\underline{x}_{pa}(t)$ genannt.

$$\underline{x}_{pa}(t) = \underline{x}_p(t) \sum_{n=-\infty}^{+\infty} \delta(t - nT)$$

Die in Bild 3.9e rechts dargestellten, mit T multipli-
zierten F-Koeffizienten dieser Funktion sind nach (1.3):

$$T\underline{X}_{ka} = \frac{T}{T_1} \int_{-T/2}^{-T/2+T_1} \underline{x}_p(t) \sum_{n=-\infty}^{+\infty} \delta(t - nT)\, e^{-j2\pi k f_1 t} dt$$

Der Integrationsbereich ist die Dauer T_1 des herausgegriffenen Signalsegments (Fensterbreite). Dort gilt $\underline{x}_p(t)$
$= \underline{x}(t)$; n läuft von 0 bis N - 1. Mit der Ausblendeigenschaft des Diracimpulses (1.48), mit auf die Fensterbreite T_1 eingeschränktem Integrationsbereich, ergibt sich:

$$T\underline{X}_{ka} = \frac{T}{T_1} \sum_{n=0}^{N-1} \underline{x}(nT)\ e^{-j2\pi k f_1 nT}$$

Mit $f_1 = 1/T_1$ und $T_1 = NT$ (siehe Bild 3.9) erhält man

$$T\underline{X}_{ka} = \frac{1}{N} \sum_{n=0}^{N-1} \underline{x}(nT)\ e^{-j2\pi kn/N}$$

Meist werden zur Definition der DFT beide Gleichungsseiten mit N multipliziert. Der Ausdruck $NT\underline{X}_{ka}$ stellt dann
die diskrete F-Transformierte dar und wird mit $\underline{X}[k/(NT)]$
bezeichnet. Das Argument $k/(NT)$ stellt die Auswertefrequenzen dar.

$$NT\underline{X}_{ka} = \underline{X}(\frac{k}{NT}) = \sum_{n=0}^{N-1} \underline{x}(nT)\ e^{-j2\pi kn/N} \qquad (3.25)$$
$$k = 0\ (1)\ N - 1$$

Eine vereinfachte Schreibweise ist

$$\underline{X}(k) = \sum_{n=0}^{N-1} \underline{x}(n)\ e^{-j2\pi kn/N} \qquad (3.25a)$$
$$k = 0\ (1)\ N - 1$$

Symbolisch schreibt man

$$\underline{X}(k) = DFT[\underline{x}(n)] \qquad (3.25b)$$

Die Auswertefrequenzen sind

$$f = kf_1 = k/(NT) = kf_a/N \qquad (3.26)$$

Gl. (3.25) bzw. (3.25a) ist die Formel der DFT.

Es genügt, die DFT für k = 0 bis N - 1 durchzuführen, da
sie mit N periodisch ist (siehe Bild 3.9e rechts). Der
Rest kann, wenn nötig, periodisch ergänzt werden.

Sind die Abtastwerte des Signals <u>reell</u>, dann gilt, wie
schon bei der F-Reihe und F-Transformation gezeigt wurde,
entsprechend (1.13):

$$\underline{x}(n) \; \underline{reell}: \; Re[\underline{X}(k)] \; gerade; \; Im[\underline{X}(k)] \; ungerade;$$
$$bzw. \; |\underline{X}(k)| \; gerade; \; \varphi(k) \; ungerade. \qquad (3.27)$$

Entsprechend gelten auch die Beziehungen (1.14) und
(1.15).
Bei <u>reellem</u> Signal genügt es daher, auf Grund der Symmetrie und Periodizität, die DFT für folgende Werte von k
zu berechnen:
k = 0 bis (N - 1)/2 für ungeradzahliges N;
k = 0 bis N/2 für geradzahliges N.
Der Rest kann, soweit nötig, ergänzt werden.

<u>Diskrete Fourier-Rücktransformation (IDFT)</u>:
Die gleichartigen Eigenschaften von Zeitverlauf und Spektrum in Bild 3.9e (diskret und periodisch) lassen vermuten, daß die Formel der IDFT die gleiche Struktur wie die
Formel der DFT hat. Man vergleiche z. B. die Formeln der
F-Transformation (1.9) und (1.10). Bei der Rücktransformation tritt im Exponenten das umgekehrte Vorzeichen auf.
Zusätzlich muß bei der IDFT durch N dividiert werden, um
die Abtastwerte in ihrer ursprünglichen Größe wiederzu-
gewinnen.

$$\underline{x}(nT) = \frac{1}{N} \sum_{k=0}^{N-1} \underline{X}[k/(NT)] \; e^{j2\pi kn/N} \qquad (3.28)$$
$$n = 0 \; (1) \; N - 1$$

Eine vereinfachte Schreibweise ist

$$\underline{x}(n) = \frac{1}{N} \sum_{k=0}^{N-1} \underline{X}(k)\, e^{j2\pi kn/N} \qquad (3.28a)$$

$$n = 0\ (1)\ N - 1$$

Symbolisch schreibt man

$$\underline{x}(n) = IDFT[\underline{X}(k)] \qquad (3.28b)$$

Gl. (3.28) bzw. (3.28a) ist die Formel der IDFT. Die Richtigkeit kann durch Einsetzen in die Formel der DFT gezeigt werden, wodurch sich eine Identität ergibt, siehe z. B. [36].

Gelegentlich wird so definiert, daß der Faktor 1/N bereits bei der DFT, Gl. (3.25) bzw. (3.25a) auftritt. Bei der IDFT Gl. (3.28) bzw. (3.28a) tritt dann der Faktor 1/N nicht mehr auf. Für viele Arten von Signalen, z. B. Sinus, stellt diese Definition eine günstige Skalierung dar, d. h. in der Praxis wird man meist so verfahren (siehe später).

Wenn $\underline{X}_k$ die Symmetriebedingung (3.27) erfüllt, kann man sich die Berechnung des Imaginärteils von $\underline{x}(n)$ sparen, denn er ist Null.

Wenn bereits ein Programm für die Durchführung der DFT bzw. FFT erstellt wurde, kann es mit geringfügigen Modifikationen auch für die IDFT verwendet werden: Konjugiert man beide Gleichungsseiten von (3.28a), so ergibt sich

$$\underline{x}(n)^* = \frac{1}{N} \sum_{k=0}^{N-1} \underline{X}(k)^*\, e^{-j2\pi kn/N}$$

Konjugiert man nochmals beide Gleichungsseiten, so kann
man schreiben:

$$\underline{x}(n) = \frac{1}{N} \left[\sum_{k=0}^{N-1} \underline{X}(k)^* \; e^{-j2\pi kn/N} \right]^* \qquad (3.28c)$$

$$n = 0 \; (1) \; N - 1$$

Diese Formel zur Berechnung der IDFT hat die Struktur der
Formel (3.25a) zur Berechnung der DFT. Vor Beginn der Berechnung müssen die Eingabewerte $\underline{X}(k)$ konjugiert werden,
d. h. das Vorzeichen der Imaginärteile muß geändert werden. Außerdem muß zusätzlich der Faktor 1/N verwendet
werden. Die Konjugierung der eckigen Klammer kann man
sich bei reellem Signal x(n) sparen. Bei Festkommaverarbeitung ist es u. U. sinnvoll, zur Skalierung einen anderen Faktor zu verwenden (siehe später).

Die <u>Sätze der DFT</u> sind diskrete Versionen der Sätze der
F-Transformation (Kap. 1.2). Allerdings ist zu beachten,
daß die DFT die Folgen im Zeit- und Frequenzbereich
periodisiert (siehe Bild 3.9e). Beim Verschiebungssatz
und beim Faltungssatz der DFT handelt es sich daher stets
um die Verschiebung einer periodischen Folge. Man nennt
dies eine <u>zirkulare oder zyklische Verschiebung</u> bei der
die N Werte der Folge nicht einer nach dem anderen aus
dem Transformationsintervall der Breite N verschwinden,
sondern im Kreis laufen. Siehe z. B. [9; 14; 37].

<u>DFT als Filterbank</u>
Wie bereits gezeigt wurde, kann die DFT zur näherungsweisen Spektralanalyse eingesetzt werden. Sie stellt eine
Filterbank dar. Die Mittenfrequenzen der Bandfilter haben
nach (3.26) den konstanten Abstand $f_1 = 1/(NT)$ auf der
Frequenzachse. Die Form der überlappenden Amplitudengänge
der Filter hängt von der Form des gewählten Fensters ab.

Für ein Rechteckfenster zeigt Bild 3.10 die Anwendung der
DFT als Filterbank mit N = 4 Filtern. Die Rechenzeit für
die DFT ist in dieser Darstellung nicht berücksichtigt.
Das Eingangssignal kann natürlich auch reell sein
(Imaginärteil = 0).

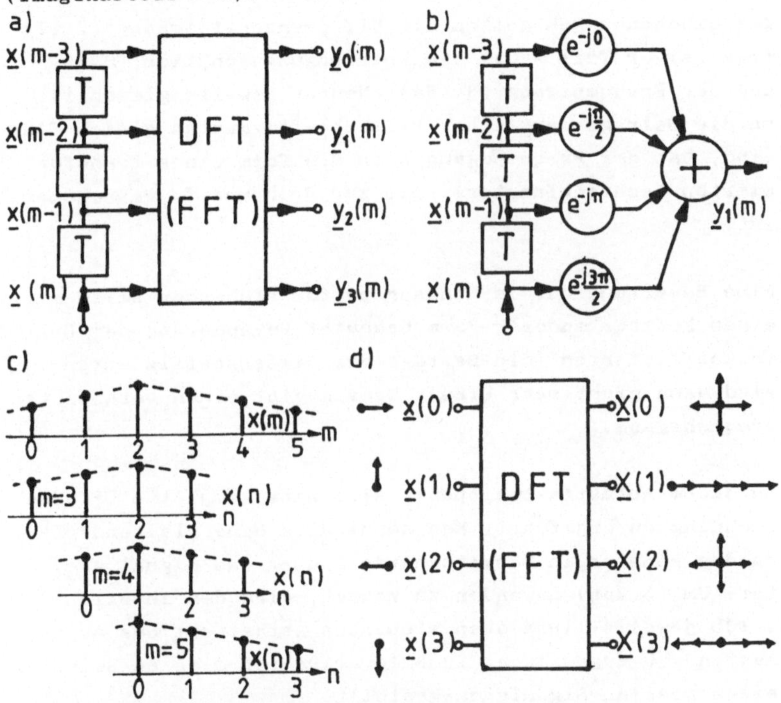

Bild 3.10 DFT als Filterbank (Beispiel N = 4)
     a) Echtzeitbetrieb b) 2. Filter der Filterbank
     c) Segmentierung des Eingangssignals
     d) DFT von 4 Abtastwerten eines komplexen Signals

Im Echtzeitbetrieb (Bild 3.10a mit der diskreten Zeitvariablen m) erhält man am Ausgang der Bandfilter Signale
im Zeitbereich, nämlich zeitdiskret rotierende komplexe
Zeiger. In Bild 3.10b ist als Beispiel das zweite Filter

(k = 1) der Filterbank detailliert dargestellt. Es handelt sich um ein FIR-Filter mit komplexen Filterkoeffizienten entsprechend (3.25a) und u. U. komplexem Eingangssignal (Real- und Imaginärteil). Man vergleiche hierzu den nichtrekursiven Teil von Bild 2.14. Mit einigen Umbenennungen gelten die Differenzengleichung (2.17) (rekursiver Teil = 0), die Übertragungsfunktion (3.16) und der Frequenzgang (3.16a) (Nenner jeweils gleich 1). Da die Beträge sämtlicher Filterkoeffizienten gleich Eins sind, hat der Frequenzgang hier die Form eines transformierten Rechteckfensters, die zur Frequenz f_1 verschoben ist.

Eine Bewertung der im Eingangspuffer stehenden Werte mit einem Fenster anderer Form bedeutet Veränderung der Filterkoeffizienten (die Beträge der Filterkoeffizienten sind dann nicht mehr Eins). Dies ergibt einen veränderten Frequenzgang.

Zu jedem Abtasttaktzeitpunkt wird eine komplette DFT-Berechnung durchgeführt. Man nennt dies eine gleitende DFT, da das Fenster in Schritten von T über das Signal gleitet. Um (3.25a) anwenden zu können, wird dem in Bild 3.10b jeweils links oben stehenden Abtastwert das Argument n = 0 zugewiesen. In Bild 3.10c ist dies am Beispiel eines reellen Signals dargestellt.

Da es sich an den Ausgängen der Filterbank um schmalbandige Signale handelt, kann dort die Abtastfrequenz verringert werden (Dezimierung). Man führt die DFT nur jeweils dann durch, wenn am Ausgang Werte benötigt werden. Dies wird im Gegensatz zur gleitenden DFT als hüpfende DFT bezeichnet.

Die für einen Abtastzeitpunkt berechneten komplexen Zeiger stellen gleichzeitig das Spektrum $\underline{X}(k)$ des Signalabschnitts dar, der zu diesem Abtastzeitpunkt im Eingangspuffer steht. Dies ist in Bild 3.10d für einen Satz von komplexen Abtastwerten $\underline{x}(n)$ gezeigt. Es handelt sich um Abtastwerte eines Zeigers, der in der komplexen Ebene mit der Auswertefrequenz $f_1 = 1/(NT)$ des 2. Filters der Filterbank rotiert. Dieses Signal stellt somit direkt die positiv rotierende 1. Harmonische dar:

$\underline{x}(n) = e^{j2\pi n/N}$, mit $N = 4$.

Die diskreten Werte dieses Eingangssignals sind

$\underline{x}(0) = e^{j0}$; $\underline{x}(1) = e^{j\pi/2}$; $\underline{x}(2) = e^{j\pi}$; $\underline{x}(3) = e^{j3\pi/2}$.

An jedem Ausgang erscheint die Summe von vier Zeigern, die einzeln dargestellt sind.

Aus der Formel der DFT (3.25a) ergibt sich

$\underline{X}(0) = e^{j0}e^{-j0} + e^{j\pi/2}e^{-j0} + e^{j\pi}e^{-j0} + e^{j3\pi/2}e^{-j0} = 0;$

$\underline{X}(1) = e^{j0}e^{-j0} + e^{j\pi/2}e^{-j\pi/2} + e^{j\pi}e^{-j\pi} + e^{j3\pi/2}e^{-j3\pi/2} = 4;$

$\underline{X}(2) = e^{j0}e^{-j0} + e^{j\pi/2}e^{-j2\pi/2} + e^{j\pi}e^{-j2\pi} + e^{j3\pi/2}e^{-j6\pi/2} = 0;$

$\underline{X}(3) = e^{j0}e^{-j0} + e^{j\pi/2}e^{-j3\pi/2} + e^{j\pi}e^{-j3\pi} + e^{j3\pi/2}e^{-j9\pi/2} = 0.$

Am Ausgang des Teilfilters mit der Mittenfrequenz f_1 addieren sich die Zeiger gleichphasig. Die Phase des komplexen Summenzeigers ist die Phase der positiv rotierenden 1. Harmonischen zum Zeitpunkt $n = 0$, in diesem Beispiel $\varphi_1 = 0$ (siehe hierzu auch Bild 1.2).

Die Amplitude ist am Ausgang N-mal größer als am Eingang, da bei der Definition der DFT der Faktor $1/N$ weggelassen wurde. Bei Festkommaarithmetik mit begrenzter Wortlänge sollte deshalb eine Skalierung vorgenommen werden (siehe später). An allen anderen Ausgängen kompensieren sich die Zeiger zu Null.

Wenn die Frequenz des Signals nicht exakt mit einer der Auswertefrequenzen übereinstimmt, kompensieren sich die Zeiger an den anderen Ausgängen nicht vollständig

(Leckeffekt, siehe später). Wie bereits erwähnt wurde, kann dieser Effekt durch Bewerten der im Eingangspuffer stehenden Signalfolge mit einer günstigen Fensterfunktion verringert werden.

Zusammenhang zwischen DFT und z-Transformation

Die z-Transformierte der endlichen, im allgemeinen komplexen Folge von N Abtastwerten ist nach (3.3b):

$$\underline{X}(z) = \sum_{n=0}^{N-1} \underline{x}(n)\, z^{-n}$$

Auf dem Einheitskreis $z = e^{j\omega T}$ der z-Ebene ergibt sich das Spektrum

$$\underline{X}(\omega) = \sum_{n=0}^{N-1} \underline{x}(n)\, e^{-j\omega nT}$$

Bei $\omega = 2\pi/T$ ist der Einheitskreis einmal durchlaufen. Teilt man den Einheitskreis in N diskrete Schritte ein $\omega = k\omega_1 = 2\pi k/(NT)$, $(k = 0\,(1)\,N - 1)$, so ergeben sich N diskrete Abtastwerte des Spektrums. Oben eingesetzt:

$$\underline{X}(k\omega_1) = \sum_{n=0}^{N-1} \underline{x}(n)\, e^{-j2\pi kn/N}$$

Verwendet man im Argument von $\underline{X}$, wie bei der DFT üblich, die Frequenz $k/(NT)$ an Stelle der Kreisfrequenz, so ergibt sich (3.25); verwendet man k, so ergibt sich (3.25a).
Die DFT berechnet somit die z-Transformierte einer Folge von N Abtastwerten an N Punkten auf dem Einheitskreis der z-Ebene. Bild 3.11 zeigt dies für $N = 8$.

Die Folge $\underline{x}(n)$ kann u. U. auch kürzer sein als N, d. h. nur $M < N$ Werte besitzen, die ungleich Null sind. Die DFT berechnet dann ebenfalls die z-Transformierte dieser Folge an N Punkten des Einheitskreises entsprechend Bild 3.11. Man hat somit die Möglichkeit, das Spektrum einer Folge $\underline{x}(n)$ der Länge M an vielen Punkten der Frequenzachse zu berechnen. So kann etwa eine Folge, die aus 6 Werten besteht, mit Nullen fortgesetzt werden bis z. B. N = 512 erreicht ist. Die DFT bzw. FFT berechnet dann 512 Werte des Spektrums der Folge $\underline{x}(n)$ im Bereich von $f = 0$ bis f_a.

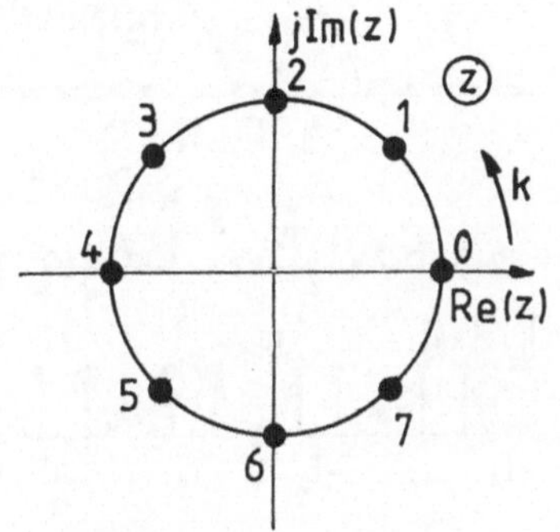

Bild 3.11
DFT als z-Transformation an
N Punkten des Einheits-
kreises. (N = 8)

Leckeffekt, Lattenzauneffekt

(Leakage, Picket-Fence-Effect)

Wie besprochen, kann man sich die DFT als Filterbank mit überlappenden Amplitudengängen der Bandfilter vorstellen. Besteht das Eingangssignal aus N Abtastwerten einer sinusförmigen Schwingung, so sprechen normalerweise mehrere benachbarte Filter an, d. h. die DFT liefert Ergebnisse bei mehreren Auswertefrequenzen. Diese spektrale Verbreiterung soll nun näher untersucht werden.

In Bild 3.12 ist ein sinusförmiges Signal skizziert. Zur Vereinfachung sind nur die Amplitudenspektren dargestellt (Vergleiche auch Bild 3.9). Die zur DFT verwendete Fensterbreite T_1 ist hier kein ganzzahliges Vielfaches der Periodendauer $T_0 = 1/f_0$ der sinusförmigen Schwingung.

116

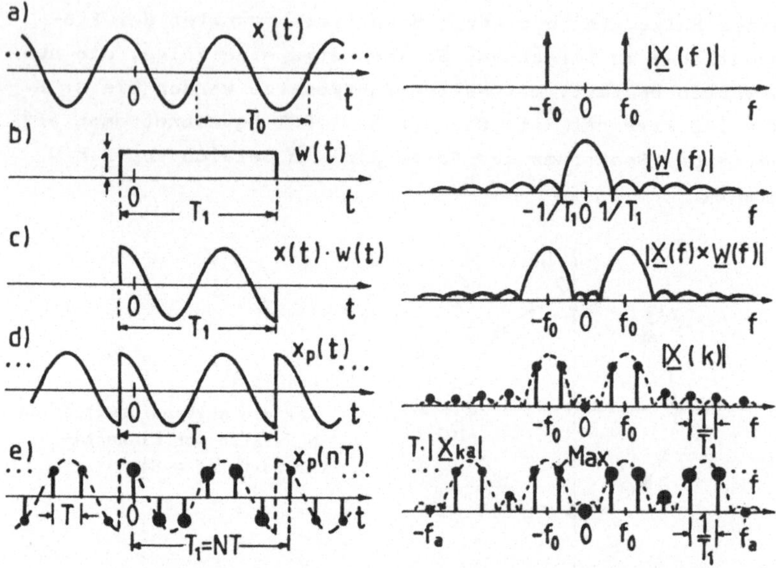

Bild 3.12 6-Punkte-DFT eines sinusförmigen Signals; Rechteckfenster.
Fensterbreite T_1 kein ganzzahliges Vielfaches der
Periodendauer T_0 des Signals. Starker Leckeffekt.

Die F-Transformierte (spektrale Dichte) des sinusförmigen
Signals besteht aus zwei Diracimpulsen auf der Frequenzachse, die zwei Spektrallinien entsprechen. Die Faltung
des Spektrums des Rechteckfensters mit diesen Diracimpulsen bedeutet nach (1.49), daß das Fensterspektrum zum Ort
der Diracimpulse $+f_0$ und $-f_0$ verschoben wird. Die verschobenen Spektren addieren sich. In den Bildern 3.12d
bzw. e links ist zu erkennen, daß die DFT auf Grund ihrer
Periodisierungseigenschaft ein Signal transformiert, das
keine sinusförmige Schwingung mehr darstellt, denn in
diesem Beispiel ist die Fensterbreite T_1 kein ganzzahliges Vielfaches der Periodendauer T_0 des sinusförmigen

Signals. Die hierdurch entstehende spektrale Verbreiterung wird <u>Leckeffekt</u> genannt, d. h. die Filterbank ist
bei Frequenzen, wo sie dieses Signal sperren sollte, un-
dicht.

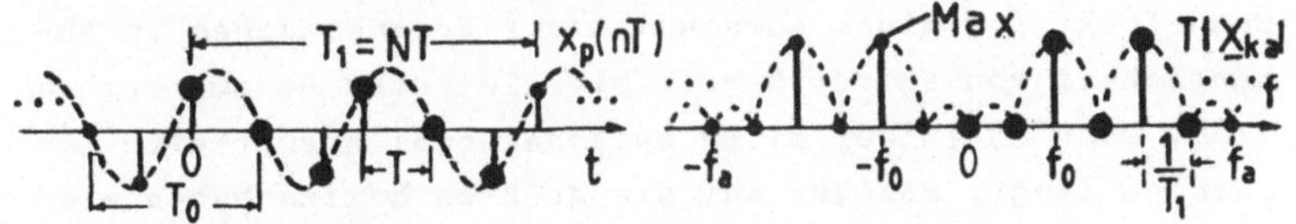

Bild 3.13 6-Punkte-DFT eines sinusförmigen Signals; Rechteckfenster.
Fensterbreite T_1 ganzzahliges Vielfaches der
Periodendauer T_0 des Signals. Kein Leckeffekt.

In Bild 3.13 sind Abtastwerte eines sinusförmigen Signals
skizziert, dessen Frequenz so gewählt ist, daß die Fensterbreite T_1 ein <u>ganzzahliges Vielfaches</u> der Periodendauer $T_0 = 1/f_0$ der sinusförmigen Schwingung ist. Bei
Verwendung eines Rechteckfensters fallen hier die Nulldurchgänge der um $\pm f_0$ verschobenen si-Funktionen auf die
Auswertefrequenzen, so daß nur bei den im Hauptlappen der
verschobenen si-Funktionen vorhandenen Auswertefrequenzen
ein Ergebnis zustande kommt. Hier tritt somit <u>kein Leck-
effekt</u> auf. Das DFT-Spektrum ist, abgesehen von einem
Amplitudenfaktor, im Bereich von $-f_a/2$ bis $+f_a/2$ identisch mit dem Spektrum des Analogsignals. Dies liegt daran, daß in diesem Beispiel die periodisch fortgesetzten
Abtastwerte des Signals in Bild 3.13 links nahtlos
aneinanderpassen, d. h. Abtastwerte einer sinusförmigen
Dauerschwingung darstellen.

Der Betrag des größten von der DFT berechneten Werts, in
Bild 3.12 und 3.13 mit Max gekennzeichnet, hängt von der
Frequenz f_0 des sinusförmigen Signals ab. Befindet sich
f_0 zwischen zwei Auswertefrequenzen der Filterbank (Bild
3.12), so ist dieser Wert kleiner als wenn f_0 mit einer

118

der Auswertefrequenzen zusammenfällt (Bild 3.13). Dies
ist der sog. <u>Lattenzauneffekt</u>. Der in Wahrheit konstante
Betrag des Spektrums wird durch den "Lattenzaun" der Auswertefrequenzen verfälscht. Bild 3.14 zeigt den Lattenzauneffekt auf einem Ausschnitt der Frequenzachse in Abhängigkeit von f_0 für $N \gg 1$. Die kleinsten Maxima ergeben
sich, wenn f_0 in der Mitte zwischen zwei Auswertefrequenzen liegt. Bezogen auf die größten Maxima haben sie
den Wert $\mathrm{si}(\pi/2) = 0{,}637$.

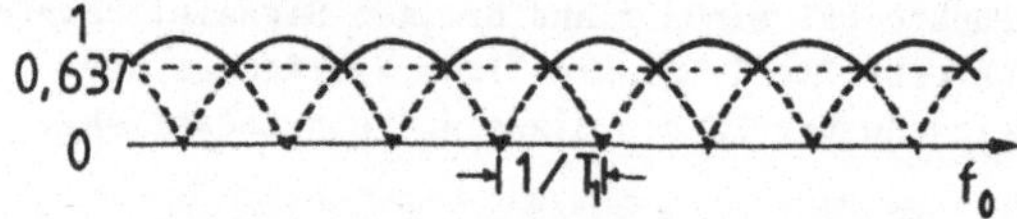

Bild 3.14 Lattenzauneffekt bei sinusförmigem Signal der Frequenz f_0
    (Rechteckfenster)

Sowohl der Leckeffekt als auch der Lattenzauneffekt lassen sich verbessern, wenn die Abtastwerte vor der Transformation mit einer Fensterfunktion multipliziert werden,
die den Signalabschnitt nicht so scharf ausschneidet wie
ein Rechteckfenster. Wie schon erwähnt, erhält man durch
Transformation der Fensterfunktion die Form des Amplitudengangs der einzelnen Filter der Filterbank.

Für das Ergebnis der DFT ist es gleichgültig, ob das
Signal vor oder nach der Abtastung mit dem Fenster
multipliziert wird. In der Praxis multipliziert man die
Abtastwerte des Signals mit der zeitdiskreten Version
$w(n)$ des Fensters. Eine große Anzahl von zeitdiskreten
Fensterfunktionen mit unterschiedlichen Eigenschaften
steht zur Auswahl, siehe z. B. [9; 11; 14; 30; 34; 36;
38].

Die zur Spektralanalyse verwendeten Fenster werden so
definiert, daß sie bei der von der DFT vorausgesetzten
Periodisierung mit der Periode N <u>gerade</u> Funktionen darstellen (Symmetrie zu N = 0), damit die Phase des abgetasteten, zu analysierenden Signals nicht beeinflußt wird
[38]. Die periodisierten, geraden Fenster sind dann auch
zum Punkt N/2 symmetrisch.

Als Beispiel soll das Hann-Fenster, auch Hanning-Fenster
genannt, angegeben werden.

$$w(n) = 0,5 - 0,5 \cos(2\pi n/N); \qquad n = 0 \ (1) \ N - 1$$
$$w(n) = 0 \qquad \text{sonst.} \tag{3.29}$$

Das Maximum liegt bei n = N/2.

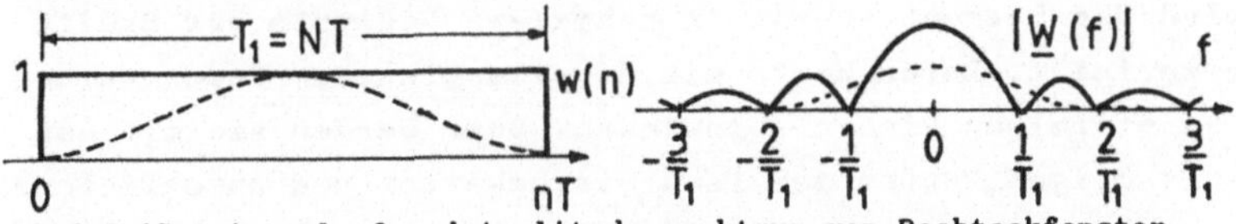

Bild 3.15 Zeitverlauf und Amplitudenspektrum von Rechteckfenster
(durchgezogen) und Hann-Fenster (gestrichelt) (N ≫ 1)

Bild 3.15 zeigt für N ≫ 1 ein Rechteck-Fenster und ein
Hann-Fenster im Vergleich. Die Amplitudenspektren (Betrag
der z-Transformierten auf dem Einheitskreis der z-Ebene)
sind ebenfalls dargestellt. Beim Hann-Fenster hat der
Hauptlappen des Spektrums halbe Höhe und doppelte Breite.
Die Nebenlappen sind wesentlich kleiner. Der Durchlaß-
bereich der Bandfilter der Filterbank ist breiter, die
Weitabselektion ist besser.

Wenn die Bandfilter einen schmalen Durchlaßbereich und
steile Flanken besitzen sollen, muß ein breites Fenster

verwendet werden, das die Impulsantwort eines entsprechenden FIR-Filters darstellt. Der Entwurf von FIR-Filtern wird in Kap. 5 geschildert. Das benötigte Fenster ist u. U. breiter als die Breite NT der verwendeten N-Punkte-DFT. In diesem Fall wird ein Segment der Eingangssignalfolge verwendet, das die Dauer der Fensterbreite hat. Zwei Verfahren sind dann möglich [9; 31; 49]:

Bei der gewichteten Overlap-Add-DFT-Filterbank wird das Segment zuerst mit dem Fenster multipliziert (bewertet oder gewichtet) und anschließend in schmalere Segmente der Breite N zerteilt, deren Werte mit jeweils gleichem Index addiert werden. Anschließend erfolgt die DFT.

Bei der Polyphasen-DFT-Filterbank (N-Pfad-Filter-Prinzip) wird das Segment zuerst in schmalere Segmente der Breite N zerteilt. Deren Werte mit jeweils gleichem Index werden den einzelnen Pfaden zugewiesen. Dort werden sie mit den zugehörigen Werten des Fensters bewertet und anschließend addiert. Dies geschieht hier in Form von FIR-Filtern. Anschließend erfolgt die DFT.
Infolge des breiteren Durchlaßbereichs des zugehörigen Amplitudengangs tritt bei Verwendung eines Hann-Fensters immer ein Leckeffekt auf. Er ändert sich jedoch nicht mehr so stark in Abhängigkeit von der Frequenz f_0 des sinusförmigen Signals wie bei Verwendung eines Rechteckfensters. In Bild 3.16 ist dies gezeigt. Dargestellt ist ein Ausschnitt der mit k bezifferten Frequenzachse einer 256-Punkte-DFT. Die zugehörigen Auswertefrequenzen ergeben sich aus (3.26). Der Frequenz $f = f_0$ der sinusförmigen Schwingung entspricht nach dieser Formel auf der k-Achse der Wert $k_0 = Nf_0/f_a$. Der Betrag des Spektrums wurde bei Verwendung des Hann-Fensters mit dem Korrekturfaktor 2 multipliziert.

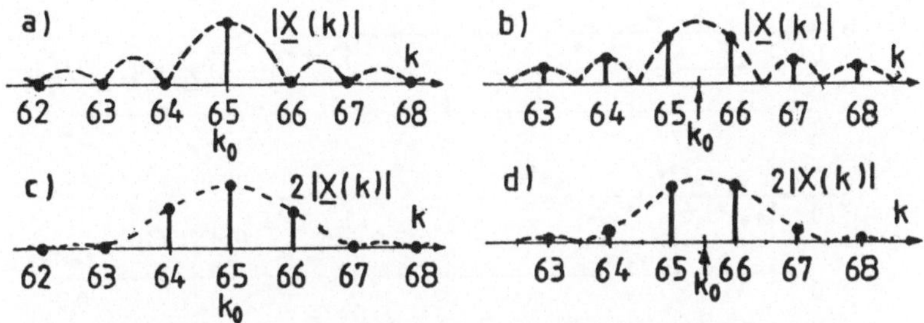

Bild 3.16 256-Punkte-DFT eines Sinus der Frequenz f_0 (Ausschnitt)
   a) $f_0/f_a = 65/256$ ($k_0 = 65$); Rechteck-Fenster
   b) $f_0/f_a = 65,5/256$ ($k_0 = 65,5$); Rechteck-Fenster
   c) $f_0/f_a = 65/256$ ($k_0 = 65$); Hann-Fenster
   d) $f_0/f_a = 65,5/256$ ($k_0 = 65,5$); Hann-Fenster

Auch der Lattenzauneffekt wird durch das Hann-Fenster
verbessert. Durch die flachere Filtercharakteristik ergeben sich jetzt im Gegensatz zu Bild 3.14 nur noch Ein-
sattelungen von 0,849 zwischen den Auswertefrequenzen.

<u>Beispiel 3.4</u>
Bild 3.17 zeigt den Betrag der DFT nach (3.25a) der
Abtastwerte eines Cosinus der Frequenz $f_0 = 3,333$ Hz,
$T_0 = 0,3$ s. Die Einhüllende des Amplitudenspektrums ist
in allen Teilbildern zum besseren Vergleich auf die gleiche Höhe normiert. Verwendet wird zunächst ein Rechteckfenster, d. h. die Abtastwerte werden ohne zusätzliche
Bewertung transformiert. Die Abtastfrequenz f_a ist so
gewählt, daß f_0 nicht mit einer der Auswertefrequenzen
zusammenfällt, so daß starker Leckeffekt auftritt.

In Bild 3.17a werden 16 Abtastwerte transformiert. Die
relative Frequenz des Cosinus ist $f_0/f_a = 0,1666$. Es
tritt starker Leckeffekt auf.

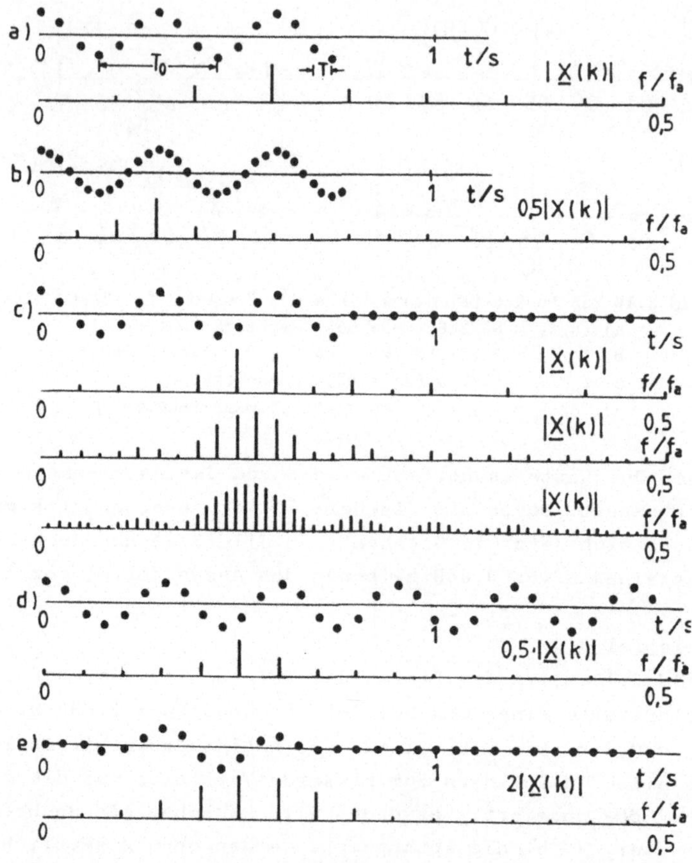

Bild 3.17 Beisp. 3.4: N-Punkte-DFT (Cosinus, f_0 = 3,3333 Hz)
    a) f_a = 20 Hz; N = 16; Rechteckfenster
    b) f_a = 40 Hz; N = 32; Rechteckfenster
    c) f_a = 20 Hz, 16 Abtastwerte; Rechteckfenster;
       Nullen ergänzt bis N = 32; 64; 128
    d) f_a = 20 Hz; N = 32; Rechteckfenster
    e) f_a = 20 Hz; 16 Abtastwerte; Hann-Fenster;
       Nullen ergänzt bis N = 32

In Bild 3.17b ist die Abtastfrequenz f_a gegenüber Bild a
verdoppelt. Die relative Frequenz des Cosinus ist
$f_0/f_a = 0,0833$. Der Betrag des DFT-Spektrums hat sich
infolge der doppelten Anzahl von Abtastwerten verdoppelt.
Zum besseren Vergleich ist das skizzierte Spektrum deshalb mit der Konstanten 0,5 bewertet. Auf Grund der höheren Abtastfrequenz sind unerwünschte Überlappungseffek-
te (siehe auch Bild 3.9e rechts) der mit f_a periodisch
wiederholten Spektren geringer geworden. Infolge der un-
veränderten Fensterbreite bleibt der Leckeffekt jedoch
unverändert.

In Bild 3.17c ist die Folge von 16 Abtastwerten durch
Anfügen von Nullen auf $N = 32$ verlängert. Die z-Transformierte bleibt hierbei unverändert, denn die angefügten
Nullen tragen zum Ergebnis der z-Transformation nichts
bei. Der Leckeffekt ist ebenfalls unverändert. Die DFT
berechnet das Spektrum, d. h. die z-Transformierte der 16
Abtastwerte auf dem Einheitskreis der z-Ebene, jetzt an
32 Punkten des Einheitskreises. Die Anzahl der Auswertefrequenzen hat sich somit verdoppelt. Hierdurch kann man
die Feinstruktur des Spektrums der Folge von 16 Abtastwerten erkennen, das Maximum läßt sich genauer ermitteln.
Des weiteren sind in Bild 3.17c die DFT-Ergebnisse dargestellt, die sich durch Anfügen von Nullen bis $N = 64$ und
bis $N = 128$ ergeben. Man wählt meist Zweierpotenzen, um
mit der FFT arbeiten zu können. Die Anzahl der Abtastwerte muß natürlich keine Zweierpotenz sein. So kann man
z. B. 7 Abtastwerte mit Nullen auf $N = 512$ verlängern.

Die Methode des Verlängerns einer endlichen Folge mit
Nullen ist insbesondere dann gebräuchlich, wenn der ge-
naue Verlauf des Frequenzgangs eines FIR-Filters aus
seiner Impulsantwort mittels FFT berechnet werden soll

(siehe Kap. 5). Bei der Spektralanalyse von Signalen ist
es jedoch besser, nicht mit Nullen zu verlängern, sondern
mehr Abtastwerte des Signals zu verwenden, wie im nächsten Teilbild gezeigt wird.

In Bild 3.17d ist bei gleicher Abtastfrequenz wie in
Bild a die Fensterbreite verdoppelt, wodurch dem Signal
32 Abtastwerte entnommen werden. Auf Grund der doppelten
Anzahl von Abtastwerten hat sich der Betrag des Spektrums
verdoppelt. Das Spektrum wird deshalb hier zum besseren
Vergleich mit der Konstanten 0,5 bewertet. Der Leckeffekt
ist infolge der größeren Fensterbreite jetzt wunschgemäß
auf einen schmaleren Bereich der Frequenzachse konzen-
triert (höhere Auflösung). Die Anzahl der Auswertefrequenzen hat sich gegenüber Bild a verdoppelt. Ein Eingangssignal, das mehrere Frequenzen mit u. U. unterschiedlicher Amplitude beinhaltet, würde jetzt im
Spektralbereich besser aufgelöst, d. h. die einzelnen
Signalanteile würden besser getrennt.

In Bild 3.17e ist die Folge von 16 Abtastwerten zuerst
mit einem Hann-Fenster nach (3.29) mit $N = 16$ bewertet
und anschließend auf $N = 32$ mit Nullen aufgefüllt. Der
Betrag des Spektrums ist zum besseren Vergleich mit dem
Korrekturfaktor 2 multipliziert. Vergleicht man das Resultat dieser 32-Punkte-DFT mit der 32-Punkte-DFT von
Bild 3.17c, so erkennt man, daß der Leckeffekt in größerer Entfernung von der Signalfrequenz geringer geworden
ist (bessere Weitabselektion). Die DFT berechnet hier das
Spektrum, d. h. die z-Transformierte der 16 mit dem
Hann-Fenster bewerteten Abtastwerte, auf dem Einheits-
kreis der z-Ebene an 32 Punkten.

3.4 Schnelle Fouriertransformation

Die schnelle F-Transformation (FFT) stellt ein effizientes Verfahren, bzw. eine effiziente Struktur, zur Berechnung der DFT dar. Meist wird der hier dargestellte Radix-2-Algorithmus verwendet, bei dem die Anzahl der zu transformierenden Punkte N eine Potenz von 2 sein muß. Wenn die Länge der Folge keine Potenz von 2 ist, kann man dies durch Anfügen von Nullen erreichen. Es gibt andere Algorithmen, z. B. den Radix-4-Algorithmus, bei denen noch etwas weniger Operationen benötigt werden. Die Strukturen sind dann allerdings komplizierter.

Hier soll nur die Struktur des Radix-2-Algorithmus angegeben werden, die sich durch Dezimierung im Zeitbereich (Decimation in Time, DIT) gewinnen läßt. Weitere Strukturen, z. B. Decimation in Frequency (DIF), Strukturen ohne Bit-Umkehrung, Strukturen konstanter Geometrie in jeder Stufe, finden sich in der zu Beginn von Kap. 3.3 genannten Literatur. Dort sind auch z. T. Programme in FORTRAN oder PASCAL angegeben.

Mit der Abkürzung

$$\underline{W}_N = e^{-j2\pi/N}, \tag{3.30}$$

dem sog. Drehfaktor lautet die Formel der DFT (3.25a):

$$\underline{X}(k) = \sum_{n=0}^{N-1} \underline{x}(n) \, \underline{W}_N^{kn} ; \qquad k = 0 \,(1)\, N - 1 \tag{3.31}$$

Bei der direkten Ausführung der N-Punkte DFT nach (3.31) sind N^2 komplexe Multiplikationen und $N(N - 1) \approx N^2$ komplexe Additionen durchzuführen. Hierin sind allerdings

einige triviale Multiplikationen mit $\underline{W}_N{}^0 = 1$ enthalten.
Bei der FFT verwendet man stattdessen mehrere einzelne
Transformationen mit weniger Punkten. Hierdurch verrin-
gert sich der Aufwand.

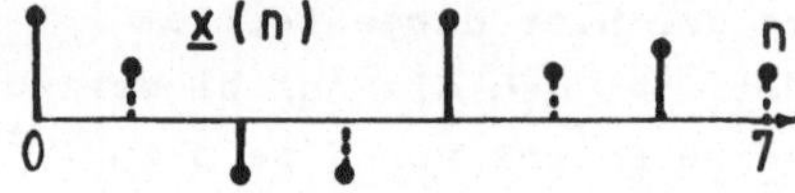

Bild 3.18 Dezimierung im
Zeitbereich
Folge A durchgezogen
Folge B gestrichelt

Zur Entwicklung der Struktur der Radix-2-FFT nach dem
Verfahren der Dezimierung im Zeitbereich (DIT), bildet
man aus der zu transformierenden Folge von N Werten
(N ist eine ganzzahlige Potenz von 2) zunächst zwei
Teilfolgen der Länge N/2, wobei die Werte mit geradzah-
ligem n die Folge A und die Werte mit ungeradzahligem n
die Folge B bilden. Bild 3.18 zeigt dies für N = 8. Gl.
(3.31) schreibt man dann folgendermaßen:

$$\underline{X}(k) = \sum_{n=0}^{(N/2)-1} \underline{x}(2n)\,\underline{W}_N{}^{2kn} + \sum_{n=0}^{(N/2)-1} \underline{x}(2n+1)\,\underline{W}_N{}^{k(2n+1)}$$

Zieht man $\underline{W}_N{}^k$ vor die zweite Summe und verwendet die
Beziehung

$$\underline{W}_N{}^2 = e^{-j4\pi/N} = e^{-j2\pi/(N/2)} = \underline{W}_{N/2}\,,\ \text{so ergibt sich}$$

$$\underline{X}(k) = \sum_{n=0}^{(N/2)-1} \underline{x}(2n)\,\underline{W}_{N/2}{}^{kn} + \underline{W}_N{}^k \sum_{n=0}^{(N/2)-1} \underline{x}(2n+1)\,\underline{W}_{N/2}{}^{kn}$$

Man erkennt, daß es sich bei der ersten Summe um $\underline{X}_A(k)$,
die DFT der Folge A, und bei der zweiten Summe um $\underline{X}_B(k)$,
die DFT der Folge B handelt.
Es sind (N/2)-Punkte-Transformationen, die sich mit der
Periode N/2 im Frequenzbereich wiederholen. Man berechnet
eine Periode dieser Transformationen. Hiermit erhält man
allerdings zunächst nur die erste Hälfte der DFT der Folge von N Werten:

$$\underline{X}(k) = \underline{X}_A(k) + \underline{W}_N{}^k \underline{X}_B(k); \qquad\qquad (3.32a)$$
$$k = 0 \ (1) \ (N/2) - 1$$

Die zweite Hälfte der DFT der Folge von N Werten ergibt
sich mit der periodischen Eigenschaft
$$\underline{X}_A(k + N/2) = \underline{X}_A(k); \quad \underline{X}_B(k + N/2) = \underline{X}_B(k)$$
und unter Verwendung von (3.30) mit
$$\underline{W}_N{}^{k+N/2} = \underline{W}_N{}^k \, e^{-j\pi} = -\underline{W}_N{}^k$$
zu

$$\underline{X}(k + N/2) = \underline{X}_A(k) - \underline{W}_N{}^k \underline{X}_B(k); \qquad\qquad (3.32b)$$
$$k = 0 \ (1) \ (N/2) - 1$$

Bild 3.19 zeigt das (3.32a) und (3.32b) entsprechende Signalflußdiagramm für N = 8. Der Drehfaktor $\underline{W}_N$ ist dort
abkürzungshalber mit w bezeichnet; Addierer sind als Knoten dargestellt, an denen zwei Signale zusammentreffen.
Dies gilt auch für die weiteren Bilder zur FFT.

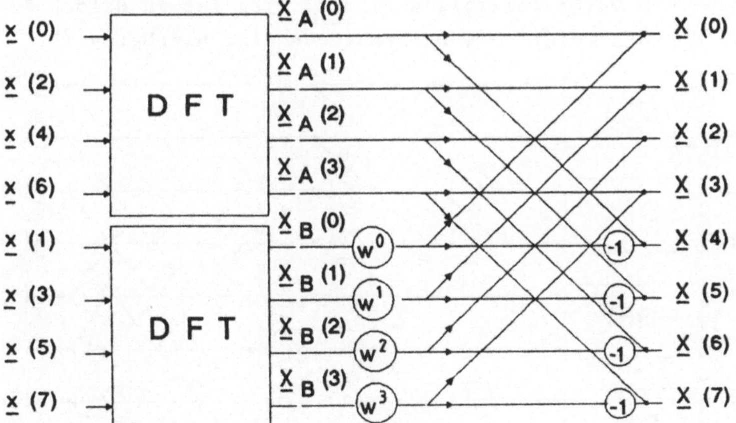

Bild 3.19 Erster Schritt zur FFT-Struktur (N = 8)

Bild 3.19 stellt gleichzeitig ein für die Praxis wichti-
ges Prinzip dar, das bei Echtzeitverarbeitung angewendet
werden kann, wenn außer einem großen Speicher mit langer
Zugriffszeit ein Speicher mit kurzer Zugriffszeit, der
jedoch für die N-Punkte-FFT zu klein ist, zur Verfügung
steht:

Man führt unter Verwendung des schnellen Speichers der
Reihe nach zwei (N/2)-Punkte FFT-Berechnungen durch und
verknüpft die Ergebnisse anschließend in der skizzierten
Weise.

Wenn der schnelle Speicher auch hierfür zu klein ist,
kann nach Bild 3.20 verfahren werden, das im folgenden
erklärt wird.

Im zweiten Schritt zur Entwicklung der FFT-Struktur
zerlegt man die (N/2)-Punkte-DFT der Folge A und die
(N/2)-Punkte-DFT der Folge B in der gleichen Weise wie im
ersten Schritt in je zwei (N/4)-Punkte-Transformationen,
indem man Unter-Teilfolgen bildet. Dies ist in Bild 3.20
für N = 8 gezeigt. Die Drehfaktoren sind hierbei $\underline{W}_N^{2k}$.

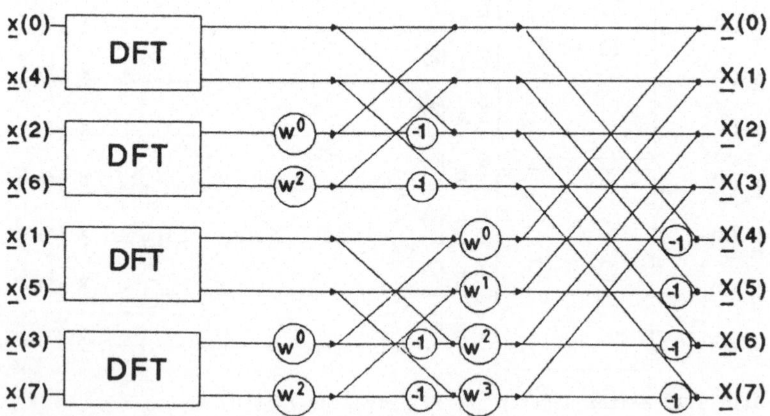

Bild 3.20 Zweiter Schritt zur FFT-Struktur (N = 8)

Die Zerlegungsmethode wird weiter fortgesetzt. Beim letzten Schritt ergibt sich jeweils eine 1-Punkt-DFT, die mit dem Eingangssignal identisch ist, wie man aus (3.25a) erkennen kann, wenn man dort N = 1 setzt.
Bild 3.21 zeigt das endgültige Signalflußdiagramm der 8-Punkte-FFT bei Dezimierung im Zeitbereich (DIT-FFT).

Durch Transponierung, d. h. Umkehrung aller Richtungen, erhält man das Signalflußdiagramm der Dezimierung im Frequenzbereich (DIF-FFT). Hierbei liegt die Eingangssignalfolge in natürlicher Reihenfolge vor, die Folge am Ausgang ist verwürfelt.

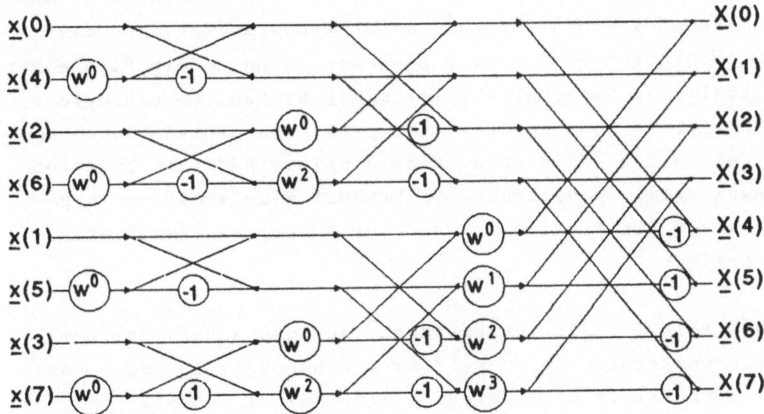

Bild 3.21 FFT-Struktur; Dezimierung im Zeitbereich (N = 8)

Das Signalflußdiagramm von Bild 3.21 besteht aus einer Vielzahl von gleichen Elementarstrukturen, dem sog. "Schmetterling" oder "Butterfly", siehe Bild 3.22. Dort sind auch die Drehfaktoren $\underline{W}_N^{\nu}$ dargestellt. Die in der Struktur von Bild 3.21 nicht benötigten Drehfaktoren sind gestrichelt dargestellt.

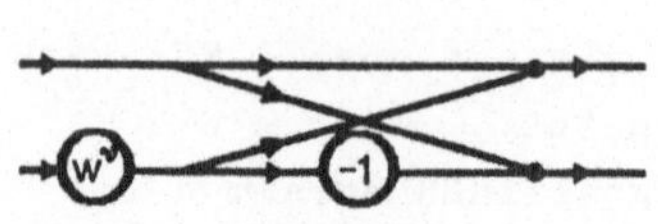

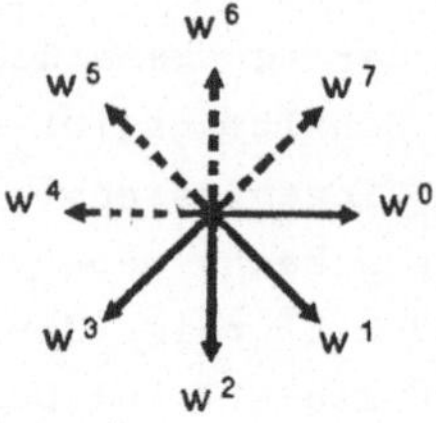

Bild 3.22 Schmetterling- oder Butterfly-Struktur mit
Drehfaktor (N = 8)

Die Multiplikation mit -1 bedeutet Vorzeichenumkehr und
wird deshalb hier bei der Ermittlung des Rechenaufwands
vernachlässigt. Zur Berechnung eines Schmetterlings benötigt man somit eine komplexe Multiplikation und zwei komplexe Additionen. Hierbei wird vorausgesetzt, daß die
Drehfaktoren $\underline{W}_N{}^\nu$ bereits berechnet sind und in Form einer
Tabelle im Speicher zur Verfügung stehen. Eine komplexe
Multiplikation bedeutet vier reelle Multiplikationen und
zwei reelle Additionen. Eine komplexe Addition bedeutet
zwei reelle Additionen. Es handelt sich somit um insgesamt 10 Instruktionen, wenn keine komplexe Arithmetik
vorliegt.

Aus Bild 3.21 ist zu erkennen, daß die Anzahl der Dezi-
mierungsstufen ld(N) = ld(8) = 3 beträgt. In jeder Dezi-
mierungsstufe befindet sich eine Anzahl von N/2 = 4
Schmetterlingen. Zur Durchführung einer (Radix-2)
N-Punkte-FFT sind daher (N/2) ld(N) Schmetterlinge zu
berechnen. Dies bedeutet insgesamt <u>(N/2) ld(N) komplexe
Multiplikationen</u> und <u>N ld(N) komplexe Additionen</u>. Hierin
sind einige triviale Multiplikationen mit $\underline{W}_N{}^0$ = 1 enthalten.
Bei reeller Arithmetik sind dies insgesamt <u>5 N ld(N)</u> Instruktionen.

Bei der direkten Ausführung der N-Punkte-DFT nach (3.31) sind N^2 komplexe Multiplikationen und $N(N - 1) \approx N^2$ komplexe Additionen durchzuführen, was bei reeller Arithmetik insgesamt etwa 8 N^2 Instruktionen bedeutet.

Wenn vor allem die Rechenzeit für die Multiplikationen ins Gewicht fällt, ist die FFT daher etwa um den Faktor 2N/ld(N) (Verhältnis der Anzahl der Multiplikationen) schneller als die DFT. Bei N = 1024 hat dieser Faktor den Wert 204,8.

Wenn die Durchführung einer Instruktion unabhängig von ihrer Art jeweils die gleiche Rechenzeit benötigt, ist die FFT etwa um den Faktor 1,6 N/ld(N) (Verhältnis der Anzahl der Instruktionen) schneller als die DFT. Bei N = 1024 hat dieser Faktor den Wert 164.

Zusätzliche Operationen, wie z. B. die noch zu besprechende Bit-Umkehrung sind bei dieser Abschätzung nicht berücksichtigt.

Infolge der systematischen Struktur (siehe Bild 3.21) läßt sich die FFT durch ein relativ einfaches Programm realisieren.

Bei dem angegebenen Signalflußdiagramm handelt es sich um eine "in place" Operation, bei der während der Berechnung nur N Speicherplätze für die Variablen benötigt werden, denn nach der Berechnung eines Schmetterlings können die jeweiligen Eingangswerte mit den Ausgangswerten überschrieben werden.

Ein Nachteil dieser Struktur ist die Tatsache, daß die Eingangsfolge nicht in natürlicher Reihenfolge verwendet

wird. Es gibt Strukturen, bei denen sowohl die Eingangs-
als auch die Ausgangsfolge in natürlicher Reihenfolge
vorliegt. Hierbei ist jedoch keine "in place" Operation
möglich.

Die in Bild 3.21 vor Berechnungsbeginn erforderliche
Umordnung der Eingangsfolge ist in Bild 3.23 dargestellt.
Es handelt sich hierbei ebenfalls um eine "in place"
Operation, da jeweils zwei Werte der Folge ihre Plätze
tauschen. Man vertauscht nur, wenn bei sequentieller
Abarbeitung der Zielspeicherplatz eine höhere Nummer hat,
um zweimaliges Vertauschen zu vermeiden.

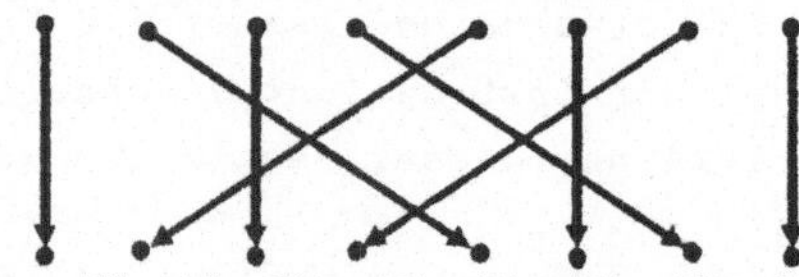

Bild 3.23 In-place-Umordnung der Eingangsfolge für N = 8
        (Bit-Umkehrung)

Die Umordnung der Eingangsfolge erfolgt nach dem Schema
der Bit-Umkehrung (Bit-Reversal). Die in den Bildern 3.19
und 3.20 dargestellte, wiederholte Bildung von Teilfolgen, wobei jeweils jeder 2. Wert herausgegriffen wird,
erfolgt nach einem einfachen binären Schema, siehe z. B.
[14]:

Stellt man das Argument n eines Wertes der Eingangsfolge
als Binärzahl dar, so wird der Platz, an dem dieser Wert
im Eingangsspeicher stehen muß, durch die Bit-Umkehrung
der Binärzahl angegeben, d. h. man liest sie von hinten.
Der Wert $\underline{x}(3)$ der Eingangsfolge, dessen Argument in
Binärdarstellung 011 ist, muß z. B. auf den Speicherplatz

mit der binären Nummer 110 (011 von hinten gelesen) bzw.
dezimal auf Nr. 6 plaziert werden. Wie in Bild 3.23 dargestellt ist, ermittelt man meist nicht nur die Adressen,
sondern ordnet die Werte der Folge vor Beginn des eigentlichen FFT-Programms um, damit man sie sequentiell abar-
beiten kann. Statt die Adressen mit Bit-Umkehr zu ermitteln, kann man sie natürlich auch aus einer vorbereiteten
Tabelle im Speicher holen, wodurch sich kürzere Rechenzeiten ergeben.

Bei der Berechnung der FFT werden die Drehfaktoren

$$\underline{W}_N{}^\nu = e^{-j2\pi\nu/N} = \cos(2\pi\nu/N) - j\,\sin(2\pi\nu/N) \qquad (3.33)$$

für ν = 0 bis (N/2) - 1 benötigt (siehe Bild 3.21). Die
kürzesten Rechenzeiten für die FFT ergeben sich, wenn
diese Werte bereits in einer Tabelle im Speicher vorhanden sind, was allerdings zusätzlichen Speicheraufwand
bedeutet. Nimmt man etwas längere Rechenzeiten in Kauf,
so genügt es, auf Grund der Symmetrieeigenschaften dieser
Funktionen, Abtastwerte einer Viertelperiode des Cosinus
oder des Sinus zu speichern. Die restlichen, in (3.33)
benötigten Werte lassen sich durch einfache Adressenrech-
nung in der Tabelle finden.

Längere Rechenzeiten für die FFT ergeben sich, wenn die
Drehfaktoren jeweils bei Bedarf berechnet werden. Hierbei
ist es günstig, zunächst nur den Drehfaktor $\underline{W}_N$ zu berechnen (oder aus dem Speicher zu holen). Die übrigen Drehfaktoren werden dann nicht mit sin- und cos-Routinen
berechnet, da diese hohe Rechenzeiten haben, sondern
durch Rekursion, siehe z. B. [17; 39]:

$$\underline{W}_N{}^{\nu+1} = \underline{W}_N{}^{\nu}\ \underline{W}_N \qquad\qquad\qquad\qquad (3.34)$$

Bei reeller Arithmetik verwendet man hierbei die Beziehungen:

$$\cos[2\pi(\nu+1)/N] = \cos[2\pi\nu/N]\ \cos[2\pi/N] - \sin[2\pi\nu/N]\ \sin[2\pi/N];$$
$$(3.35)$$
$$\sin[2\pi(\nu+1)/N] = \sin[2\pi\nu/N]\ \cos[2\pi/N] + \cos[2\pi\nu/N]\ \sin[2\pi/N]$$

Bei Festkommaarithmetik mit begrenzter Wortlänge (z. B. 16 Bit) kommt allerdings nur das Verfahren der Speicher-Tabelle in Frage, da die Berechnungsverfahren hier zu ungenau sind.

Ist die Eingangsfolge der Länge N <u>reell</u>, so läßt sich die Rechenzeit etwa halbieren, indem man die Hälfte der Folge in den Speicherplätzen für den Realteil und die andere Hälfte in den Speicherplätzen für den Imaginärteil einer (N/2)-Punkte-FFT plaziert. Allerdings sind dann außer der FFT noch einige zusätzliche Programmschritte nötig, um das Spektrum der reellen Folge zu gewinnen. Bei der Rücktransformation kann ebenfalls mit gewissen zusätzlichen Manipulationen eine (N/2)-IFFT verwendet werden, wenn die Ausgangsfolge reell ist. Das Verfahren ist z. B. in [36; 37; 39; 40; 41] beschrieben.

Skalierung

Bei Festkommazahlendarstellung mit begrenzter Wortlänge, z. B. 16 Bit, sollte eine Skalierung durchgeführt werden, die in den einzelnen Stufen der FFT möglichst großen Rauschabstand bewirkt, jedoch Überläufe verhindert. Man interpretiert die Festkommazahl in der Weise, daß diskrete Zahlenwerte im Bereich von -1 bis +1 darstellbar sind (siehe Kap. 7).

Betrachtet man die Formel der DFT (3.25a) bzw. (3.31), so erkennt man, daß N komplexe Werte addiert werden. Sind die Beträge der Eingangsfolge $|\underline{x}(n)| \leq 1$, dann sind die Beträge der Ausgangsfolge $|\underline{X}(k)| \leq N$, denn die Beträge der Drehfaktoren sind gleich 1. In diesem Fall ist ein Gesamtskalierungsfaktor 1/N ausreichend um Überläufe zu vermeiden. Die Werte der Ausgangsfolge sind dann um den Faktor N kleiner als durch (3.25a) bzw. (3.31) angegeben wird.

Die Voraussetzung $|\underline{x}(n)| \leq 1$ gilt sicher dann, wenn es sich um eine reelle Eingangsfolge handelt (Realteil ≤ 1, Imaginärteil $= 0$). Handelt es sich bei der Eingangsfolge um Abtastwerte eines komplexen Signals, wie dies z. B. bei der sog. Quadraturmodulation auftritt, so gilt ebenfalls $|\underline{x}(n)| \leq 1$. Als Beispiel sei die Abtastung eines komplexen Drehzeigers der Länge 1 genannt.

Es gibt aber auch Fälle, wo sowohl der Realteil als auch der Imaginärteil gleichzeitig den Wert 1 erreichen können, wie bei der oben angedeuteten Methode zur Halbierung der Rechenzeit bei reeller Eingangsfolge. Hier gilt $|\underline{x}(n)| \leq \sqrt{2}$, so daß hier der Gesamtskalierungsfaktor 0,707/N betragen muß. Die Werte der Ausgangsfolge sind dann um den Faktor 1,41 N kleiner als durch (3.25a) bzw. (3.31) angegeben wird.

Es ist jedoch nicht günstig, die Gesamtskalierung vor Beginn der FFT durchzuführen, da hierbei der Rauschabstand schlecht wird. Vielmehr sollte in jeder Stufe von

Bild 3.21 eine Teilskalierung durchgeführt werden. In den
Addierern jedes Schmetterlings werden jeweils zwei Werte
addiert, so daß dort durch eine Skalierung mit dem Faktor
0,5 ein Überlauf vermieden werden kann. Man schiebt um
eine Binärstelle nach rechts und rundet oder schneidet
ab. Dies bedeutet eine Gesamtskalierung mit dem Faktor
$1/N$.

Liegt eine komplexe Eingangsfolge vor, bei der
$|\underline{x}(n)| \leq \sqrt{2}$ gilt, dann muß diese Folge am Eingang
zusätzlich mindestens mit dem Faktor 0,707 skaliert werden. Häufig wird aus praktischen Gründen der Faktor 0,5
verwendet, der sich durch eine binäre Schiebeoperation
realisieren läßt.

Falls eine Rücktransformation (IFFT) nach (3.28b)
durchgeführt werden soll, kann das gleiche Signalflußdiagramm (Bild 3.21) verwendet werden. In diesem Fall
bilden die Werte $\underline{X}(k)^*$ die Eingangsfolge. Die oben besprochenen Gesamtskalierungsfaktoren $1/N$ bzw. $0,707/N$
können ebenfalls verwendet werden, je nachdem, ob
$|\underline{X}(k)| \leq 1$ oder ob $|\underline{X}(k)| \leq \sqrt{2}$ ist.

Wenn Hin- und Rücktransformation aufeinander folgen, wie
dies z. B. bei der in Kap. 3.5 dargestellten schnellen
Faltung und schnellen Korrelation der Fall ist, so ist
die zweimalige Skalierung mit $1/N$ zu pessimistisch. Wie
aus den Formeln der DFT (3.25a) und IDFT (3.28a) zu
erkennen ist, muß der Faktor $1/N$ nur einmal angewendet
werden, um durch Hintransformation und anschließende
Rücktransformation die identische Signalfolge $\underline{x}(n)$ in
gleicher Größe wieder zu erhalten. Allerdings werden bei
der schnellen Faltung und schnellen Korrelation die Werte
$\underline{X}(k)$ vor der Rücktransformation manipuliert, was dazu

führen kann, daß hier auch bei der Rücktransformation
eine gewisse Skalierung nötig ist, um Überläufe zu vermeiden. Insbesondere ist diese Skalierung dann nötig,
wenn mit der schnellen Faltung ein sog. Matched Filter
realisiert wird (Pulskompression in der Radartechnik).

Wie besprochen, hängt das Anwachsen der Werte in den
einzelnen Stufen der FFT bzw. IFFT vom verarbeiteten
Signal ab. So werden z. B. alle Abtastwerte eines, mit
einer der Auswertefrequenzen rotierenden Drehzeigers an
dem dieser Auswertefrequenz zugeordneten FFT-Ausgang ver-
sammelt (siehe Bild 3.10d). Nimmt man anschließend eine
IFFT vor, so werden sie wieder auf alle Ausgänge verteilt. Im Gegensatz dazu wird z. B. ein Diracimpuls bei
der FFT auf alle Ausgänge verteilt. Nimmt man anschließend eine IFFT vor, so sammelt sich alles wieder an einem
Ausgang.

Um eine optimale Skalierung zu erreichen, müßte man daher
in jeder Stufe der FFT bzw IFFT prüfen, ob ein Überlauf
erfolgt ist, und in diesem Fall die Stufe durch eine
Schiebeoperation skalieren. Bei einigen Festkomma-Signal-
prozessoren besteht diese Möglichkeit (conditional
block-floating-point scaling). Die Anzahl der Stufen, in
denen eine Schiebeoperation durchgeführt wurde, wird gezählt (Exponent), um den jeweiligen Gesamtskalierungsfaktor zu kennen. Der erzielbare Rauschabstand liegt
zwischen dem einer Festkommaverarbeitung mit fest einge-
stellter Skalierung und dem einer Gleitkommaverarbeitung
[14].

3.5 Schnelle Faltung und schnelle Korrelation

Die in Kap. 2.5 beschriebenen Filterstrukturen führen die
diskrete Faltung nach (2.12) von im allgemeinen komplexem
Eingangssignal $\underline{x}(n)$ und im allgemeinen komplexer Impulsantwort $\underline{h}(n)$ direkt im Zeitbereich durch. Bei FIR-Filtern
(Transversalfiltern) mit langen Impulsantworten benötigt
man hierbei eine große Zahl von Operationen, wodurch im
Echtzeitbetrieb keine sehr hohe Abtastfrequenz möglich
ist. Die Anzahl der Operationen läßt sich verringern,
wenn man den Umweg über den Frequenzbereich beschreitet
und hierbei die FFT und IFFT verwendet. Das Verfahren
wird schnelle Faltung genannt. Das Prinzip des Verfahrens
ist in Bild 3.24 dargestellt. An Stelle der Faltung der
beiden Folgen im Zeitbereich werden ihre Spektren multipliziert.

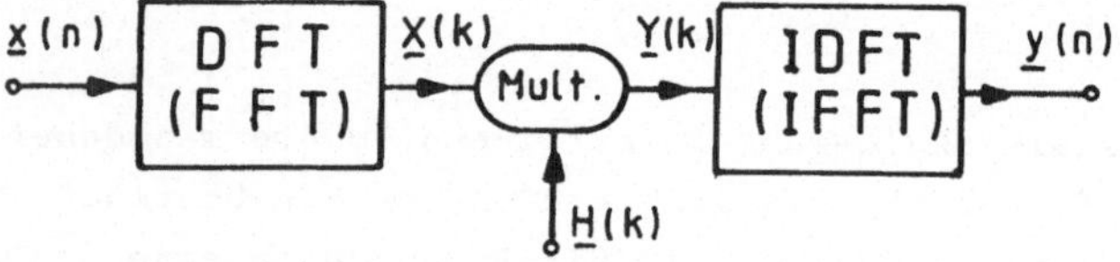

Bild 3.24 Prinzip der schnellen Faltung

Die diskreten Werte $\underline{H}(k)$ des Frequenzgangs des FIR-Filters werden hierbei nur einmal mittels FFT aus der mit
Nullen bis zur Länge N erweiterten Impulsantwort $\underline{h}(n)$
berechnet und stehen dann im Speicher zur Verfügung.

Wenn das Eingangssignal und die Impulsantwort reell sind,
dann ist auch das Ausgangssignal reell.

Wie noch gezeigt wird, muß die Anzahl N der Punkte der
FFT größer gewählt werden als die Anzahl M der Impulse
der Impulsantwort des zu realisierenden FIR-Filters.

Ein Nachteil der schnellen Faltung ist die hohe Gruppenlaufzeit des Signals. Der mögliche Durchsatz an Abtastwerten ist zwar hoch, aber die Verweilzeit in der Verarbeitung ist groß. Bei direkter Faltung im Zeitbereich
ergibt sich z. B. bei einem FIR-Filter linearer Phase mit
M Transversalzweigen eine Gruppenlaufzeit von etwa MT/2.
Hierbei ist die Rechenzeit schon berücksichtigt. Bei
Anwendung der schnellen Faltung müssen zuerst etwa N
Abtastwerte in den Eingangsspeicher eingelaufen sein,
bevor mit der FFT begonnen werden kann. Dies entspricht
einer zusätzlichen Gruppenlaufzeit von etwa NT. Hinzu
kommt nach Bild 3.24 noch die Rechenzeit für die FFT, für
die Multiplikation mit $\underline{H}(k)$ und für die IFFT. Hierfür
wird nochmals etwa die Zeit NT benötigt, so daß die
gesamte Gruppenlaufzeit bei Realisierung mit schneller
Faltung etwa MT/2 + 2NT beträgt. Für manche Anwendungen
ist diese Laufzeit zu groß.

Um bei der schnellen Faltung nach Bild 3.24 keine Fehler
einzuschleusen, muß beachtet werden, daß bei Anwendung
der DFT bzw. FFT die zu transformierenden Folgen $\underline{x}(n)$ und
$\underline{h}(n)$ im Zeitbereich als mit N periodisch interpretiert
werden (siehe Bild 3.9e). Der Multiplikation der diskreten F-Transfomierten nach Bild 3.24 entspricht daher im
Zeitbereich nicht die für den Filterungsprozeß erwünschte
normale (aperiodische) Faltung der beiden Folgen nach
(2.12), sondern die Faltung der mit N periodisch fortgesetzten Folgen, eine _zyklische Faltung_ (auch zirkulare
oder periodische Faltung genannt). Das Ergebnis der
zyklischen Faltung ist dann ebenfalls mit N periodisch.
Im interessierenden Bereich von n = 0 bis N − 1 ist
dieses Ergebnis auf Grund von Überlappungseffekten der
periodisch fortgesetzten Funktionen meist nicht an allen

Punkten identisch mit dem erwünschten Ergebnis einer normalen (aperiodischen) Faltung.

Es wird nun gezeigt, was zu tun ist, damit trotz der bei Multiplikation der DFT-Spektren in Bild 3.24 unvermeidbaren zyklischen Faltung das Ergebnis einer normalen (aperiodischen) Faltung entsteht. Hierbei werden zwei Fälle unterschieden. Im ersten Fall ist das Signal $\underline{x}(n)$ zeitlich begrenzt und besitzt etwa die Dauer der Impulsantwort $\underline{h}(n)$ des FIR-Filters. Im zweiten Fall ist die Dauer des Signals wesentlich größer oder unbegrenzt.

1.Fall: Diskrete zyklische Faltung zweier zeitbegrenzter
        Folgen

Die Eingangssignalfolge bestehe aus L Werten:

$$\underline{x}(n); \quad (n = 0 \ (1) \ L - 1) \tag{3.36}$$

Die Impulsantwort des FIR-Filters bestehe aus M Werten:

$$\underline{h}(n); \quad (n = 0 \ (1) \ M - 1) \tag{3.37}$$

Bild 3.25a zeigt für ein Beispiel (L = 4; M = 3) die normale (aperiodische) Faltung nach (2.12), die das Ausgangssignal $\underline{y}(n)$ des FIR-Filters ergibt (siehe hierzu auch Bild 2.12). Es besteht aus L + M - 1 = 6 Werten.

Das in Bild 3.24 dargestellte Verfahren führt im Gegensatz zu (2.12) eine zyklische Faltung der beiden Folgen, die durch Anfügen von Nullen auf die Länge N gebracht wurden, durch. Dies wird durch den Faltungssatz der DFT beschrieben, siehe z. B. [37]:

$$\text{IDFT}[\underline{X}(k)\cdot\underline{H}(k)] = \underline{y}_p(n) = \sum_{m=0}^{N-1} \underline{x}_p(m)\,\underline{h}_p(n-m)$$

$$(n = 0\,(1)\,N-1) \tag{3.38}$$

mit $\underline{X}(k) = \text{DFT}[\underline{x}(n)]$ und $\underline{H}(k) = \text{DFT}[\underline{h}(n)]$

$(k = 0\,(1)\,N-1)$

Durch den Index p ist hierbei die mit N periodische
Eigenschaft der Folgen gekennzeichnet.

Bild 3.25b zeigt die zyklische Faltung für N = 5. Man
erkennt, daß hierbei im Gegensatz zur aperiodischen
Faltung jeder Wert, der das Intervall der Breite N nach
rechts verläßt, von links zyklisch nachgeschoben wird.

Der Bereich, über den die Summe (3.38) läuft, ist kräftig
hervorgehoben. Diese Werte von $\underline{y}_p(n)$ werden von der
5-Punkte-IDFT nach dem Schema von Bild 3.24 berechnet.
Auf Grund von Überlappungseffekten ist $\underline{y}_p(n)$ im Bereich
von N = 0 bis N - 1 nicht an allen Stellen identisch mit
dem erwünschten Ergebnis $\underline{y}(n)$ von Bild 3.25a.

Der Überlappungseffekt kann vermieden werden, wenn N
ausreichend groß gewählt wird:

$$N \geq L + M - 1 \tag{3.39}$$

Bild 3.25c zeigt dies für N = L + M - 1 = 6, d. h. für
eine 6-Punkte-DFT. Jetzt ist $\underline{y}_p(n)$ im Bereich von n = 0
bis N - 1 identisch mit $\underline{y}(n)$ von Bild 3.25a. Diese
kräftig hervorgehobenen Werte von $\underline{y}_p(n)$ werden von der
6-Punkte-IDFT nach dem Schema von Bild 3.24 berechnet. Um
mit der FFT arbeiten zu können, muß N eine Potenz von 2
sein. In diesem Beispiel würde man dann N = 8 wählen.

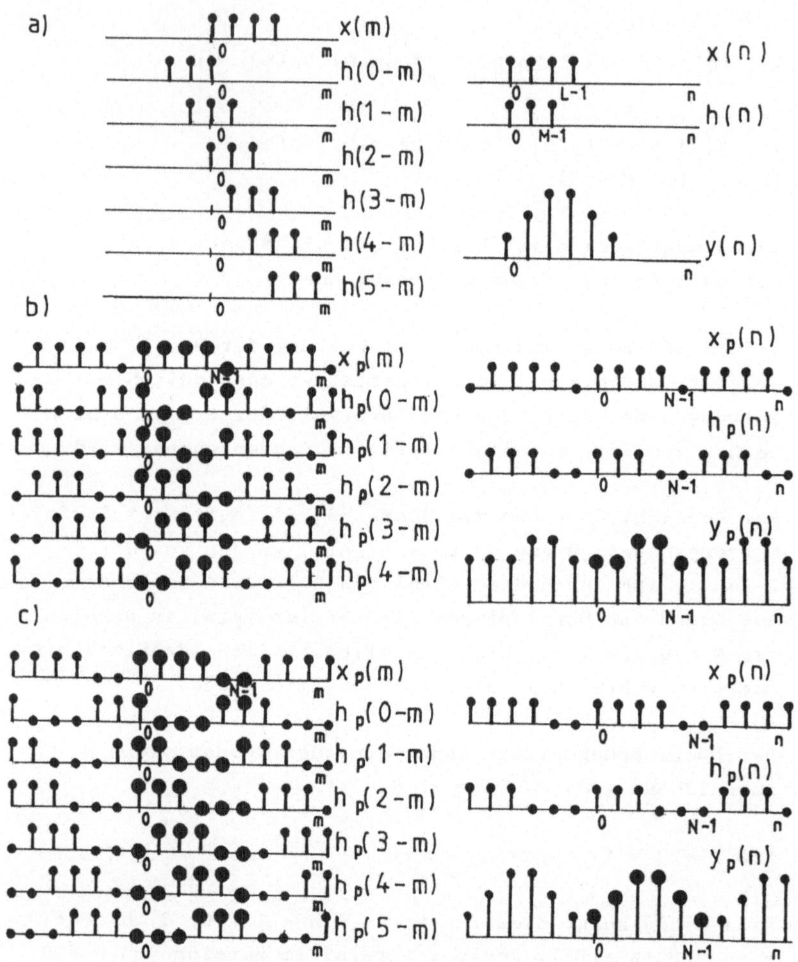

Bild 3.25 Aperiodische und zyklische diskrete Faltung einer Folge
der Länge L = 4 mit einer Folge der Länge M = 3
a) Aperiodische Faltung b) Zyklische Faltung (N = 5)
c) Zyklische Faltung (N = 6)

2. Fall: Diskrete zyklische Faltung einer zeitunbe- grenzten Folge mit einer zeitbegrenzten Folge (Overlap-Save-Segmentierung)

Die zeitunbegrenzte Folge $\underline{x}(n)$ sei das Eingangssignal eines FIR-Filters, dessen Impulsantwort $\underline{h}(n)$ aus M Werten besteht. Das Ausgangssignal des FIR-Filters ergibt sich durch aperiodische Faltung nach (2.12). Bild 3.26a zeigt einen Ausschnitt aus der aperiodischen Faltung für M = 3.

Bei der Realisierung durch schnelle Faltung werden beim Overlap-Save-Verfahren überlappende Segmente der Länge N des Eingangssignals herausgegriffen und nach Bild 3.24 jeweils mit einer N-Punkte-DFT verarbeitet. Hierbei muß

$$N \geq M \tag{3.40}$$

gewählt werden.

Bild 3.26b zeigt die zyklische Faltung mit N = 4 für das Segment $\underline{x}_0(n)$ von $\underline{x}(n)$, welches bei n = 0 beginnt. Das Ergebnis $\underline{y}_{0p}(n)$ ist nur an den durch Pfeile gekennzeich- neten Stellen n = 2 und n = 3 identisch mit dem gewünsch- ten Resultat $\underline{y}(n)$, denn nur an diesen Stellen ist im Be- reich von m = 0 bis N - 1 die periodisch fortgesetzte Im- pulsantwort $\underline{h}_p(n - m)$ identisch mit $\underline{h}(n - m)$.

Die ersten Werte von $\underline{y}_{0p}$ bei n = 0 und n = 1 sind un- brauchbar. Man nennt dies den Randeffekt. Der brauchbare Bereich des Segments ist allgemein

$$\underline{y}_{0p}(n) = \underline{y}(n) \text{ für } n = M - 1 \text{ bis } N - 1 \tag{3.41}$$

Das heißt, N - M + 1 Werte sind brauchbar, und M - 1 Werte sind unbrauchbar.

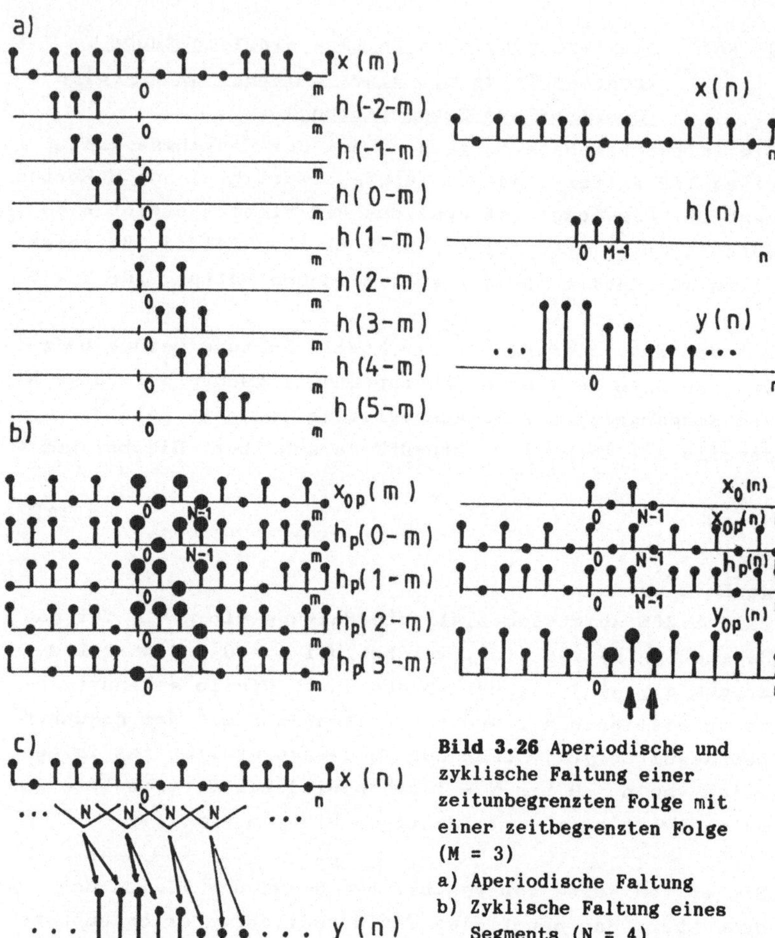

Bild 3.26 Aperiodische und zyklische Faltung einer zeitunbegrenzten Folge mit einer zeitbegrenzten Folge (M = 3)

a) Aperiodische Faltung

b) Zyklische Faltung eines Segments (N = 4)

c) Overlap-Save-Segmentierung (N = 4)

Die brauchbaren Resultate der einzelnen Segmente müssen nahtlos aneinandergekettet werden. Deshalb ist eine überlappende Segmentierung nötig, die jeweils um $N - M + 1$ Werte fortschreitet. Jedes Segment wird entsprechend Bild 3.24 verarbeitet, d.h. einer N-Punkte FFT unterworfen usw. Die überlappende Segmentierung und das Aneinanderketten der brauchbaren Werte sind in der vereinfachten Blockstruktur, Bild 3.24, nicht explizit dargestellt. In Bild 3.26c wird das Prinzip der Overlap-Save-Segmentierung gezeigt. Die oben erwähnte, zusätzliche Gruppenlaufzeit ist in diesem Bild nicht berücksichtigt.

Bei gegebener Länge M der Impulsantwort des FIR-Filters gibt es bei der schnellen Faltung eine optimale Länge N der Segmentierung für minimale Rechenzeit. Dies geht aus folgender Betrachtung hervor, bei der vereinfachend angenommen wird, daß die Rechenzeit durch die Anzahl der Multiplikationen bestimmt wird: Die Anzahl A der benötigten komplexen Multiplikationen pro (brauchbarem) Ausgabewert ist mit (3.41)

$$A = \frac{N + N \text{ ld } N}{N - M + 1} \tag{3.42}$$

Denn für die Hin- und Rücktransformation eines Segments mittels FFT bzw. IFFT werden insgesamt $2\,(N/2)\,\text{ld }N$ komplexe Multiplikationen benötigt. Hinzu kommt die komplexe Multiplikation von N Werten im Spektralbereich.

Wählt man N nur geringfügig größer als M, so sind, wie (3.41) zeigt, viele Werte unbrauchbar; der Aufwand A pro Ausgabewert ist hoch. Wählt man N etwas größer, so sinkt der Aufwand pro Ausgabewert. Wählt man dagegen N wesentlich größer als M, so ergibt sich aus (3.42) näherungsweise A $\approx$ 1 + ld N, d. h. der Aufwand pro Ausgabewert wächst wieder an.

Den optimalen Wert von N findet man durch Ermittlung des Minimums der Funktion (3.42) [6; 36; 39; 42]. Durch Differenzieren nach N und Nullsetzen ergibt sich die Bedingung

$$M = [1,44 \ N/(2,44 + ld \ N)] + 1 \qquad (3.43)$$

In Bild 3.27 ist diese Funktion von N = 8 bis 16384 logarithmisch dargestellt.

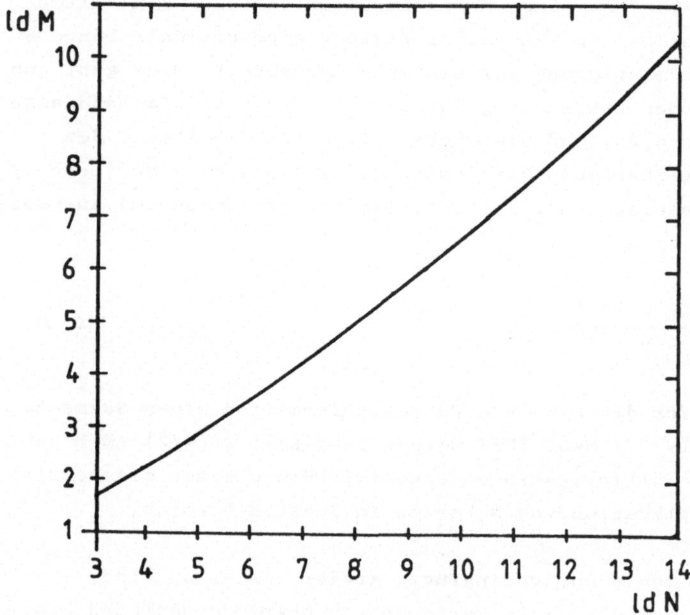

Bild 3.27 Optimale Segmentlänge N bei schneller Faltung
(M ist die Länge der Impulsantwort des FIR-Filters)

Das Minimum von (3.42) ist relativ flach, so daß der
nächstkleinere Wert von N den Aufwand A kaum erhöht, aber
weniger Speicherplatz benötigt und eine geringere
Gruppenlaufzeit des Signals zur Folge hat.

Will man z. B. ein FIR-Filter, dessen Impulsantwort die
Länge M = 150 hat, mittels schneller Faltung realisieren,
so ergibt sich aus Bild 3.27 mit ld M = 3.32 log M = 7,22
der Wert ld N = 10,4.
Man wählt den nächstliegenden ganzzahligen Wert ld N = 10
(N = 1024). Nach (3.42) ergeben sich damit A = 12,87
komplexe Multiplikationen pro Ausgabewert.
Wählt man N = 2048, so ergeben sich 12,94 komplexe
Multiplikationen pro Ausgabewert.
Wählt man N = 512, so ergeben sich A = 14,10 komplexe
Multiplikationen pro Ausgabewert.

Die Anzahl der Additionen und der zusätzlich nötigen
Operationen ist in (3.42) nicht berücksichtigt.

Handelt es sich um reelle Ein- und Ausgangsfolgen, so
kann, wie bereits erwähnt wurde, der Aufwand gegenüber
(3.42) etwa halbiert werden.

Die schnelle Faltung wird in der Praxis nur dann verwendet, wenn die Rechenzeit hierbei deutlich geringer aus-
fällt als bei direkter Realisierung eines FIR-Filters in
Transversalstruktur, die strukturell wesentlich einfacher
und übersichtlicher ist. Bei Festkommaverarbeitung mit
begrenzter Wortlänge ergeben sich außerdem bei Anwendung
der schnellen Faltung u. U. stärkere Veränderungen der
Filtercharakteristik und stärkeres Rundungsrauschen. Dies
läßt sich durch eine Simulation klären.

Hier soll noch ein Aufwandsvergleich von schneller Faltung und Transversalstruktur an Hand der benötigten Anzahl von Multiplikationen durchgeführt werden. Man geht
zunächst davon aus, daß sowohl die Eingangssignalfolge
als auch die M Filterkoeffizienten (Impulsantwort des
FIR-Filters) komplex sind.
Aus der Struktur des Transversalfilters, Bild 2.14 bei
Wegfall des rekursiven Teils, ist zu erkennen, daß hier M
komplexe Multiplikationen pro Ausgangswert benötigt werden. Das Verhältnis V der Anzahl von komplexen Multiplikationen von Transversalfilter und schneller Faltung
ist daher

$$V = M/A \qquad\qquad (3.44)$$

mit A nach (3.42) unter Verwendung der optimalen Segmentlänge N nach Bild 3.27.
Für $M = 10$ ergibt sich z. B. als optimaler Wert $N = 64$
und hiermit $V = 1,2$. Die schnelle Faltung bringt hier
noch keinen nennenswerten Vorteil. Bei langen Impulsantworten ist dies anders:
Für $M = 400$ ergibt sich z. B. als optimaler Wert $N = 4096$
und hiermit $V = 27,8$. Bei Anwendung der schnellen Faltung
kann daher hier die Abtastfrequenz etwa um diesen Faktor
erhöht werden.

Das Verhältnis V ändert sich jedoch um den Faktor 2
zugunsten des Transversalfilters, wenn die Eingangssignalfolge und die Filterkoeffizienten reell sind. Dafür
gibt es folgenden Grund: Beim Transversalfilter werden
dann statt komplexer, nur reelle Multiplikationen
benötigt, wodurch der Aufwand um den Faktor 4 fällt. Bei
Anwendung der schnellen Faltung kann hier, wie bereits

erwähnt, der Aufwand nur etwa um den Faktor 2 gesenkt werden.

Handelt es sich um ein Filter mit linearer Phase, so kann, wie in Kap. 5 gezeigt wird, beim Transversalfilter die Anzahl der Multiplikationen nochmals um den Faktor 2 verringert werden.

An Stelle der hier beschriebenen Overlap-Save-Segmentierung kann auch das z.B. in [36; 37] beschriebene Verfahren der Overlap-Add-Segmentierung verwendet werden. Beide Verfahren sind bezüglich des Aufwands gleichwertig.

Schnelle Korrelation

Die diskrete Korrelation zweier Folgen nach (2.15) läßt sich entsprechend (2.16) auch als diskrete Faltung formulieren. Die schnelle Faltung kann daher hier ebenfalls verwendet werden.

4.Rekursive digitale Filter

4.1 Direktstruktur

Die Übertragungsfunktion bzw. Differenzengleichung eines
zeitdiskreten LTI-Systems beschreibt die Beziehung zwischen Ein- und Ausgang. Es gibt jedoch hierbei viele
Möglichkeiten zur Wahl der Struktur, des sog. Signalfluß-
diagramms. Je nachdem, welche Struktur gewählt wird,
wirkt sich die endliche Wortlänge der digitalen Verarbeitung mehr oder weniger stark aus.

Strukturen mit einer Minimalzahl von Verzögerungsgliedern, Multiplizierern und Addierern nennt man kanonisch.
Kanonische Strukturen 2. Grades, bei denen alle Koeffizienten der Übertragungsfunktion (3.16) ungleich Null
sind, und keinen Einschränkungen unterliegen, besitzen
z. B. 2 Verzögerungsglieder, 4 Addierer und 5 Multiplizierer. Hierbei sind Addierer mit zwei Eingängen gemeint.
Die Anzahl der möglichen Strukturen steigt rasch an, wenn
man mehr Addierer und/oder Multiplizierer zuläßt. So gibt
es, wenn man z. B. die Anzahl der zulässigen Addierer von
4 auf 5 erhöht, bereits 3376 verschiedene äquivalente
Strukturen 2. Grades, die keinen Einschränkungen unterliegen [10].
Von einigen Autoren werden auch solche Strukturen als
kanonisch bezeichnet, die eine Minimalzahl von Verzögerungsgliedern, jedoch nicht unbedingt eine Minimalzahl
von Addierern und Multiplizierern besitzen.

Einige einfache kanonische Strukturen sollen hier behandelt werden. Weitere Strukturen folgen in späteren Kapiteln.

<u>Direktstrukturen</u> haben Koeffizienten, die identisch mit den Koeffizienten der Differenzengleichung in der Schreibweise (2.17) bzw. der Übertragungsfunktion in der Schreibweise (3.16) sind. In Kap.2.5, Bild 2.14 wurde bereits eine mit der Differenzengleichung (2.17) direkt zusammenhängende Struktur gezeigt. Sie wird <u>Direktstruktur 1</u> genannt. Sie ist jedoch nicht kanonisch bezüglich der Verzögerungsglieder und kann zur Direktstruktur 2 vereinfacht werden. Die Anzahl der Addierer und Multiplizierer bleibt hierbei gleich.

<u>Direktstruktur 2</u>:

Die Übertragungsfunktion (3.16) läßt sich als Produkt, d. h. als Kaskadenschaltung zweier Übertragungsfunktionen darstellen:

$$\underline{H}(z) = \frac{\underline{Z}(z)}{\underline{N}(z)} = \underline{Z}(z)\ \frac{1}{\underline{N}(z)} = \frac{1}{\underline{N}(z)}\ \underline{Z}(z) \tag{4.1}$$

Bei der Direktstruktur 1 ist die Reihenfolge in der Kaskade: $\underline{Z}(z)$ (nichtrekursiv), $1/\underline{N}(z)$ (rekursiv). Kehrt man die Reihenfolge um, d. h., setzt man den rekursiven Teil vor den nichtrekursiven, so ergibt sich zunächst die nichtkanonische Direktstruktur 2 (Bild 4.1a).

Da in beiden Ketten von Verzögerungsgliedern das gleiche, mit $w(n)$ bezeichnete Signal verzögert wird, genügt ein Satz von Verzögerungsgliedern. Dann erhält man die (kanonische) <u>Direktstruktur 2</u> (Bild 4.1b). Dort sind auch die Signale $w_0(n)$ bis $w_k(n)$ an den einzelnen Knoten der Struktur eingetragen.
Es gilt $w_0(n) = w(n)$; $w_1(n) = w(n - 1)$; $w_2(n) = w(n - 2)$ usw.
Die Struktur läßt sich durch ein System von Differenzengleichungen beschreiben:

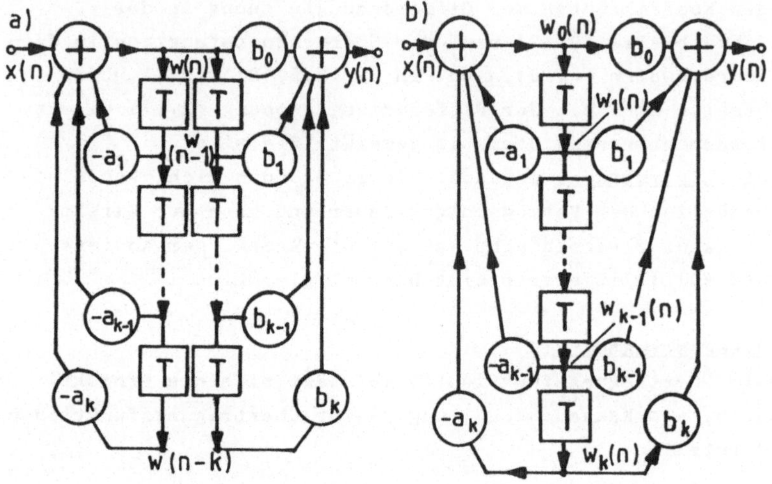

Bild 4.1 a) Direktstruktur 2 (nicht kanonisch)

   b) Direktstruktur 2 (kanonisch)

$$w_0(n) = x(n) - \sum_{i=1}^{k} a_i w_i(n)$$

$$w_1(n) = w_0(n - 1)$$

$$w_2(n) = w_1(n - 1)$$

$$\cdot$$

$$\cdot \qquad\qquad\qquad\qquad\qquad\qquad (4.2)$$

$$w_k(n) = w_{k-1}(n - 1)$$

$$y(n) = \sum_{i=0}^{k} b_i w_i(n)$$

Ein System von Differenzengleichungen läßt sich durch
u. U. schwierige Elimination von Variablen in die Form
der Differenzengleichung (2.17) umformen, die die Beziehung zwischen Ein- und Ausgangssignal beschreibt. Hieraus
ergibt sich wieder die Übertragungsfunktion (3.16).

Hat man die Aufgabe, die Übertragungsfunktion einer gegebenen Struktur zu bestimmen, so ist es am günstigsten, das System von Differenzengleichungen sofort in den z-Bereich zu transformieren. Unter Verwendung des Verschiebungssatzes (3.18) ergibt sich z. B. aus (4.2):

$$\underline{W}_0(z) = \underline{X}(z) - \sum_{i=1}^{k} a_i \underline{W}_i(z)$$

$$\underline{W}_1(z) = \underline{W}_0(z)\, z^{-1}$$

$$\underline{W}_2(z) = \underline{W}_1(z)\, z^{-1}$$

$$\vdots \qquad\qquad\qquad\qquad\qquad (4.2a)$$

$$\underline{W}_k(z) = \underline{W}_{k-1}(z)\, z^{-1}$$

$$\underline{Y}(z) = \sum_{i=0}^{k} b_i\, \underline{W}_i(z)$$

Hieraus ergibt sich durch Einsetzen:

$$\underline{W}_2(z) = \underline{W}_0(z)\, z^{-2}$$

$$\underline{W}_3(z) = \underline{W}_0(z)\, z^{-3}$$

$$\vdots \qquad\qquad\qquad\qquad\qquad (4.3)$$

$$\underline{W}_k(z) = \underline{W}_0(z)\, z^{-k}$$

Setzt man nun (4.3) zusammen mit der zweiten Gleichung von (4.2a) in die erste Gleichung von (4.2a) ein, so ergibt sich:

$$\underline{W}_0(z) = \underline{X}(z) - \underline{W}_0(z) \sum_{i=1}^{k} a_i z^{-i}$$

bzw.

$$\underline{X}(z) = \underline{W}_0(z)\left(1 + \sum_{i=1}^{k} a_i z^{-i}\right) \qquad\qquad (4.4)$$

Setzt man (4.3) zusammen mit der zweiten Gleichung von
(4.2a) in die letzte Gleichung von (4.2a) ein, so erhält
man:

$$\underline{Y}(z) = \underline{W}_0(z) \sum_{i=0}^{k} b_i z^{-i} \qquad (4.5)$$

Die Übertragungsfunktion ist dann mit (4.4) und (4.5)

$$\underline{H}(z) = \frac{\underline{Y}(z)}{\underline{X}(z)} = \frac{\displaystyle\sum_{i=0}^{k} b_i z^{-i}}{1 + \displaystyle\sum_{i=1}^{k} a_i z^{-i}}$$

entsprechend (3.16). Dies entspricht der Differenzengleichung (2.17).

Ein allgemeines Verfahren zur Ermittlung der Übertragungsfunktion von komplizierten Strukturen findet man in
[11], Kap. 7.3.

Innerhalb einer Abtastperiodendauer T müssen bei Echt-
zeitanwendungen das Ausgangssignal und sämtliche Signale
an den Knoten der Struktur berechnet werden. Bild 4.2
zeigt ein Flußdiagramm für serielle Verarbeitung, z. B.
mit einem Signalprozessor, für ein Filter vom Grad
(Ordnung) 2 (k = 2) in Direktstruktur 2.
Bei der Direktstruktur 2 liegt der nichtrekursive Teil
der Schaltung am Ausgang, d. h. der Ausgangswert wird in
der Schaltung nicht mehr benötigt. Dies hat bei Dezimie-
rungsanwendungen den Vorteil, daß z. B. nur jeder zweite
Ausgangswert berechnet werden muß.

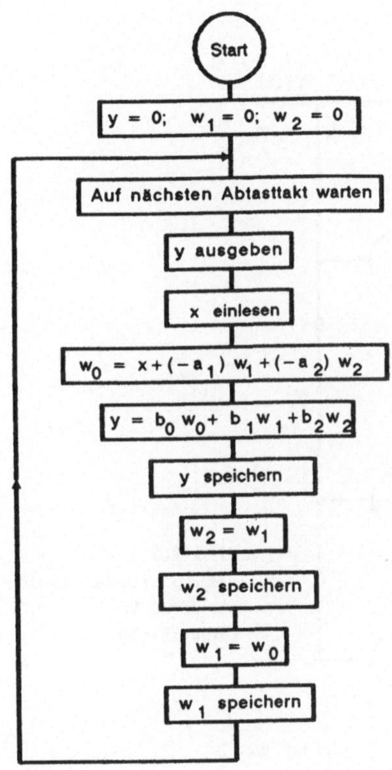

Wie man aus dem Flußdiagramm erkennen kann, wird der Ausgangswert y erst mit dem nächsten Abtasttakt ausgegeben, da er erst berechnet werden muß. Dies müßte in der Struktur durch ein in Kaskade geschaltetes zusätzliches Verzögerungsglied mit der Verzögerungszeit T berücksichtigt werden, das jedoch meist nicht eingezeichnet wird.

Bild 4.2
Flußdiagramm der
Direktstruktur 2
(2. Grad)

Durch Anwendung des <u>Transponierungssatzes</u> der Signalflußtheorie lassen sich sog. transponierte Strukturen finden. Hierzu werden alle Richtungen umgekehrt und Addierer und Verzweigungen vertauscht. Damit vertauschen sich auch Ein- und Ausgang. Die Schaltung wird dann so skizziert, daß der Eingang wieder links ist:

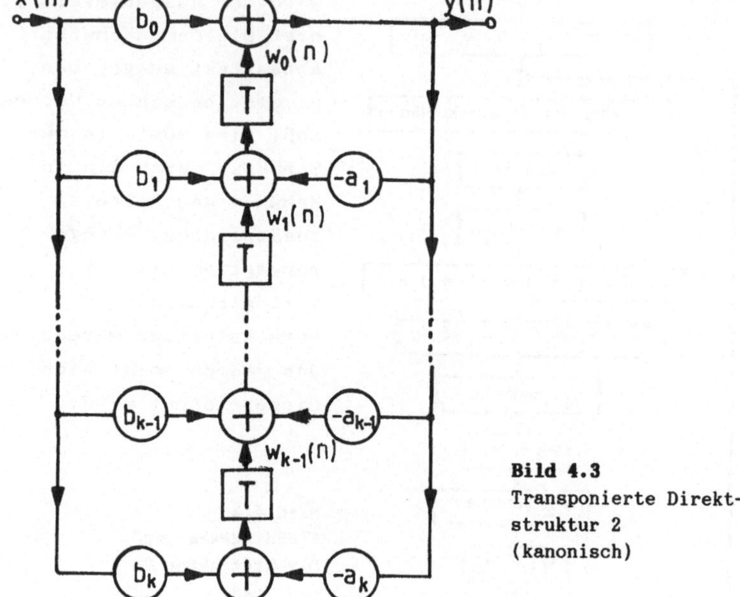

Bild 4.3
Transponierte Direkt-
struktur 2
(kanonisch)

<u>Transponierte Direktstruktur 2</u> (Bild 4.3):

Die Signale $w_0(n)$ bis $w_{k-1}(n)$ im Inneren der Struktur
sind im Bild eingetragen. Die Struktur hat ebenfalls die
Übertragungsfunktion (3.16) und die Differenzengleichung
(2.17). Hier durchläuft das Signal, wie bei der Direktstruktur 1, zuerst den nichtrekursiven Teil und dann den
rekursiven Teil der Struktur. Sie läßt sich durch folgendes System von Differenzengleichungen beschreiben:

$$y(n) = b_0 x(n) + w_0(n)$$

$$w_0(n) = b_1 x(n-1) - a_1 y(n-1) + w_1(n-1)$$

$$\cdot$$

$$\cdot \qquad\qquad\qquad\qquad\qquad\qquad\qquad (4.6)$$

$$\cdot$$

$$w_{k-1}(n) = b_k x(n-1) - a_k y(n-1)$$

Bild 4.4 zeigt ein Flußdiagramm für die transponierte Direktstruktur 2 vom Grad 2.

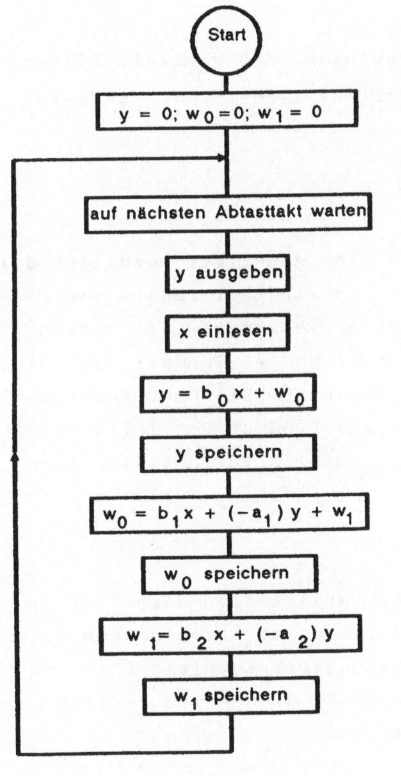

Bei komplizierten Strukturen ist es nicht einfach, die Reihenfolge im Flußdiagramm so festzulegen, daß im jeweiligen Schritt nur Signale verwendet werden, die bereits berechnet sind. In [11], Kap. 7.6 wird hierzu ein systematisches Verfahren beschrieben.

Bild 4.4
Flußdiagramm der transponierten Direktstruktur 2
(2. Grad)

Wie in [12] gezeigt wird, haben Direktstrukturen hohen Grades bei rekursiven (IIR) Filtern den Nachteil, daß die Filterkoeffizienten a_i im rekursiven Zweig mit großer Genauigkeit dargestellt werden müssen, d. h. es wird eine große binäre Wortlänge benötigt. Eine kleine Änderung eines einzelnen Koeffizienten a_i beeinflußt die Lage sämtlicher Pole, wodurch sich die Form der Übertragungsfunktion erheblich ändern kann. Kommt ein Pol hierbei außerhalb des Einheitskreises der z-Ebene zu liegen, so wird die Struktur instabil.

In [13] wird außerdem nachgewiesen, daß digitale Filter mit geringer Koeffizientenempfindlichkeit auch geringes Rundungsrauschen zeigen.

4.2 Kaskadenstruktur

Die Kaskadenstruktur verhält sich günstiger bezüglich der oben genannten Eigenschaften und wird bei rekursiven Filtern in der Praxis am häufigsten verwendet. Sie besteht aus einer Kaskade von Blöcken 1. und 2. Grades, die meist als Direktstruktur 2 realisiert sind. Die Übertragungsfunktion (3.16) wird hierbei als Produkt von Teilübertragungsfunktionen (Blöcken) dargestellt (Bild 4.5):

$$\underline{H}(z) = \prod_{i=1}^{m} \underline{H}_i(z) \tag{4.7}$$

Hierbei können reelle Pole und Nullstellen der Übertragungsfunktion durch Blöcke 1.Grades mit reellen Koeffizienten realisiert werden. Konjugiert komplexe Pole und Nullstellen können durch Blöcke 2. Grades mit reellen Koeffizienten dargestellt werden.

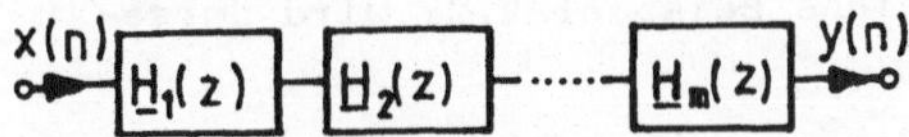

Bild 4.5 Kaskadenstruktur

Quantisiert man die Koeffizienten eines Blocks (z. B. Festkommadarstellung mit 16 Bit), so ändern nur die in diesem Block realisierten Nullstellen bzw. Pole ihre Lage in der z-Ebene.

<u>Block 1.Grades</u>:

$$\underline{H}_i(z) = k_i \, \frac{1 - z_{0i}z^{-1}}{1 - z_{pi}z^{-1}} = k_i \, \frac{1 + b_{1i}z^{-1}}{1 + a_{1i}z^{-1}} \qquad (4.8)$$

k_i = reeller Zahlenfaktor; z_{0i} = reelle Nullstelle; z_{pi} = reeller Pol

Aus (4.8) erkennt man:

$$b_{1i} = -z_{0i}; \quad a_{1i} = -z_{pi}; \qquad\qquad (4.9)$$

Der Koeffizient b_{1i} oder a_{1i} kann u. U. auch fehlen.

Befindet sich kein Pol und keine Nullstelle außerhalb des Einheitskreises (minimalphasiges, stabiles Filter), so sind die Beträge von b_{1i} und a_{1i} nicht größer als 1.

Der Faktor k_i dient zur Skalierung (siehe Kap. 4.10).

<u>Sonderfall</u>:

Ein Verzögerungsglied, siehe Beispiel 3.2, wird dargestellt durch:

$$\underline{H}_i(z) = z^{-1} \tag{4.10}$$

Dies tritt auf, wenn in (3.16) $b_0 = 0$ ist (Bild 2.14).
Ein Verzögerungsglied in Kaskade ist jedoch nicht sehr
sinnvoll, denn es ändert das Dämpfungsverhalten des digitalen Netzwerks nicht, so daß man normalerweise annehmen
kann, daß in (3.16) der Koeffizient b_0 ungleich Null ist.

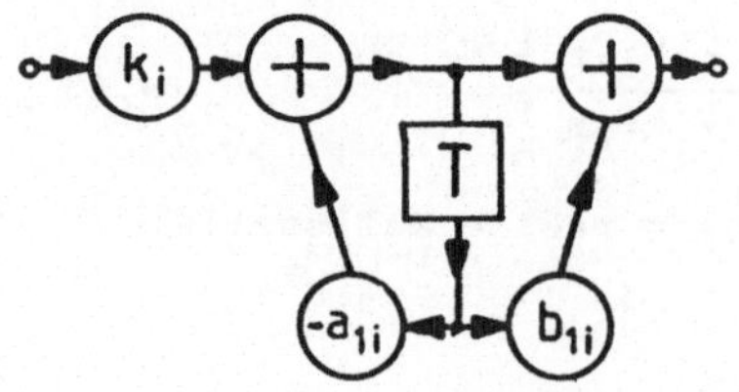

Bild 4.6
Block 1. Grades in
Direktstruktur 2

Bild 4.6 zeigt einen Block 1.Grades, entsprechend
Gl. (4.8), z. B. in Direktstruktur 2.

<u>Block 2.Grades</u>:

Für einen Block 2. Grades ist auch die Bezeichnung
Biquad-Block üblich.

$$\underline{H}_i(z) = k_i \frac{(1 - z_{0i}z^{-1})(1 - z_{0i}^* z^{-1})}{(1 - z_{pi}z^{-1})(1 - z_{pi}^* z^{-1})}$$

$$= k_i \frac{1 - 2\mathrm{Re}[z_{0i}]z^{-1} + |z_{0i}|^2 z^{-2}}{1 - 2\mathrm{Re}[z_{pi}]z^{-1} + |z_{pi}|^2 z^{-2}}$$

$$= k_i \frac{1 + b_{1i}z^{-1} + b_{2i}z^{-2}}{1 + a_{1i}z^{-1} + a_{2i}z^{-2}} \tag{4.11}$$

k_i = reelle Konstante; z_{0i}, z_{0i}^* = konjugiert komplexe Nullstellen; z_{pi}, z_{pi}^* = konjugiert komplexe Pole.

Unter Verwendung der Darstellung nach Betrag und Winkel

$$z_{0i} = |z_{0i}|e^{j\Omega_{0i}}; \quad z_{pi} = |z_{pi}|e^{j\Omega_{pi}} \tag{4.12}$$

erkennt man aus (4.11)

$$b_{1i} = -2\mathrm{Re}[z_{0i}] = -2|z_{0i}|\cos\Omega_{0i}; \quad b_{2i} = |z_{0i}|^2$$
$$\tag{4.13}$$
$$a_{1i} = -2\mathrm{Re}[z_{pi}] = -2|z_{pi}|\cos\Omega_{pi}; \quad a_{2i} = |z_{pi}|^2$$

Die Koeffizienten b_{1i} und b_{2i} oder a_{1i} und a_{2i} können u. U. auch fehlen.

Befinden sich keine Pole und keine Nullstellen außerhalb des Einheitskreises (stabiles, minimalphasiges Filter), so sind die Beträge von b_{2i} und a_{2i} nicht größer als 1, und die Beträge von b_{1i} und a_{1i} nicht größer als 2.

Bild 4.7 zeigt einen Block 2.Grades entsprechend (4.11), z. B. in Direktstruktur 2.

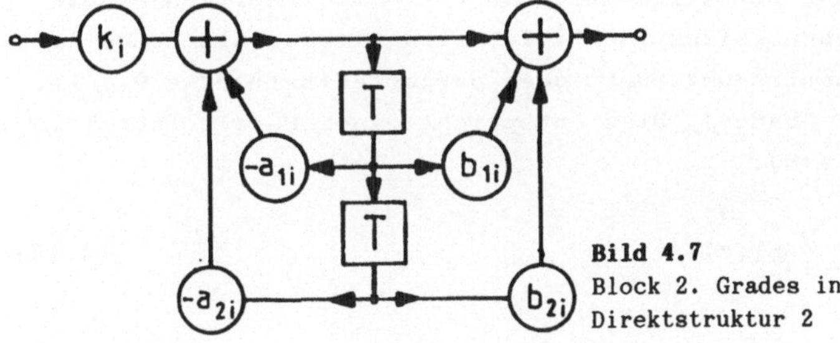

Bild 4.7
Block 2. Grades in Direktstruktur 2

Setzt man (4.8) und (4.11) in (4.7) ein und vergleicht mit (3.16), so erkennt man, daß für b_0 ungleich Null:

$$\prod_{i=1}^{m} k_i = b_0 \tag{4.14}$$

Die Zusammenfassung von Polen und Nullstellen zu Blöcken und die Reihenfolge der Blöcke in der Kaskade können frei gewählt werden. Es ergeben sich hierbei jedoch unterschiedliche Auswirkungen auf das Rundungsrauschen, siehe später.

Zur Realisierung der Blöcke 1. und 2. Grades können außer der Direktstruktur 1, der Direktstruktur 2 und der transponierten Direktstruktur 2 auch andere Strukturen Verwendung finden. Sie haben u. U. gewisse Vorteile, wie z. B. geringe Anforderungen an die Koefizientenwortlänge, geringes Rundungsrauschen, keine Grenzzyklusschwingungen. Derartige Strukturen werden später behandelt.

4.3 Parallelstruktur

Die Parallelstruktur verhält sich, zumindest im Durchlaßbereich des Filters, ähnlich günstig wie die Kaskadenstruktur bezüglich Effekten begrenzter Wortlänge. Die Übertragungsfunktion (3.16) wird hierbei als Summe von Teilübertragungsfunktionen dargestellt (Blöcke 0., 1., und 2. Grades). Dies entspricht einer Parallelstruktur (Bild 4.8):

$$\underline{H}(z) = \sum_{i=0}^{m} \underline{H}_i(z) \tag{4.15}$$

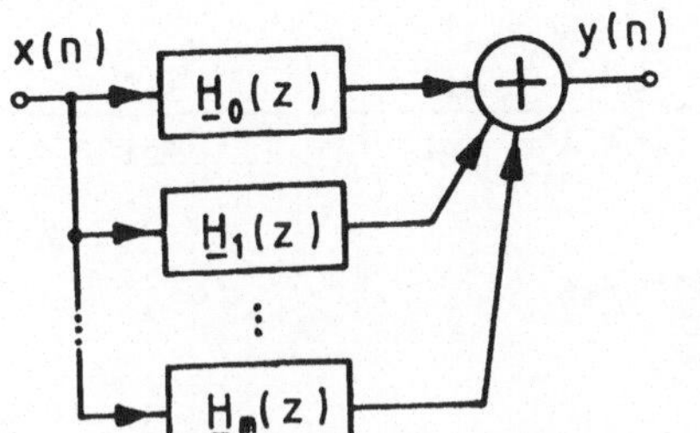

Bild 4.8
Parallelstruktur

Ändert man die Koeffizienten eines Blocks, so wirkt sich
dies nur auf die in diesem Block realisierten Pole, je-
doch auf alle Nullstellen der Übertragungsfunktion aus.
Deshalb verhält sich die Parallelstruktur (bei begrenzter
Wortlänge) im Sperrbereich wesentlich ungünstiger als die
Kaskadenstruktur [13].

Zur Ermittlung der Blöcke kann z. B. eine direkte
Partialbruchzerlegung der Übertragungsfunktion $\underline{H}(z)$
durchgeführt werden, z. B. [11]. Häufig verwendet man
jedoch eine Partialbruchzerlegung der Funktion $\underline{H}(z)/z$ und
multipliziert dann mit z, siehe z. B. [4; 14]. Dies soll
hier gezeigt werden:
Wenn der Koeffizient a_k der Übertragungsfunktion (3.16)
ungleich Null ist, und außerdem keine mehrfachen Pole
auftreten, ergibt sich z. B. folgende Partialbruchzerlegung:

$$\frac{\underline{H}(z)}{z} = \frac{k_0}{z} + \sum_{i=1}^{\lambda-1} \frac{k_i}{z - z_{pi}} + \sum_{i=\lambda}^{m} \frac{k_i}{z - z_{pi}} + \frac{k_i^*}{z - z_{pi}^*} \qquad (4.16)$$

Multiplikation mit z ergibt:

$$\underline{H}(z) = k_0 + \sum_{i=1}^{\lambda-1} \frac{\underline{k}_i}{1 - z_{pi}z^{-1}} + \sum_{i=\lambda}^{m} \frac{\underline{k}_i}{1 - z_{pi}z^{-1}} + \frac{\underline{k}_i^*}{1 - z_{pi}^*z^{-1}}$$

$$(4.17)$$

Der erste Summand von (4.17) ist

$$\underline{H}_0 = k_0 \qquad\qquad (4.18)$$

k_0 = reelle Konstante.

Die erste Summe von (4.17) beinhaltet reelle Pole z_{pi} mit reellen Koeffizienten $\underline{k}_i$. Sie können als <u>Blöcke 1.Grades</u> mit reellen Koeffizienten dargestellt werden:

$$\underline{H}_i(z) = \frac{\underline{k}_i}{1 - z_{pi}z^{-1}} \qquad (i = 1 \ (1) \ \lambda - 1) \qquad (4.19)$$

Die zweite Summe von (4.17) beinhaltet konjugiert komplexe Pole z_{pi} und z_{pi}^* und konjugiert komplexe Koeffizienten $\underline{k}_i$ und $\underline{k}_i^*$.
Sie können zu <u>Blöcken 2.Grades</u> mit reellen Koeffizienten zusammengefaßt werden:

$$\underline{H}_i(z) = \frac{\underline{k}_i}{1 - z_{pi}z^{-1}} + \frac{\underline{k}_i^*}{1 - z_{pi}^*z^{-1}} =$$

$$\frac{2\text{Re}[\underline{k}_i] - 2\text{Re}[\underline{k}_i z_{pi}^*]z^{-1}}{1 - 2\text{Re}[z_{pi}]z^{-1} + |z_{pi}|^2 z^{-2}} \qquad (4.20)$$

$$(i = \lambda \ (1) \ m)$$

Für $z \to 0$ gehen alle Summanden von (4.17) außer k_0 gegen Null: $\lim\limits_{z\to 0} \underline{H}(z) = k_0$.

Aus (3.16) erkennt man, daß $\lim\limits_{z\to 0} \underline{H}(z) = b_k/a_k$.

Somit gilt:

$$k_0 = b_k/a_k \qquad\qquad (4.21)$$

mit $a_k \neq 0$ laut Voraussetzung.

Die reellen oder komplexen Koeffizienten $\underline{k}_i$ ergeben sich, wenn man (4.17) mit $(1 - z_{pi}z^{-1})$ multipliziert und $z \rightarrow z_{pi}$ gehen läßt. Dann gehen auf der rechten Gleichungsseite alle Summanden außer einem gegen Null. Vertauscht man die rechte und linke Gleichungsseite, so ergibt sich:

$$\underline{k}_i = [\underline{H}(z)\,(1 - z_{pi}z^{-1})]_{z=z_{pi}} \qquad\qquad (4.22)$$

Zur Berechnung kann man zunächst den Ausdruck $(1 - z_{pi}z^{-1})$ kürzen, wenn der Nenner von $\underline{H}(z)$ in Produktform dargestellt wird. Anschließend setzt man $z = z_{pi}$.

4.4 Überblick über den Entwurf rekursiver digitaler Filter

Zum Entwurf von digitalen Filtern stehen heute numerische Approximationsverfahren im z-Bereich zur Verfügung, z. B. [15]. Auf diese Verfahren wird hier nicht eingegangen. Ergebnisse liegen zum Teil in Katalogform vor, z. B. [16].

Eine andere Möglichkeit ist, von analogen Filtern als Referenz auszugehen, und sie mittels einer geeigneten Transformation in den zeitdiskreten Bereich zu übertragen. Analoge Filter lassen sich einerseits mit bekannten Entwurfsverfahren berechnen, siehe z. B. [4; 6; 9; 14; 17; 18; 23; 24; 26], oder auch aus Filterkatalogen entnehmen, z. B. [19; 20; 21; 22].

Softwarepakete, die mit numerischen Approximationsverfahren bzw. mit der bilinearen Transformation arbeiten,
können für IBM-Personal-Computer (oder kompatible)
käuflich erworben werden, z.B. [27; 28; 50].Mit diesen
Programmen können FIR-Filter in Direktstruktur und
IIR-Filter in Kaskadenstruktur entworfen werden. Die
Filter werden so skaliert, daß das Maximum des Amplitudengangs etwa gleich 1 ist. Außerdem kann die Änderung
des Frequenzgangs bei Begrenzung der binären Wortlänge
der Filterkoeffizienten untersucht werden. Assembler,
Linker und Simulationsprogramme für die gebräuchlichen
Signalprozessortypen sind meist ebenfalls enthalten.

Ein Nachteil der Transformationsverfahren ist, daß sich
das Dämpfungsverhalten und/oder das Laufzeitverhalten
verändern.

Wellendigitalfilter sind ebenfalls rekursive digitale
Filter. Auf Grund ihrer besonderen Eigenschaften werden
sie jedoch in Kap. 6 behandelt.

4.5 Impulsinvariante Transformation

Hier stellt man eine Bedingung im Zeitbereich auf. Man
fordert, daß die Impulsantwort h(n) des zu entwerfenden
digitalen Filters die gleiche Form wie die mit T abgetastete Impulsantwort h(t) eines analogen Referenzfilters
haben soll (Bild 4.9).

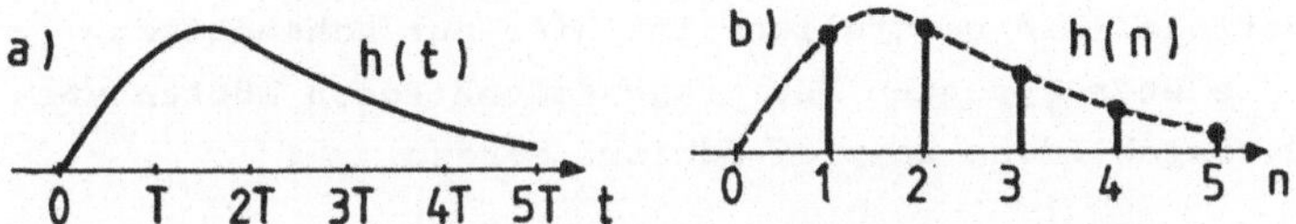

Bild 4.9 Impulsantwort bei impulsinvarianter Transformation
a) Analoges Referenzfilter b) Digitales Filter

Man setzt

$$h(n) = T \cdot [h(t)]_{t=nT} \qquad (4.23)$$

Der Faktor T ist aus Dimensionsgründen nötig. Ähnlich wie
in (2.3) ergibt sich der Zusammenhang zwischen den
F-Transformierten. Hierbei ist, wie in (4.23), die rechte
Seite der Gleichung aus Dimensionsgründen mit T zu multiplizieren, wodurch sich T gegenüber (2.3) wegkürzt. Außerdem wird zur besseren Unterscheidbarkeit die Kreisfrequenz <u>bei analogen Filtern v</u> und <u>bei digitalen Filtern ω</u>
genannt.

$$\underline{H}(\omega) = \sum_{k=-\infty}^{+\infty} \underline{H}(v - kv_a) \qquad (4.24)$$

$$\text{mit } v_a = 2\pi/T$$

Die Übertragungsfunktion des digitalen Filters ist die
Summe von jeweils um die Abtastfrequenz verschobenen
Übertragungsfunktionen des analogen Filters.
Wenn die Übertragungsfunktion $\underline{H}(v)$ des analogen Filters
nicht bei der halben Abtastfrequenz $v_a/2$ bandbegrenzt
ist, ergeben sich Aliaseffekte. Hierdurch weichen sowohl
das Dämpfungs- als auch das Laufzeitverhalten von zeit-
kontinuierlichem und digitalem Filter auch im interessierenden Frequenzbereich von 0 bis $\omega_a/2$ voneinander ab.

Bild 4.10 zeigt ein Tiefpaßbeispiel mit ausgeprägtem Aliaseffekt. Die Darstellung ist hier nur schematisch, denn die überlappenden Übertragungsfunktionen müßten vor der Betragsbildung komplex addiert werden.

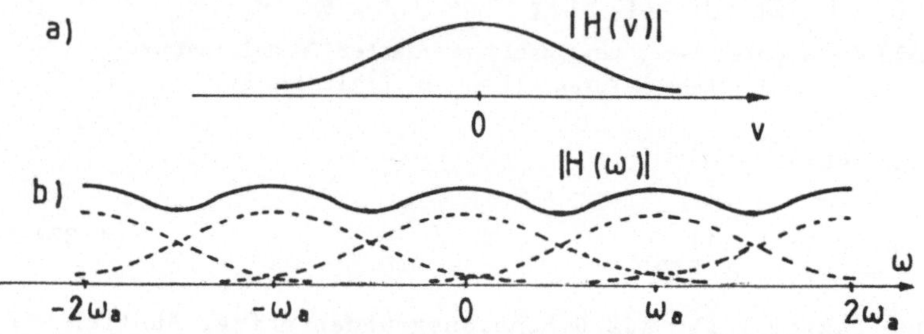

Bild 4.10 Übertragungsfunktion bei impulsinvarianter Transformation
a) Analoges Referenzfilter b) Digitales Filter

Durch Erhöhung der Abtastfrequenz läßt sich der Aliaseffekt verringern. Allerdings bedeutet dies erhöhten Aufwand. Zum Entwurf von Hochpässen und Bandsperren ist die impulsinvariante Transformation unbrauchbar.

Besitzt das analoge Referenzfilter geringe Laufzeitverzerrungen, was sich durch annähernde Symmetrie seiner Impulsantwort äußert, dann hat auch die abgetastete Impulsantwort bei geeigneter Wahl der Abtastfrequenz diese Symmetrieeigenschaft, d. h. das digitale Filter besitzt ebenfalls geringe Laufzeitverzerrungen.

Die impulsinvariante Transformation ist daher nur von praktischer Bedeutung, wenn es darum geht, IIR-Filter mit günstigen Laufzeiteigenschaften oder mit vorgeschriebenem Zeitverhalten, ausgehend von entsprechenden analogen Filtern, zu entwerfen. Für beide Forderungen ist es jedoch meist einfacher, FIR-Filter zu verwenden (siehe Kap. 5).

Die impulsinvariante Transformation wird folgendermaßen
durchgeführt:

Die Impulsantwort des analogen Referenzfilters, dessen
Übertragungsfunktion gegeben sei, wird, wie in Kap. 1
beschrieben, durch L-Rücktransformation der Übertragungsfunktion ermittelt. Hierzu wird die Übertragungsfunktion
in der Partialbruchform dargestellt. Wenn der Grad des
Zählers kleiner als der Grad des Nenners ist, und außerdem keine mehrfachen Pole auftreten, ergibt sich folgende
Form, wobei zur besseren Unterscheidbarkeit die komplexe
Kreisfrequenz <u>bei analogen Filtern w = u + jv</u> und <u>bei
digitalen Filtern p = ɕ + jω</u> genannt wird:

$$\underline{H}(w) = \sum_{i=1}^{m} \frac{K_i}{w - w_{pi}} \qquad (4.25)$$

w_{pi} sind die Pole von $\underline{H}(w)$.

Durch Rücktransformation ergibt sich die Impulsantwort

$$h(t) = \sum_{i=1}^{m} \underline{K}_i e^{w_{pi} t} \qquad (t \geq 0) \qquad (4.26)$$

Aus der Bedingung (4.23) folgt für die Impulsantwort des
digitalen Filters:

$$h(n) = T \sum_{i=1}^{m} \underline{K}_i e^{w_{pi} nT} \qquad (n \geq 0) \qquad (4.27)$$

Die Übertragungsfunktion des digitalen Filters ergibt
sich aus der z-Transformation von h(n). Mit der Formel
der z-Transformation (3.3b) gilt:

$$\underline{H}(z) = \sum_{n=0}^{\infty} h(n) \, z^{-n}$$

$$= T \sum_{i=1}^{m} K_i [1 + (e^{-w_{pi} T} \cdot z)^{-1} + (e^{-w_{pi} T} \cdot z)^{-2} + \ldots \ldots]$$

Die geometrische Reihe in eckigen Klammern konvergiert
für $|z| > e^{w_{pi}T}$, d. h. wegen $e^{w_{pi}T} = z_{pi}$, außerhalb der
Pole von $\underline{H}(z)$. Sie läßt sich geschlossen darstellen:

$$\underline{H}(z) = T \sum_{i=1}^{m} \frac{K_i}{1 - e^{w_{pi}T} \cdot z^{-1}} \qquad (4.28)$$

Da die Übertragungsfunktion hier bereits in Partialbruchform vorliegt, bietet sich zur Realisierung die Parallelstruktur an (Kap. 4.3).

Die impulsinvariante Transformation entspricht den in
Bild 3.2a-c dargestellten Verhältnissen. Hierbei ist in
Bild 3.2a $\underline{X}(p)$ durch $\underline{H}(w)$ und $p = \sigma + j\omega$ durch $w = u + jv$
zu ersetzen. In Bild 3.2b ist $\underline{X}_a(p)$ durch $\underline{H}(p)$ zu ersetzen. In Bild 3.2c ist $\underline{X}_a(z)$ durch $\underline{H}(z)$ zu ersetzen.

Ein stabiles analoges Filter, dessen Pole in der linken
w-Halbebene liegen, führt hierbei zu einem stabilen digitalen Filter mit Polen im Inneren des Einheitskreises der
z-Ebene. Der Grad der gebrochen rationalen Funktion wird
bei der Transformation von der w- in die z-Ebene nicht
erhöht.

<u>Beispiel 4.1</u>
Gegeben sei ein zeitkontinuierlicher Tiefpaß mit der
Übertragungsfunktion

$$\underline{H}(w) = \frac{k}{(w - w_{p1})(w - w_{p2})}$$

mit reellen Polen $w_{p1} = -10^3 \ s^{-1}$; $w_{p2} = -3 \cdot 10^3 \ s^{-1}$ und
$k = 3 \cdot 10^6 \ s^{-2}$.

Der analoge Tiefpaß soll durch einen, mit der impulsinvarianten Transformation entworfenen, digitalen Tiefpaß
ersetzt werden.
Zunächst wird der Frequenzgang des analogen Filters berechnet. Mit w = jv ergibt sich:

$$\underline{H}(v) = \frac{3 \cdot 10^6}{(jv + 10^3)(jv + 3 \cdot 10^3)}$$

bzw.

$$\underline{H}(f) = \frac{3 \cdot 10^6}{(j2\pi f + 10^3)(j2\pi f + 3 \cdot 10^3)}$$

In Bild 4.11 sind der Amplituden- und Phasengang des
analogen Filters gestrichelt eingezeichnet.

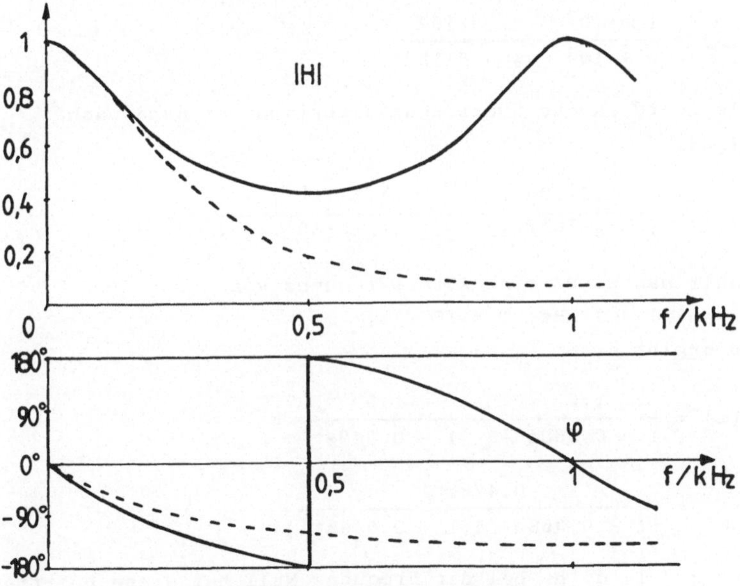

Bild 4.11 Beispiel 4.1: Amplituden- und Phasengang
(Analoges Filter gestrichelt)

Die Übertragungsfunktion wird nun zunächst entsprechend (4.25) in Partialbruchform dargestellt.

Mit

$$\underline{K}1 = [\underline{H}(w)\,(w - w_{p1})]_{w=w_{p1}} = [\frac{k}{w - w_{p2}}]_{w=w_{p1}}$$

$$= \frac{k}{w_{p1} - w_{p2}} = \frac{3 \cdot 10^6}{-10^3 + 3 \cdot 10^3} = 1,5 \cdot 10^3;$$

und

$$\underline{K}2 = [\underline{H}(w)\,(w - w_{p2})]_{w=w_{p2}} = [\frac{k}{w - w_{p1}}]_{w=w_{p2}}$$

$$= \frac{k}{w_{p2} - w_{p1}} = \frac{3 \cdot 10^6}{-3 \cdot 10^3 + 10^3} = -1,5 \cdot 10^3$$

ergibt sich:

$$\underline{H}(w) = \frac{1,5 \cdot 10^3}{w + 10^3} - \frac{1,5 \cdot 10^3}{w + 3 \cdot 10^3}$$

Die zeitdiskrete Übertragungsfunktion ist dann nach (4.28)

$$\underline{H}(z) = \frac{1,5 \cdot 10^3\,T}{1 - e^{-10^3 T} \cdot z^{-1}} - \frac{1,5 \cdot 10^3\,T}{1 - e^{-3 \cdot 10^3 T} \cdot z^{-1}}$$

Wählt man z. B. eine Abtastfrequenz von
$f_a = 1/T = 1$ kHz; $T = 10^{-3}$ s;
so ergibt sich:

$$\underline{H}(z) = \frac{1,5}{1 - 0,368 z^{-1}} - \frac{1,5}{1 - 0,049 z^{-1}} =$$

$$= \frac{0,478 z^{-1}}{(1 - 0,368 z^{-1})(1 - 0,049 z^{-1})}$$

Bei $z = 1$, d. h. bei der Frequenz Null hat diese Übertragungsfunktion ihr Maximum $\underline{H}(1) = 0,796$. Es soll nun so

skaliert werden, daß das Maximum den Wert 1 hat
(L_∞-Skalierung). Man multipliziert mit 1/0,796 :

$$\underline{H}(z) = \frac{0,600z^{-1}}{(1 - 0,368z^{-1})(1 - 0,049z^{-1})}$$

Der Frequenzgang ergibt sich mit $z = e^{j\omega T} = e^{j2\pi f/f_a}$

$$\underline{H}(f) = \frac{0,600e^{-j2\pi f/f_a}}{(1 - 0,368e^{-j2\pi f/f_a})(1 - 0,049e^{-j2\pi f/f_a})}$$

In Bild 4.11 sind Amplituden- und Phasengang eingezeichnet.
Wählt man die Abtastfrequenz höher als in diesem Beispiel, so ergeben sich geringere Abweichungen zwischen den Frequenzgängen des analogen und digitalen Filters.

4.6 Grundlagen der Bilineartransformation

Um den bei der impulsinvarianten Transformation auftretenden, unerwünschten Aliaseffekt im Frequenzgang zu vermeiden, wird offensichtlich eine Transformation benötigt, die den gesamten, sich von $-\infty$ bis $+\infty$ erstreckenden Frequenzbereich des gegebenen Analogfilters auf den Frequenzbereich von $-\omega_a/2$ bis $+\omega_a/2$ des Digitalfilters komprimiert. Bei der periodischen Wiederholung dieser Übertragungsfunktion mit ω_a auf der Frequenzachse entsteht dann kein Aliaseffekt.

Die Bilineartransformation besitzt diese Eigenschaft. Zur besseren Unterscheidbarkeit wird die komplexe Kreisfrequenz beim Analogfilter wieder $w = u + jv$, beim Digitalfilter $p = \sigma + j\omega$ genannt.

Die nichtlineare Stauchung der Frequenzachse wird durch
folgende Beziehung bewirkt:

$$v = (2/T) \tan(\omega T/2) \tag{4.29}$$

Mit der Beziehung $2/T = \omega_a/\pi$ ergibt sich hieraus:

$$v/\omega_a = (1/\pi) \tan(\pi\omega/\omega_a) \tag{4.29a}$$

Bild 4.12 zeigt diese Beziehung im Bereich von
$\omega/\omega a = -0,5$ bis $+0,5$.

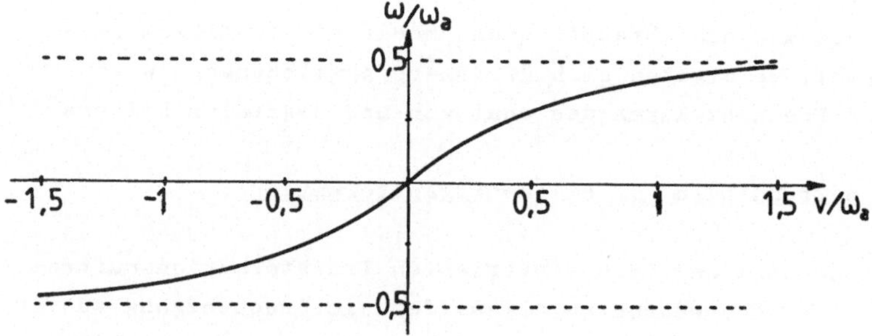

Bild 4.12 Nichtlineare Stauchung der Frequenzachse bei der
bilinearen Transformation

Für $|\omega| \ll \omega_a$ ergibt sich $v/\omega_a \approx \omega/\omega_a$ bzw. $v \approx \omega$, d. h.
weit unterhalb der Abtastfrequenz ist die Frequenzachse
noch nicht gestaucht.

Bild 4.13 zeigt an einem Beispiel die Transformation des
Amplitudengangs eines analogen Referenzfilters durch
(4.29a) in den Amplitudengang eines digitalen Filters.
Man erkennt, daß die <u>Dämpfungseigenschaften</u> bei der
Transformation erhalten bleiben. Die Kurve wird zwar in
Richtung der Frequenzachse gestaucht, aber die Größe der
Schwankungen im Durchlaß- und Sperrbereich ändert sich

nicht. Die Flankensteilheit des Filters erhöht sich hierbei.

Da die Dämpfungseigenschaften bei den meisten Filteranwendungen das wichtigste Kriterium darstellen, wird die bilineare Transformation am häufigsten verwendet.

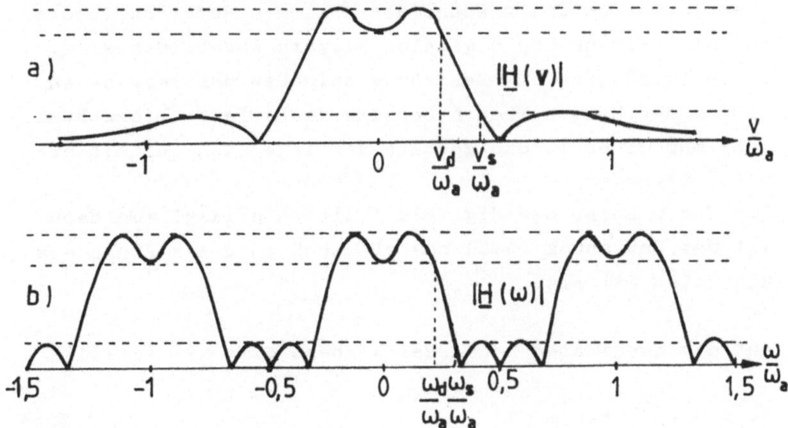

Bild 4.13 Bilineare Transformation
     a) Analoges Referenzfilter   b) Digitales Filter

Beim Filterentwurf wird zunächst das Toleranzschema des digitalen Filters mit (4.29) in den analogen Bereich übertragen. Man nennt dies Vorverzerrung. Im analogen Bereich wird das Filter entworfen, bzw. einem Katalog entnommen und anschließend mittels Bilineartransformation in ein digitales Filter transformiert.

Die in Bild 4.13 nicht eingezeichnete Kurve des Phasengangs wird beim Stauchen der Frequenzachse in ihrer Form verändert, so daß z. B. ein annähernd linearer Phasengang zu einem nichtlinearen Phasengang verzerrt wird (Gruppenlaufzeitverzerrung). Sind Gruppenlaufzeitverzerrungen

unzulässig, so könnte man sie durch einen digitalen Lauf-
zeitentzerrer (Allpaß) ausgleichen. In diesem Fall ist es
jedoch meist weniger aufwendig, FIR-Filter mit linearem
Phasenverlauf (siehe Kap 5) zu verwenden [9].

Es soll nun untersucht werden, wie bei der bilinearen
Transformation die w-Ebene des analogen Referenzfilters
auf die p-Ebene des digitalen Filters abgebildet wird.
Durch (4.29) ist die Beziehung zwischen den imaginären
Achsen der beiden Ebenen bereits festgelegt. Diese Beziehung muß daher in die gesamte komplexe Ebene hinein erweitert werden.
Von der p-Ebene des digitalen Filters gelangt man dann
mit der Beziehung (3.2) $z = e^{pT}$ auch in die z-Ebene des
digitalen Filters.

Auf der imaginären Achse der w-Ebene gilt mit (4.29):

$$jv = j(2/T)\,\tan(\omega T/2) \tag{4.29b}$$

Aus den Eulerschen Beziehungen
$$\sin \nu = (e^{j\nu} - e^{-j\nu})/(2j); \quad \cos \nu = (e^{j\nu} + e^{-j\nu})/2$$
läßt sich ableiten:

$$j\tan \nu = \frac{j\,\sin \nu}{\cos \nu} = \frac{1 - e^{-j2\nu}}{1 + e^{-j2\nu}}$$

Mit $\nu = \omega T/2$ wird somit aus (4.29b)

$$jv = \frac{2}{T}\,\frac{1 - e^{-j\omega T}}{1 + e^{-j\omega T}} \tag{4.29c}$$

Die Erweiterung in die gesamte komplexe Ebene geschieht
folgendermaßen (Analytische Fortsetzung):
$$j\omega \rightarrow \sigma + j\omega = p; \quad jv \rightarrow u + jv = w.$$

Aus (4.29c) wird dann:

$$w = \frac{2}{T} \; \frac{1 - e^{-pT}}{1 + e^{-pT}} \tag{4.30}$$

Die Umkehrung ist:

$$p = \frac{1}{T} \; \ln\left[\frac{1 + wT/2}{1 - wT/2}\right] \tag{4.30a}$$

Mit $e^{pT} = z$ ergibt sich aus (4.30):

$$w = \frac{2}{T} \cdot \frac{1 - z^{-1}}{1 + z^{-1}} = \frac{2}{T} \cdot \frac{z - 1}{z + 1} \tag{4.31}$$

Dies ist die Formel der bilinearen Transformation.
Die Umkehrung ist:

$$z = \frac{1 + wT/2}{1 - wT/2} \tag{4.31a}$$

Der Grad einer rationalen Übertragungsfunktion bleibt bei
der Transformation von der w- in die z-Ebene erhalten.
Normalerweise ergeben sich hierbei gebrochen rationale
Funktionen (IIR-Filter).
Bild 4.14 zeigt ein Beispiel für die bilineare Transformation. Zusammengehörige Gebiete sind schraffiert. Man
erkennt, daß die offene linke w-Halbebene auf das Innere
des Einheitskreises der z-Ebene abgebildet wird, d. h.
ein stabiles analoges Referenzfilter führt zu einem stabilen digitalen Filter. Die in Bild 4.14c bei $z = -1$
eingetragene Nullstelle liegt in Bild 4.14a im Unendlichen, in Bild 4.14b tritt sie periodisch auf der imaginären Achse auf.

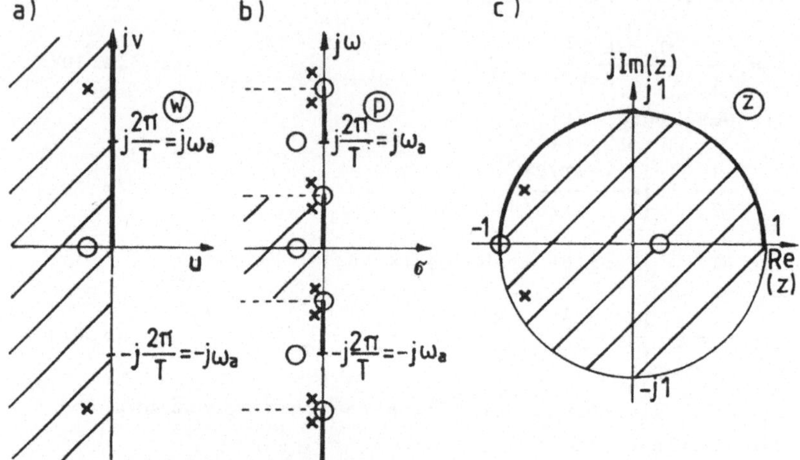

Bild 4.14 Bilineare Transformation eines PN-Plans
  a) Analoges Referenzfilter $\underline{H}$(w)
  b) Digitales Filter $\underline{H}$(p)
  c) Digitales Filter $\underline{H}$(z)

Die Abbildung von der w- in die z-Ebene ist bei der bilinearen Transformation umkehrbar eindeutig, d. h. jedem
Punkt der z-Ebene entspricht ein Punkt der w-Ebene und
umgekehrt. Dies ist bei der impulsinvarianten Transformation infolge des Aliaseffekts nicht der Fall.

4.7 Frequenztransformation analoger Filter

In Filterkatalogen, z. B. [19; 20; 21; 22] sind analoge
Tiefpässe (TP) in normierter Form angegeben. Die Frequenzvariable v wird hierbei auf die Grenze des
Durchlaßbereiches v_d, siehe Bild 4.13a, bezogen. Die so
normierte Frequenz soll mit v' bezeichnet werden:

$$[v']_{TP} = [v/v_d]_{TP} \qquad (4.32)$$

Durch Erweiterung ins Komplexe ergibt sich:

$$[w']_{TP} = [w/v_d]_{TP} \qquad (4.32a)$$

Auf Grund der Normierung ergibt sich für die Grenze des Durchlaßbereichs $v = v_d$ aus (4.32):

$$[v_d']_{TP} = 1 \qquad (4.32b)$$

Durch die sogenannten Reaktanztransformationen lassen sich normierte analoge Tiefpässe in normierte analoge Hochpässe (HP), Bandpässe (BP) und Bandsperren (BS) umrechnen (Bild 4.15). Hierbei ergeben sich geometrisch symmetrische Bandpässe und Bandsperren:
Aus einem Punkt der Filtercharakteristik des normierten Tiefpasses entstehen hierbei jeweils zwei Punkte des normierten Bandpasses oder der normierten Bandsperre, wobei das geometrische Mittel der zugehörigen normierten Frequenzen gleich Eins ist.
Zum Entwurf eines unsymmetrischen Bandpasses kann man einen entsprechend dimensionierten Tiefpaß und Hochpaß mit überlappenden Durchlaßbereichen in Kaskade schalten. Eine unsymmetrische Bandsperre kann als Parallelschaltung von Tiefpaß und Hochpaß mit nicht überlappenden Durchlaßbereichen realisiert werden.
Bei der Frequenztransformation bleiben die Dämpfungseigenschaften erhalten. Der Phasengang wird jedoch verändert, so daß z. B. ein annähernd linearer Phasengang zu einem nichtlinearen Phasengang verzerrt wird (Gruppenlaufzeitverzerrung) [23; 24]. Dies nimmt man jedoch in Kauf, da bei der anschließenden bilinearen Transformation der Phasengang sowieso verändert wird.

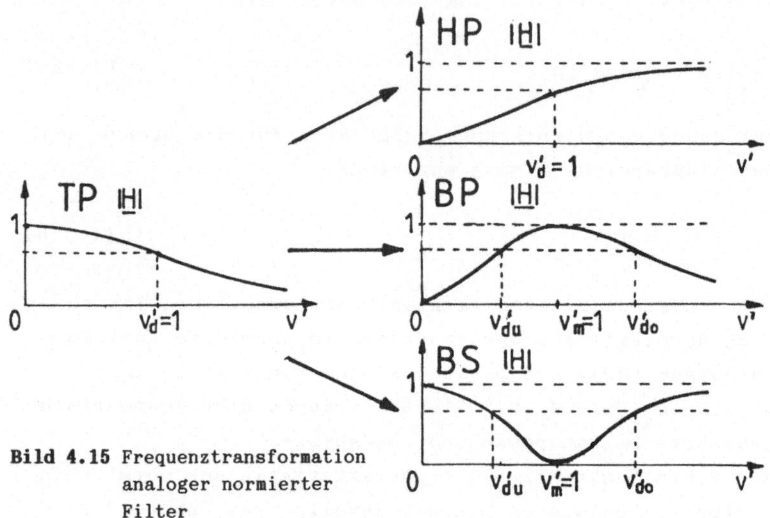

Bild 4.15 Frequenztransformation
analoger normierter
Filter

Die Beziehungen der <u>analogen</u> Frequenztransformation sind
(Bild 4.15), siehe z. B. [19; 20]:

<u>Tiefpaß-Hochpaß-Transformation</u>
$[w']_{TP} = [v_d/w]_{HP}$;
v_d ist hierbei die Durchlaßgrenze des Hochpasses.
Mit der Normierung

$$[w']_{HP} = [w/v_d]_{HP} \tag{4.33}$$

ergibt dies:

$$[w']_{TP} = [1/w']_{HP} \tag{4.34}$$

Auf der imaginären Achse gilt mit $w' = jv'$:

$$[jv']_{TP} = [1/jv']_{HP}; \quad \text{bzw.}$$

$$[v']_{TP} = [-1/v']_{HP} \tag{4.34a}$$

Da der Betrag der Übertragungsfunktion eine gerade Funktion der Frequenz ist, genügt zur Ermittlung des <u>Dämpfungsverlaufs</u> der Betrag von v':

$$|v'|_{TP} = |-1/v'|_{HP} \tag{4.34b}$$

<u>Tiefpaß-Bandpaß-Transformation</u>

$$[w']_{TP} = \left[\frac{w^2 + v_{do}v_{du}}{(v_{do} - v_{du})w}\right]_{BP}$$

Eine Möglichkeit ist nun, die Mittenfrequenz als geometrisches Mittel der geforderten Durchlaßgrenzen zu definieren:

$$v_m = \sqrt{v_{do}v_{du}} \tag{4.35}$$

Eine andere Möglichkeit wäre, das geometrische Mittel der geforderten Sperrgrenzen zu verwenden, siehe z. B. [22].

Mit (4.35) ergibt sich:

$$[w']_{TP} = \left[\frac{v_m}{v_{do} - v_{du}} \left(\frac{w}{v_m} + \frac{v_m}{w}\right)\right]_{BP} \tag{4.36}$$

Dies läßt sich kürzer auch folgendermaßen schreiben:

$$[w']_{TP} = \left[\frac{1}{B'} \left(w' + \frac{1}{w'}\right)\right]_{BP} \tag{4.36a}$$

Auf der imaginären Achse ergibt sich für die Beträge

$$|v'|_{TP} = \left[\frac{1}{B'} \; |v' - \frac{1}{v'}| \right]_{BP} \tag{4.36b}$$

mit der normierten Frequenz

$$[w']_{BP} = [w/v_m]_{BP} \tag{4.37}$$

$$[v']_{BP} = [v/v_m]_{BP} \tag{4.37a}$$

Für $v = v_m$ ergibt sich:

$$[v_m']_{BP} = 1 \tag{4.37b}$$

B' ist die relative Bandbreite:

$$B' = \frac{v_{do} - v_{du}}{v_m} = v_{do}' - v_{du}' \tag{4.38}$$

Da v_m nach (4.35) gewöhnlich nicht gleichzeitig das geometrische Mittel der Sperrfrequenzen des Toleranzschemas darstellt, transformiert man diese beim Entwurf einzeln mit (4.36b) in den Bereich des normierten Tiefpasses:

$$|v_{so}'|_{TP} = \left[\frac{1}{B'} |v_{so}' - \frac{1}{v_{so}'}| \right]_{BP} \tag{4.39a}$$

$$|v_{su}'|_{TP} = \left[\frac{1}{B'} |v_{su}' - \frac{1}{v_{su}'}| \right]_{BP} \tag{4.39b}$$

Der kleinere von beiden Werten ist dann maßgebend für den Grad des zu entwerfenden, bzw. aus dem Katalog zu entnehmenden, normierten Tiefpasses.

Tiefpaß-Bandsperre-Transformation

$$[w']_{TP} = \left[\frac{(v_{do} - v_{du})w}{w^2 + v_{do}v_{du}}\right]_{BS}$$

Mit (4.35) kann man auch schreiben:

$$[w']_{TP} = \left[\frac{v_{do} - v_{du}}{v_m(w/v_m + v_m/w)}\right]_{BS} \qquad (4.40)$$

oder kürzer

$$[w']_{TP} = \left[\frac{B'}{w' + 1/w'}\right]_{BS} \qquad (4.40a)$$

Auf der imaginären Achse ergibt sich für die Beträge

$$|v'|_{TP} = \left[\frac{B'}{|v' - 1/v'|}\right]_{BS} \qquad (4.40b)$$

Hierbei wurde (4.38) und die Normierung

$$[w']_{BS} = [w/v_m]_{BS} \qquad (4.41)$$

verwendet.

Die Sperrfrequenzen des Toleranzschemas transformiert man wieder einzeln in den Bereich des normierten Tiefpasses:

$$|v_{so}'|_{TP} = \left[\frac{B'}{|v_{so}' - 1/v_{so}'|}\right]_{BS} \qquad (4.42a)$$

$$|v_{su}'|_{TP} = \left[\frac{B'}{|v_{su}' - 1/v_{su}'|}\right]_{BS} \qquad (4.42b)$$

Der kleinere von beiden Werten ist dann wieder maßgebend für den Grad des normierten Tiefpasses.

4.8 Blöcke 1. und 2. Grades

Zur Frequenztransformation und zur anschließenden Bilineartransformation verwendet man in der Praxis Blöcke 1.und 2. Grades, da die Berechnung hierbei am einfachsten wird. Man faßt jeweils einen reellen oder zwei konjugiert komplexe Pole mit einer reellen oder zwei konjugiert komplexen Nullstellen zu einem analogen Block mit reellen Koeffizienten zusammen. Im z-Bereich kann man dann die Pole und Nullstellen der transformierten Blöcke berechnen ($\underline{H}(z)$ in Produktform).

Zur Realisierung der Kaskadenstruktur werden diese Pole und Nullstellen nach Gesichtspunkten, die das Rundungsrauschen minimieren (siehe später), wiederum zu Blöcken 1. und 2. Grades zusammengefaßt.

Zur Realisierung der Parallelstruktur muß eine Partialbruchzerlegung der Produktform von $\underline{H}(z)$ erfolgen.

Bei den katalogisierten, normierten analogen Tiefpässen liegen die Nullstellen im Unendlichen oder im Sperrbereich des Filters auf der imaginären Achse. Dies wird im folgenden vorausgesetzt.

<u>Analoger normierter TP-Block 1.Grades</u>

$$\underline{H}(w') = \frac{1}{w' - u_p'} \tag{4.43}$$

u_p' = reeller Pol.

In (4.43) wurde kein konstanter Faktor angefügt, da die Skalierung zur Vermeidung von Zahlenbereichsüberschreitungen (siehe später) erst im z-Bereich durchgeführt wird.

Analoger normierter TP-Block 2. Grades

Auch hier wird kein konstanter Faktor angefügt. Allgemein, z. B. für Cauer-Tiefpässe auch elliptische Tiefpässe genannt, ergibt sich:

$$\underline{H}(w') = \frac{(w' - jv_0')(w' + jv_0')}{(w' - w_p')(w' - w_p'^*)} = \frac{w'^2 + q_0'}{w'^2 - 2u_p'w' + q_p'}$$

$$(4.44)$$

Mit jv_0' = Nullstelle auf der imaginären Achse;

$w_p' = u_p' + jv_p'$ = komplexer Pol;

$q_0' = v_0'^2$;

$q_p' = |w_p'|^2 = u_p'^2 + v_p'^2$

Wenn die Nullstellen im Unendlichen liegen, wie bei Potenz- (= Butterworth-) und Tschebyscheff-Tiefpässen, erhält man:

$$\underline{H}(w') = \frac{1}{(w' - w_p')(w' - w_p'^*)} = \frac{1}{w'^2 - 2u_p'w' + q_p'}$$

$$(4.44a)$$

Allgemeine Form eines analogen normierten Blocks

Durch Frequenztransformation gewinnt man analoge normierte Blöcke von folgender Form:

$$\underline{H}(w') = \frac{d_2 w'^2 + d_1 w' + d_0}{c_2 w'^2 + c_1 w' + c_0} \qquad (4.45)$$

Für Blöcke 1.Grades ist $d_2 = 0$; $c_2 = 0$.

Die Koeffizienten von (4.45) sollen nun ermittelt werden [19; 24].

Da es sich bei (4.45) um einen Bruch handelt, könnte man
natürlich sämtliche Koeffizienten mit dem gleichen Zahlenfaktor multiplizieren, ohne den Wert des Bruchs zu
ändern.

Koeffizienten analoger normierter Tiefpaß-Blöcke
1. Grad:
Durch Koeffizientenvergleich von (4.45) mit (4.43) erhält
man:

$$d_2 = 0; \quad d_1 = 0; \quad d_0 = 1;$$
$$c_2 = 0; \quad c_1 = 1; \quad c_0 = -u_p'; \qquad (4.46)$$

2. Grad
Cauertiefpaß:
Durch Koeffizientenvergleich von (4.45) mit (4.44) erhält
man:

$$d_2 = 1; \quad d_1 = 0; \quad d_0 = q_0';$$
$$c_2 = 1; \quad c_1 = -2u_p'; \quad c_0 = q_p'; \qquad (4.47)$$

Potenz- und Tschebyschefftiefpaß:
Durch Koeffizientenvergleich von (4.45) mit (4.44a)
erhält man:

$$d_2 = 0; \quad d_1 = 0; \quad d_0 = 1;$$
$$c_2 = 1; \quad c_1 = -2u_p'; \quad c_0 = q_p'; \qquad (4.47a)$$

Koeffizienten analoger normierter Hochpaß-Blöcke:

1. Grad:

Durch Einsetzen von (4.34) in (4.43), d. h. Ersetzen von w' durch $1/w'$, ergibt sich:

$$\underline{H}(w') = \frac{1}{(1/w') - u_p'} = \frac{w'}{1 - u_p'w'}$$

Durch Koeffizientenvergleich mit (4.45) erhält man:

$$d_2 = 0; \quad d_1 = 1; \quad d_0 = 0;$$
$$c_2 = 0; \quad c_1 = -u_p'; \quad c_0 = 1; \qquad\qquad (4.48)$$

2. Grad

Cauer-Hochpaß:

Durch Einsetzen von (4.34) in (4.44) und Koeffizientenvergleich mit (4.45) ergibt sich:

$$d_2 = q_0'; \quad d_1 = 0; \quad d_0 = 1;$$
$$c_2 = q_p'; \quad c_1 = -2u_p'; \quad c_0 = 1; \qquad\qquad (4.49)$$

Potenz- und Tschebyscheff-Hochpaß:

Mit (4.44a) ergibt sich:

$$d_2 = 1; \quad d_1 = 0; \quad d_0 = 0;$$
$$c_2 = q_p'; \quad c_1 = -2u_p'; \quad c_0 = 1; \qquad\qquad (4.49a)$$

Koeffizienten analoger normierter Bandpaß-Blöcke:
Aus einem TP-Block 1. Grades entsteht ein BP-Block
2. Grades:

Durch Einsetzen von (4.36a) in (4.43) und Koeffizientenvergleich mit (4.45) ergibt sich:

$$d_2 = 0; \quad d_1 = 1; \quad d_0 = 0;$$
$$c_2 = 1/B'; \quad c_1 = -u_p'; \quad c_0 = 1/B'; \qquad\qquad (4.50)$$

**Aus einem TP-Block 2. Grades entstehen zwei BP-Blöcke
2. Grades:**

Cauer-Bandpaß:

Durch Einsetzen von (4.36a) in die erste Form von (4.44)
ergibt sich:

$$\underline{H}(w') =$$

$$= \frac{[(1/B')(w' + 1/w') - jv_0'][(1/B')(w' + 1/w') + jv_0']}{[(1/B')(w' + 1/w') - w_p'][(1/B')(w' + 1/w') - w_p'^*]}$$

$$= \frac{[w'^2 + 1 - jB'v_0'w'][w'^2 + 1 + jB'v_0'w']}{[w'^2 + 1 - B'w_p'w][w'^2 + 1 - B'w_p'^*w']}.$$

Nullstellen:

$$w_{01,2}' = j0,5 \ (B'v_0' \pm \sqrt{B'^2 v_0'^2 + 4} \ )$$

$$w_{04,3}' = w_{01,2}'^* \tag{4.51}$$

Pole:

$$w_{p1,2}' = 0,5(B'w_p' \pm \sqrt{B'^2 w_p'^2 - 4} \ )$$

$$w_{p4,3}' = w_{p1,2}'^* \tag{4.52}$$

Die Übertragungsfunktion läßt sich als Produkt (Kaskadenschaltung) zweier Blöcke 2. Grades darstellen:

$$\underline{H}(w') = \underline{H}_1(w') \ \underline{H}_2(w') \tag{4.53}$$

Erster Block:

$$\underline{H}_1(w') = \frac{(w' - jv_{01}')(w' + jv_{01}')}{(w' - w_{p1}')(w' - w_{p1}'^*)} = \frac{w'^2 + q_{01}'}{w'^2 - 2u_{p1}'w' + q_{p1}'}$$

$$\text{mit } w_{p1}' = u_{p1}' + jv_{p1}' \tag{4.54}$$

$$q_{01}' = v_{01}'^2$$

$$q_{p1}' = |w_{p1}'|^2 = u_{p1}'^2 + v_{p1}'^2$$

Durch Koeffizientenvergleich mit (4.45) ergibt sich:

$$d_2 = 1; \quad d_1 = 0; \quad d_0 = q_{01}';$$
$$c_2 = 1; \quad c_1 = -2u_{p1}'; \quad c_0 = q_{p1}'; \tag{4.55}$$

<u>Zweiter Block</u>:

$$\underline{H}_2(w') = \frac{(w' - jv_{02}')(w' + jv_{02}')}{(w' - w_{p2}')(w' - w_{p2}'^*)} = \frac{w'^2 + q_{02}'}{w'^2 - 2u_{p2}'w' + q_{p2}'}$$

$$\text{mit } w_{p2}' = u_{p2}' + jv_{p2}' \tag{4.56}$$
$$q_{02}' = v_{02}'^2$$
$$q_{p2}' = |w_{p2}'|^2 = u_{p2}'^2 + v_{p2}'^2$$

Durch Koeffizientenvergleich mit (4.45) ergibt sich:

$$d_2 = 1; \quad d_1 = 0; \quad d_0 = q_{02}';$$
$$c_2 = 1; \quad c_1 = -2u_{p2}'; \quad c_0 = q_{p2}'; \tag{4.57}$$

<u>Potenz- und Tschebyscheff-Bandpaß</u>:

Durch Einsetzen von (4.36a) in die erste Form von (4.44a) ergibt sich:

$$\underline{H}(w') =$$

$$= \frac{1}{[(1/B')(w' + 1/w') - w_p'][(1/B')(w' + 1/w') - w_p'^*]}$$

$$= \frac{B'w'}{[w'^2 + 1 - B'w_p'w']} \cdot \frac{B'w'}{[w'^2 + 1 - B'w_p'^* \, w']}$$

Ähnlich wie oben ergibt sich für diese Darstellung, bei
der der Zähler gleichmäßig auf die beiden Blöcke
aufgeteilt ist:

<u>1. Block:</u>

$$d_2 = 0; \quad d_1 = B'; \quad d_0 = 0;$$
$$c_2 = 1; \quad c_1 = -2u_{p1}'; \quad c_0 = q_{p1}'; \qquad (4.58)$$
mit u_{p1}' und q_{p1}' wie in (4.54).

<u>2. Block:</u>

$$d_2 = 0; \quad d_1 = B'; \quad d_0 = 0;$$
$$c_2 = 1; \quad c_1 = -2u_{p2}'; \quad c_0 = q_{p2}'; \qquad (4.59)$$
mit u_{p2}' und q_{p2}' wie in (4.56).

Jeder der beiden Blöcke besitzt hier Bandpaßcharakter.
Man kann die Zuordnung der Nullstellen zu den Blöcken
auch so treffen, daß Block 1 Tiefpaßcharakter und
Block 2 Hochpaßcharakter hat, indem man den Zähler des
1. Blocks gleich 1 und den des 2. Blocks gleich $B'^2 w'^2$
wählt. Behält man diese Zuordnung auch nach der Bilineartransformation im z-Bereich bei, so kann sich dies bei
der Darstellung der Koeffizienten mit begrenzter Wortlänge insbesondere bei Breitband-Bandpässen günstig
auswirken, da hierbei Pole und Nullstellen eines Blocks
dichter benachbart sind (siehe später).

<u>Koeffizienten analoger normierter Bandsperre-Blöcke:</u>
<u>Aus einem TP-Block 1. Grades entsteht ein BS-Block</u>
<u>2. Grades:</u>
Durch Einsetzen von (4.40a) in (4.43) und Koeffizientenvergleich mit (4.45) ergibt sich:

$$d_2 = 1; \quad d_1 = 0; \quad d_0 = 1;$$
$$c_2 = -u_p'; \quad c_1 = B'; \quad c_0 = -u_p'; \qquad (4.60)$$

<u>Aus einem TP-Block 2. Grades entstehen zwei BS-Blöcke
2. Grades:</u>
<u>Cauer-Bandsperre:</u>
Durch Einsetzen von (4.40a) in die erste Form von (4.44)
erhält man die Übertragungsfunktion. Die Nullstellen
sind:

$$w_{01,2}' = jv_{01,2}' = j0,5[-(B'/v_0') \pm \sqrt{(B'/v_0')^2 + 4}\,]$$
$$w_{04,3}' = w_{01,2}'^* \tag{4.61}$$

Die Pole sind:

$$w_{p1,2}' = 0,5[(B'/w_p') \pm \sqrt{(B'/w_p')^2 - 4}\,]$$
$$w_{p4,3}' = w_{p1,2}'^* \tag{4.62}$$

Die Übertragungsfunktion läßt sich z. B. wieder als
Produkt (Kaskadenschaltung) zweier Blöcke 2. Grades
darstellen. Auch hier gelten die Gleichungen (4.53) bis
(4.57).

<u>Potenz- und Tschebyscheff-Bandsperre:</u>
Durch Einsetzen von (4.40a) in die erste Form von (4.44a)
ergibt sich die Übertragungsfunktion. Die Nullstellen
sind:

$$w_{01,2}' = jv_{01,2}' = \pm j$$
$$w_{04,3}' = w_{01,2}'^* \tag{4.63}$$

Damit ist

$$q_{01}' = v_{01}'^2 = 1 \tag{4.64}$$

Die Pole sind wieder durch (4.62) gegeben. Es gelten wieder die Gleichungen (4.53) bis (4.57).
Bei Verwendung der Gleichungen (4.53) bis (4.57) für

Bandsperre-Blöcke ändert sich der Verstärkungsfaktor, so
daß der später in den TP-, HP- und BP-Beispielen 4.2 bis
4.5 benützte Faktor 1/C des Filterkatalogs nicht mehr
direkt zur Skalierung verwendet werden darf.

Bilineare Transformation von Blöcken 1. und 2. Grades
[19; 25]
Allgemein läßt sich die bilineare Transformation unter
Verwendung eines Zahlenfaktors g folgendermaßen darstellen:

$$w' = g \, \frac{z - 1}{z + 1} \qquad\qquad (4.65)$$

bzw.

$$v' = g \, \tan(\omega T/2) = g \, \tan(\Omega/2) = g \, \tan(\pi f/f_a) \qquad (4.65a)$$

Hierbei ist Ω die auf die Abtastfrequenz bezogene Kreisfrequenz des digitalen Filters:

$$\Omega = \omega T = 2\pi f/f_a \qquad\qquad (4.66)$$

Der Faktor g ergibt sich, wenn man die Frequenznormierung
des jeweiligen Filtertyps in die Formel der bilinearen
Transformation (4.31) einsetzt und mit (4.65) vergleicht:

Faktor g bei Tiefpaß und Hochpaß:
(4.32a) in (4.31), bzw. (4.33) in (4.31) ergibt

$$g = 2/(v_d T) \qquad\qquad (4.67)$$

Hierbei ist v_d die Grenze des Durchlaßbereichs.

$$193$$

Setzt man in (4.65a) $f = f_d$, bzw. $\Omega = \Omega_d$, so ergibt sich
mit $v' = v_d' = 1$ (siehe Bild 4.15)

$$g = 1/\tan(\Omega_d/2) = 1/\tan(\pi f_d/f_a) \qquad (4.67a)$$

Faktor g bei Bandpaß und Bandsperre:
(4.37) in (4.31) bzw. (4.41) in (4.31) ergibt

$$g = 2/v_m T \qquad (4.68)$$

Hierbei ist v_m nach (4.35) das geometrische Mittel der
Grenzen der Durchlaßbereiche. Aus Bild 4.15 erkennt man,
daß $v_m' = 1$ ist.
Außerdem gilt nach (4.35) $v_m' = \sqrt{v_{do}' v_{du}'}$.
v_{do}' und v_{du}' ergeben sich aus (4.65a), wenn man dort
$f = f_{do}$ bzw. $f = f_{du}$ setzt. Somit gilt:
$$v_m' = 1 = \sqrt{v_{do}' v_{du}'} = g\sqrt{\tan(\pi f_{do}/f_a) \, \tan(\pi f_{du}/f_a)}$$
Aufgelöst nach g:

$$g = 1/\sqrt{\tan(\pi f_{do}/f_a) \, \tan(\pi f_{du}/f_a)} \qquad (4.68a)$$

Block 1. Grades:
Ein analoger Block 1. Grades ergibt einen digitalen Block
1. Grades:

$$\underline{H}(z) = \frac{b_0 + b_1 z^{-1}}{1 + a_1 z^{-1}} \qquad (4.69)$$

Durch Einsetzen von (4.65) in die analoge Übertragungsfunktion (4.45), mit $d_2 = 0$ und $c_2 = 0$ für den 1. Grad,
und Koeffizientenvergleich mit (4.69) ergibt sich:

$$b_0 = \frac{d_0 + gd_1}{c}; \qquad \text{mit } c = c_0 + gc_1;$$

$$b_1 = \frac{d_0 - gd_1}{c}; \qquad a_1 = \frac{c_0 - gc_1}{c} \tag{4.70}$$

Block 2. Grades:

Ein analoger Block 2.Grades ergibt einen digitalen Block 2.Grades:

$$\underline{H}(z) = \frac{b_0 + b_1 z^{-1} + b_2 z^{-2}}{1 + a_1 z^{-1} + a_2 z^{-2}} \tag{4.71}$$

Durch Einsetzen von (4.65) in (4.45) und Koeffizientenvergleich mit (4.71) ergibt sich:

$$b_0 = \frac{d_0 + gd_1 + g^2 d_2}{c}; \qquad \text{mit } c = c_0 + gc_1 + g^2 c_2;$$

$$b_1 = \frac{2(d_0 - g^2 d_2)}{c}; \qquad a_1 = \frac{2(c_0 - g^2 c_2)}{c};$$

$$b_2 = \frac{d_0 - gd_1 + g^2 d_2}{c}; \qquad a_2 = \frac{c_0 - gc_1 + g^2 c_2}{c}; \tag{4.72}$$

Es sei daran erinnert, daß (4.69) bzw. (4.71) noch nicht richtig skaliert sind (siehe später).

Frequenzgang der Übertragungsfunktion eines digitalen Blocks:

Aus (4.69) bzw. (4.71) ergibt sich mit $z = e^{j\Omega}$ der Frequenzgang. Er kann durch Realteil Z_R und Imaginärteil Z_I des Zählers und Realteil N_R und Imaginärteil N_I des Nenners dargestellt werden [6]:

$$\underline{H}(\Omega) = \frac{Z_R + jZ_I}{N_R + jN_I} \tag{4.73}$$

Aus (4.71) berechnet man

$$Z_R = b_0 + b_1 \cos(\Omega) + b_2 \cos(2\Omega)$$
$$Z_I = -b_1 \sin(\Omega) - b_2 \sin(2\Omega) \qquad\qquad (4.74)$$
$$N_R = 1 + a_1 \cos(\Omega) + a_2 \cos(2\Omega)$$
$$N_I = -a_1 \sin(\Omega) - a_2 \sin(2\Omega)$$

Bei einem Block 1.Grades ist hierbei $b_2 = 0$ und $a_2 = 0$.

Der Amplitudengang eines Blocks ergibt sich zu:

$$|\underline{H}(\Omega)| = \frac{\sqrt{Z_R^2 + Z_I^2}}{\sqrt{N_R^2 + N_I^2}} \qquad\qquad (4.75)$$

Der Phasengang ist

$$\varphi(\Omega) = \arctan(Z_I/Z_R) - \arctan(N_I/N_R) \qquad\qquad (4.76)$$

Zur Ermittlung des richtigen Quadranten sind hierbei die Vorzeichen der Imaginär- und Realteile zu beachten.

Die Gruppenlaufzeit ist

$$\tau_g(\omega) = -d\varphi/d\omega = -(d\varphi/d\Omega)(d\Omega/d\omega) = T\,\tau_g(\Omega) \qquad\qquad (4.77)$$
$$\text{mit } \tau_g(\Omega) = -d\varphi/d\Omega$$
$$\text{und } d\Omega/d\omega = d(\omega T)/d\omega = T.$$

Verwendet man die abgekürzte Schreibweise $d\Lambda/d\Omega = \Lambda'$ und folgende Formel aus der Differentialrechnung:

$$[\arctan(y/x)]' = \frac{x\,y' - x'y}{x^2 + y^2},$$

so ergibt sich für die auf T normierte Gruppenlaufzeit:

$$\tau_g(\Omega) = \frac{N_R\, N_I{}' - N_R{}'N_I}{N_R{}^2 + N_I{}^2} - \frac{Z_R\, Z_I{}' - Z_R{}'Z_I}{Z_R{}^2 + Z_I{}^2} \qquad (4.78)$$

mit

$$
\begin{aligned}
Z_R{}' &= -b_1\,\sin(\Omega) - 2b_2\,\sin(2\Omega) \\
Z_I{}' &= -b_1\,\cos(\Omega) - 2b_2\,\cos(2\Omega) \\
N_R{}' &= -a_1\,\sin(\Omega) - 2a_2\,\sin(2\Omega) \\
N_I{}' &= -a_1\,\cos(\Omega) - 2a_2\,\cos(2\Omega)
\end{aligned}
\qquad (4.79)
$$

Bei der Kaskadenschaltung ist der Amplitudengang das Produkt der Amplitudengänge, der Phasengang die Summe der Phasengänge und die Gruppenlaufzeit die Summe der Gruppenlaufzeiten der einzelnen Blöcke.

Eine andere Möglichkeit, den Frequenzgang der Übertragungsfunktion zu berechnen, ist folgende:
Berechnung der Impulsantwort durch Simulation der Struktur im Zeitbereich mit hoher Rechengenauigkeit für die Signalwerte innerhalb der Struktur und anschließende FFT. Die Impulsantwort muß hierbei so weit verwendet werden, bis sie auf sehr kleine Werte abgeklungen ist. Man berechnet am besten die FFT mehrmals mit wachsender Länge N (z. B. N = 512; N = 1024; usw.). N ist dann groß genug, wenn sich der berechnete Frequenzgang hierbei nicht mehr wesentlich ändert.

Bei jeder FFT der Länge N wird prinzipiell der Frequenzgang im Bereich von 0 bis $f_a/2$ an N/2 äquidistanten diskreten Punkten der Frequenzachse berechnet.

Eine weitere Möglichkeit, den Frequenzgang eines IIR-Filters zu berechnen, wird in [30] dargestellt:
Man berechnet die FFT der Koeffizienten von Zähler und Nenner der Übertragungsfunktion (3.16) bzw. (4.69) oder (4.71) getrennt, nachdem man jeweils mit Nullen bis N aufgefüllt hat. Dann dividiert man gliedweise. N kann hier wesentlich kleiner gewählt werden als bei der Transformation der Impulsantwort.

Diese Methode wird folgendermaßen verständlich:
Nach (4.1) ist die Übertragungsfunktion das Produkt von $\underline{Z}(z)$ mit $1/\underline{N}(z)$.
$\underline{Z}(z)$ ist die Übertragungsfunktion eines FIR-Filters mit endlicher Impulsantwort. Die Impulsantwort eines FIR-Filters ist identisch mit seinen Koeffizienten (siehe später). Die FFT der Impulsantwort ergibt den Frequenzgang $\underline{Z}(\Omega_\nu)$ an diskreten Stellen Ω_ν der Frequenzachse.

$\underline{N}(z)$ ist das sog. inverse Filter mit inversem Frequenzgang zu $1/\underline{N}(z)$. Dieses inverse Filter ist ebenfalls ein FIR-Filter mit endlicher Impulsantwort. Hieraus wird mittels FFT der Frequenzgang $\underline{N}(\Omega_\nu)$ berechnet. Der Frequenzgang des IIR-Filters bei einer diskreten Frequenz Ω_ν ist dann $\underline{H}(\Omega_\nu) = \underline{Z}(\Omega_\nu)/\underline{N}(\Omega_\nu)$.
Bei logarithmischer Darstellung des Amplitudengangs in dB ist dann der Amplitudengang des Nenners vom Amplitudengang des Zählers zu subtrahieren.

<u>Beispiel 4.2</u>
Ein auf f_g = 5 kHz bandbegrenztes analoges Signal wird zunächst mit f_a = 12 kHz abgetastet. Das Signal soll mit einem digitalen Tschebyscheff-Tiefpaß gefiltert werden.
Forderungen:

Dämpfung im Durchlaßbereich $a_d \leq 0,3$ dB;
Dämpfung im Sperrbereich $a_s \geq 40$ dB;
Grenze des Durchlaßbereichs $f_d = 0,2$ kHz;
Grenze des Sperrbereichs $f_s = 2,5$ kHz.

Im Filterkatalog [19] sind normierte analoge Tiefpässe
für verschiedene Werte von a_d tabelliert, wobei der Wert
$a_d = 0,2803$ dB der Tabelle der nächste, unterhalb unserer
Forderung liegende Wert ist. Beim digitalen Filter wird,
infolge begrenzter Wortlänge der Koeffizienten, der ta-
bellierte Wert voraussichtlich nicht eingehalten, so daß
ein gewisser Abstand von der Dämpfungsforderung durchaus
sinnvoll ist.

Bei der Verwendung von Filterkatalogen beachte man, daß
an Stelle der Übertragungsfunktion häufig die sog.
Dämpfungsfunktion angegeben wird, die reziprok zur
Übertragungsfunktion definiert ist. In [19] wird die
<u>Dämpfungsfunktion</u> H genannt.

Zunächst wird das Toleranzschema des digitalen Filters in
das Toleranzschema des normierten Referenztiefpasses mit
$v_d' = 1$ transformiert:
Aus (4.67a) ergibt sich der Faktor g:
$g = 1/\tan(\pi f_d/f_a) = 1/\tan(\pi \cdot 0,2/12) = 19,0811$

Alle Zahlenwerte bei der Filterberechnung sollten mit
möglichst großer Genauigkeit (mindestens Taschenrechner-
genauigkeit) berechnet werden. Dies wird hier auch getan.
Allerdings werden aus Platzgründen nicht alle Stellen
hinter dem Komma angegeben.

Für die Grenze des Sperrbereichs ergibt sich aus (4.65a)
$v_s' = g \, \tan(\pi f_s/f_a) = 19,08 \, \tan(\pi \cdot 2,5/12) = 14,64.$

Bei v_s' muß der Referenztiefpaß laut Voraussetzung eine Dämpfung von mindestens 40 dB besitzen. Aus dem Diagramm zur Aufwandsabschätzung für Tschebyscheff-Tiefpässe in [19] ist zu entnehmen, daß bei $a_d = 0,2803$ der Tiefpaß 2. Grades T02 hierfür ausreicht.

Aus dem Filterkatalog entnimmt man Nullstellen und Pole. Die Nullstellen v_0' der <u>Übertragungsfunktion</u> werden in [19] Ω_∞, die Realteile u_p' der Pole werden α, die Imaginärteile v_p' der Pole oberhalb der imaginären Achse werden β genannt.

Für den oben genannten Tschebyscheff-Tiefpaß entnimmt man $u_p' = -0,8660254$; $v_p' = 1,1180339$.

Die Koeffizienten der analogen Übertragungsfunktion (4.45) ergeben sich für den Tschebyscheff-TP aus (4.47a):

$d_2 = 0$; $d_1 = 0$; $d_0 = 1$;

$c_2 = 1$; $c_1 = -2u_p' = 1,7320$; $c_0 = q_p'$

Nach (4.44) gilt:

$q_p' = u_p'^2 + v_p'^2 = 0,866^2 + 1,118^2 = 2,000$

Nun berechnet man die Koeffizienten der Übertragungsfunktion des digitalen Filters (4.71) nach (4.72) mit dem oben berechneten Wert des Faktors g:

$b_0 = 2,5054 \cdot 10^{-3}$. Wegen $d_1 = 0$ und $d_2 = 0$ gilt hier:

$b_1 = 2b_0$; $b_2 = b_0$.

$a_1 = -1,8143$; $a_2 = 0,8344$.

Die Übertragungsfunktion des digitalen Filters (4.71) ist somit:

$$\underline{H}(z) = \frac{2,5054 \cdot 10^{-3}\,(1 + 2z^{-1} + z^{-2})}{1 - 1,8143z^{-1} + 0,8344z^{-2}}$$

Diese Übertragungsfunktion ist jedoch noch nicht richtig skaliert. Es soll in diesem Beispiel so skaliert werden, daß ein sinusförmiges Eingangssignal im eingeschwungenen

Zustand maximal die Verstärkung 1 erfährt, d. h. der
Amplitudengang soll maximal den Wert 1 erreichen
(L_∞-Skalierung). Hier, wo das Filter nur aus einem Block
2. Grades besteht, kann der im Filterkatalog [19] tabel-
lierte Wert C direkt verwendet werden.

Bei Filtern, die aus mehreren Blöcken 1. und 2. Grades
aufgebaut sind, muß die Berechnung der Skalierung numerisch durchgeführt werden (siehe Kap 4.10).

Die Übertragungsfunktion muß nun noch zur Skalierung mit
dem aus [19] entnommenen Faktor 1/C multipliziert werden:
$1/C = 1/0,5163977 = 1.936492$
Dann erhält man folgende Übertragungsfunktion:
$$\underline{H}(z) = \frac{4,8517\cdot10^{-3}\ (1\ +\ 2z-1\ +z^{-2})}{1\ -\ 1,8143z^{-1}\ +\ 0,8344z^{-2}}$$

Frequenzgang der Übertragungsfunktion:
Er ergibt sich mit $z = e^{j\Omega}$ und $\Omega = 2\pi f/f_a$ nach (4.66).
Aus dem Filterkatalog erkennt man, daß die Dämpfung die-
ses Filters bei den Frequenzen $f = 0$ und $f = f_d$ jeweils
den Wert $a = a_d = 0,2803$ dB haben soll. Dies wird nun
überprüft:
f = 0 Hz: $z = e^{j0} = 1$ oben eingesetzt:
$$\underline{H} = \frac{4,8517\cdot10^{-3}\ (1\ +\ 2\ +\ 1)}{1\ -\ 1,8143\ +\ 0,8344} = 0,9682$$
Der Wert ist reell und positiv, und somit gleich $|\underline{H}|$. Man
hätte $|\underline{H}|$ natürlich auch aus (4.75) berechnen können.
Die Dämpfung ist
$a = -20\ \log|\underline{H}| = 0,2803$ dB.
Das ist der erwartete Wert.

<u>$f = f_d = 200$ Hz</u>:

Mit $\Omega = 2\pi \cdot 0,2/12 = 0,1047$ ergibt sich aus (4.74):

$Z_R = 4,8517 \cdot 10^{-3} [1 + 2 \cos(\Omega) + \cos(2\Omega)] = 19,247 \cdot 10^{-3}$;

$Z_I = 4,8517 \cdot 10^{-3} [-2 \sin(\Omega) - \sin(2\Omega)] = -2,023 \cdot 10^{-3}$;

$N_R = 1 - 1,8143 \cos(\Omega) + 0,8344 \cos(2\Omega) = -11,748 \cdot 10^{-3}$;

$N_I = 1,8143 \sin(\Omega) - 0,8343 \sin(2\Omega) = 16,171 \cdot 10^{-3}$.

Aus (4.75) erhält man:

$|\underline{H}| = 0,9682$; $a = 0,2803$ dB, wie oben.

<u>$f = f_s = 2,5$ kHz</u>:

Mit $\Omega = 2\pi \cdot 2,5/12 = 1,3090$ ergibt sich aus (4.74):

$Z_R = 3,1614 \cdot 10^{-3}$; $Z_I = -11,7985 \cdot 10^{-3}$;

$N_R = -192,1974 \cdot 10^{-3}$; $N_I = 1335,3324 \cdot 10^{-3}$.

Aus (4.75) ergibt sich:

$|\underline{H}| = 9,0540 \cdot 10^{-3}$; $a_s = 40,86$ dB.

Somit ist die Forderung für die Grenze des Sperrbereichs $a_s \geq 40$ dB erfüllt.

Phasengang und Gruppenlaufzeit können mit (4.76) und (4.78) berechnet werden.

Anschließend wäre zu prüfen, ob die Forderungen auch mit Filterkoeffizienten begrenzter binärer Wortlänge eingehalten werden (siehe später).

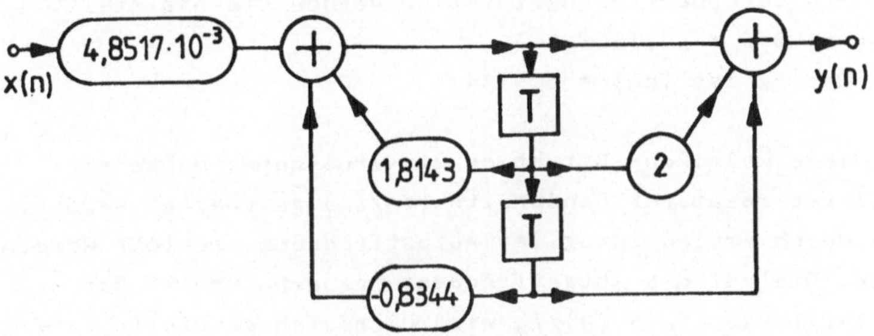

Bild 4.16 Filterstruktur zu Beispiel 4.2

<u>Filterstruktur</u>:

Wählt man einen Block 2. Grades z. B. in Direktstruktur 2 nach Bild 4.7, so ergibt sich Bild 4.16. Man erkennt, daß das Eingangssignal $x(n)$ hier durch den Skalierungsfaktor $k = 4{,}8517 \cdot 10^{-3}$ zunächst sehr stark abgeschwächt wird, bevor es in den rekursiven Teil der Struktur gelangt. Hierbei kann es zu unangenehmen Effekten begrenzter Wortlänge kommen. Bei Festkommaverarbeitung wird das abgeschwächte Signal u. U. nur noch die letzten Stellen des binären Zahlenbereichs belegen, was geringen Rauschabstand bedeutet. Am Filterausgang erscheint dann starkes Rundungsrauschen.

Infolge der relativen Schmalbandigkeit des Tiefpasses ($f_d/f_a \ll 1$) ist der rekursive Teil der Struktur hier ein Resonator hoher Güte, der ein durch den Faktor k stark abgeschwächtes, sinusförmiges Signal bei der Resonanzfrequenz zu einer Amplitude aufschaukelt, die so groß ist, daß die Gesamtverstärkung des Filters gleich 1 wird. Die beiden konjugiert komplexen Pole liegen hier sehr dicht am Einheitskreis der z-Ebene. Durch Nullsetzen des Nenners der Übertragungsfunktion werden sie ermittelt:
$z_p = 0{,}9072 \pm j0{,}1069$.
Der Betrag ist $|z_p| = 0.9134$.

Um diese kritische Situation zu verbessern, müßte mit größerer relativer Bandbreite (f_d/f_a) gearbeitet werden, was durch Erniedrigung der Abtastfrequenz erreicht werden kann. Die auf die Abtastfrequenz bezogene Breite der Filterflanke ($f_s - f_d$)/f_a wird hierdurch ebenfalls vergrößert.

<u>Beispiel 4.3</u>

Das vorige TP-Beispiel soll nun nochmals mit niedrigerer Abtastfrequenz durchgerechnet werden. Zunächst muß geklärt werden, wie weit die Abtastfrequenz erniedrigt werden kann, ohne daß schädliche Aliaseffekte auftreten.Nach (2.5) gilt für den kleinstmöglichen Wert

$f_a = f_g + f_s$.

Setzt man für f_s wieder 2,5 kHz ein, so erhält man

$f_a = 5$ kHz $+ 2,5$ kHz $= 7,5$ kHz.

Der Faktor g ergibt sich jetzt nach (4.67a) zu

$g = 1/\tan(\pi \cdot 0,2/7,5) = 11,9087$.

Die Grenze des Sperrbereichs des Referenztiefpasses ergibt sich nach (4.65a) zu

$v_s' = 11,9087 \tan(\pi \cdot 2,5/7,5) = 20,6264$.

Bei v_s' soll die Dämpfung des Referenztiefpasses laut Voraussetzung mindestens 40 dB betragen.Verwendet man den gleichen Referenztiefpaß wie im vorigen Beispiel (TO2 mit $a_d = 0,2803$), so ist die Forderung sicher erfüllt, denn bei Erniedrigung der Abtastfrequenz wird die Frequenzachse stärker gestaucht, was zur Versteilerung der Filterflanke führt.

Wie im vorigen Beispiel erläutert, beträgt die Dämpfung dieses Referenztiefpasses bereits bei $v_s' = 14,6415$ mindestens 40 dB. Deshalb könnte die Abtastfrequenz sogar noch weiter verringert werden. Diesen verringerten Wert von f_a könnte man ermitteln, indem man (4.67a) in (4.65a) einsetzt. Mit (2.5) gilt dann:

$$v_s' = \frac{\tan[\pi(f_a - f_g)/f_a]}{\tan(\pi f_d/f_a)}$$

Für v_s' wäre der Wert einzusetzen, bei dem TO2 eine Dämpfung von 40 dB erreicht. Um die begrenzte Wortlänge der Filterkoeffizienten zu berücksichtigen, sollte allerdings ein etwas größerer Wert verwendet werden, z. B. 42 dB.

Die Gleichung könnte dann numerisch oder graphisch gelöst
werden.

Hier soll jedoch mit dem Wert f_a = 7,5 kHz und
g = 11,9087 weitergearbeitet werden:
Die Übertragungsfunktion des digitalen Filters (4.71)
berechnet man wieder mit (4.72) mit den gleichen Werten
wie beim vorigen Beispiel, jedoch dem neuen Wert von g.
Man erhält zunächst unskaliert:

$$\underline{H}(z) = \frac{6,0811 \cdot 10^{-3} \, (1 + 2z^{-1} + z^{-2})}{1 - 1,7005z^{-1} + 0,7491z^{-2}}$$

Zur L_∞-Skalierung multipliziert man wieder mit dem Faktor
$1/C$ = 1,936492 des vorigen Beispiels:

$$\underline{H}(z) = \frac{1,1776 \cdot 10^{-2} \, (1 + 2z^{-1} + z^{-2})}{1 - 1,7005z^{-1} + 0,7491z^{-2}}$$

Vergleicht man dies mit dem vorigen Beispiel, so erkennt
man, daß das Eingangssignal $x(n)$ hier nicht ganz so stark
abgeschwächt wird (Skalierungsfaktor k = $1,1776 \cdot 10^{-2}$).
Der Grund hierfür ist die größere, auf die Abtastfrequenz
bezogene Breite der Filterflanke $(f_s - f_d)/f_a$. Die Pole
sind jetzt weiter vom Einheiskreis der z-Ebene entfernt
(geringere Polgüte): z_p = 0,8502 ± j0,1619;
$|z_p|$ = 0,8655.

<u>Beispiel 4.4</u>
Ein digitaler Tschebyscheff-Hochpaß mit folgenden Eigen-
schaften soll entworfen werden:
Abtastfrequenz f_a = 12 kHz;
Grenze des Durchlaßbereichs f_d = 2,1 kHz;
Dämpfung im Durchlaßbereich a_d ≤ 0,3 dB;
Grenze des Sperrbereichs f_s = 0,13 kHz;
Dämpfung im Sperrbereich a_s ≥ 40 dB.

Es wird ein Referenztiefpaß aus [19] mit

a_d = 0,2803 dB verwendet.

Zunächst wird das Toleranzschema des digitalen Filters in das Toleranzschema des analogen Referenztiefpasses mit v_d' = 1 transformiert. Aus (4.67a) ergibt sich

g = 1/tan($\pi f_d/f_a$) = 1/tan($\pi \cdot 2,1/12$) = 1,6318

Durch die bilineare Transformation (4.65a) gewinnt man zunächst die Grenze des Sperrbereichs des analogen normierten <u>Hochpasses</u>:

$[v_s']_{HP}$ = g tan($\pi f_s/f_a$) = 1.6318 tan($\pi \cdot 0,13/12$) = 0,0556.

Die Grenze des Sperrbereichs des analogen normierten <u>Referenztiefpasses</u> ist mit (4.34b)

$[v_s']_{TP}$ = $|-1/v_s'|_{HP}$ = 17,99.

Hier muß der Referenztiefpaß eine Dämpfung von mindestens 40 dB haben. Ähnlich wie in Beispiel 4.2 ergibt sich, daß der Tiefpaß 2.Grades TO2 aus [19] hierfür ausreicht. Es ist somit wieder

u_p' = -0,8660254; v_p' = 1,1180339.

Die Koeffizienten der analogen Übertragungsfunktion (4.45) ergeben sich für den Tschebyscheff-HP aus (4.49a):

d_2 = 1; d_1 = 0; d_0 = 0;

c_2 = q_p' = 2,0000; c_1 = -2u_p' = 1,7320; c_0 = 1.

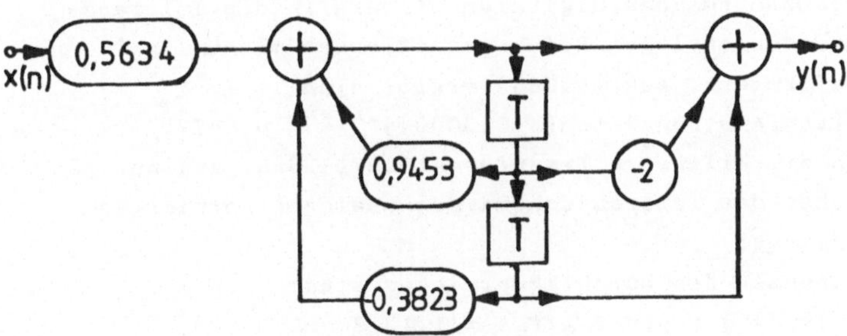

Bild 4.17 Filterstruktur zu Beispiel 4.4

Der noch nicht richtig skalierte digitale Hochpaß ist
dann mit (4.71) und (4.72) und dem obigen Wert von g:

$$\underline{H}(z) = \frac{0,2909 \ (1 - 2z^{-1} + z^{-2})}{1 - 0,9453z^{-1} + 0,3823z^{-2}}$$

Die Skalierung soll wieder so erfolgen, daß $|\underline{H}(\omega)|_{max} = 1$
ist (L_∞-Skalierung). Hierzu wird wieder mit dem aus dem
Filterkatalog entnommenen Faktor $1/C = 1,936492$
multipliziert:

$$\underline{H}(z) = \frac{0,5634 \ (1 - 2z^{-1} + z^{-2})}{1 - 0,9453z^{-1} + 0,3823z^{-2}}$$

Bild 4.17 zeigt das Signalflußdiagramm, wenn man den
Block 2. Grades z. B. in Direktstruktur 2 realisiert.

<u>Beispiel 4.5</u>
Ein digitaler Tschebyscheff-Bandpaß mit folgenden Eigenschaften soll entworfen werden:
Durchlaßbereich: $f_{do}/f_a = 0,3333$; $f_{du}/f_a = 0,3000$;
$\qquad\qquad\qquad a_d \leq 0,3$ dB.
Sperrbereich: $\qquad f_{so}/f_a = 0,4500$; $f_{su}/f_a = 0,1000$;
$\qquad\qquad\qquad a_s \geq 40$ dB.
Es soll ein Referenztiefpaß aus [19] mit
$a_d = 0,2803$ dB verwendet werden. Zunächst wird das
Toleranzschema des digitalen Filters in das Toleranz-
schema des analogen Referenztiefpasses mit $v_d' = 1$
transformiert. Aus (4.68a) ergibt sich
$g = [\tan(\pi \cdot 0,3333) \cdot \tan(\pi \cdot 0,3000)]^{-0,5} = 0,6477$.
Durch die bilineare Transformation (4.65a) gewinnt man
zunächst das Toleranzschema des analogen normierten
<u>Bandpasses</u>:
Die Grenzen des Durchlaßbereiches sind:
$[v_{do}']_{BP} = g \tan(\pi \cdot f_{do}/f_a) = 1,1218$
$[v_{du}']_{BP} = g \tan(\pi \cdot f_{du}/f_a) = 0,8914$
Die relative Bandbreite ist nach (4.38)
$B' = v_{do}' - v_{du}' = 1,1218 - 0,8914 = 0,2304$.

Die Grenzen des Sperrbereichs sind:

$[v_{so}']_{BP} = g \tan(\pi \cdot f_{so}/f_a) = 4,0892;$

$[v_{su}']_{BP} = g \tan(\pi \cdot f_{su}/f_a) = 0,2104.$

Die Grenze des Sperrbereichs des analogen normierten Referenztiefpasses ergibt sich aus (4.39a) oder (4.39b) je nachdem, welche Formel das kleinere Ergebnis liefert:

$|v_{so}'|_{TP} = [1/B'|v_{so}' - 1/v_{so}'|]_{BP} = 16,6902;$

$|v_{su}'|_{TP} = [1/B'|v_{su}' - 1/v_{su}'|]_{BP} = 19,7154.$

Somit muß der Referenz-TP bei $v' = 16,6902$ laut Voraussetzung eine Dämpfung von mindestens 40 dB haben. Ähnlich wie in Beispiel 4.2 ergibt sich, daß hierfür der Tschebyscheff-TP 2.Grades T02 aus [19] ausreicht.

Es ist somit wieder für den oberhalb der imaginären Achse liegenden Pol w_p':

$u_p' = -0,8660254; \quad v_p' = 1,1180339.$

Hieraus ergeben sich die Koeffizienten der analogen Übertragungsfunktion (4.45) von zwei Blöcken 2. Grades in Kaskade:

Zunächst müssen nach (4.52) die Pole

$w_{p1,2}' = u_{p1,2}' + jv_{p1,2}'$ aus dem Pol

$w_p' = u_p' + jv_p'$ errechnet werden:

$$w_{p1,2}' = 0,5 \, (B'w_p' \pm \sqrt{B'^2 \, w_p'^2 - 4} \,)$$

$$= 0,5 \, [0,23(-0,86 + j1,11) \pm \sqrt{0,23^2 \, (-0,86 + j1,11)^2 - 4}]$$

Man erhält:

$w_{p1}' = -0,0862 - j0,8746; \quad w_{p2}' = -0,1132 + j1,1322.$

Mit den in (4.54) und (4.56) festgelegten Bezeichnungen ergibt sich:

$u_{p1}' = -0,0862; \quad q_{p1}' = u_{p1}'^2 + v_{p1}'^2 = 0,7724;$

$u_{p2}' = -0,1133; \quad q_{p2}' = u_{p2}'^2 + v_{p2}'^2 = 1,2946.$

Nach(4.58) und (4.59) gilt:

<u>1. Block</u>

$d_2 = 0; \quad d_1 = B' = 0,2304; \quad d_0 = 0;$

$c_2 = 1; \quad c_1 = -2u_{p1}' = 0,1725; \quad c_0 = q_{p1}' = 0,7724;$

<u>2. Block</u>

$d_2 = 0$; $d_1 = B' = 0,2304$; $d_0 = 0$;

$c_2 = 1$; $c_1 = -2u_{p2}' = 0,2265$; $c_0 = q_{p2}' = 1,2946$;

Die Bilineartransformation ergibt dann mit (4.71) und
(4.72) und dem oben berechneten Wert von g:

<u>1. Block</u>

$$\underline{H}_1(z) = \frac{0,1144\ (1 - z^{-2})}{1 + 0,5415z^{-1} + 0,8286z^{-2}}$$

<u>2. Block</u>

$$\underline{H}_2(z) = \frac{0,0802\ (1 - z^{-2})}{1 + 0,9406z^{-1} + 0,8423z^{-2}}$$

Diese Darstellung ist noch nicht skaliert. Es soll hier
wieder so skaliert werden, daß der Amplitudengang vom
<u>Eingang des Filters</u> zum <u>Ausgang eines jeden Blocks</u> den
Maximalwert 1 erreicht (L_∞-Skalierung). Das Filter ist
dann für eingeschwungenes sinusförmiges Signal richtig
skaliert. Es wäre allerdings sicherheitshalber noch zu
prüfen, ob im Inneren eines Blocks der Wert 1 nicht überschritten wird. Erfolgt die binäre Zahlendarstellung im
Zweierkomplement, so sind allerdings Zwischenüberläufe
von Addierern zulässig (siehe Kap. 7).

Die Skalierung muß, wenn mehrere Blöcke in Kaskade auftreten, numerisch erfolgen (siehe Kap. 4.10). Treten - so
wie hier - nur zwei Blöcke auf, so kann die Skalierung
auch noch mit dem Filterkatalog durchgeführt werden:
Nach [19, Kap. 6.1] gilt für den ersten analogen Block
2. Grades vom Bandpaß-Typ ein Faktor $1/C_1 = 2|u_{p1}'|$
(Für Blöcke, die nicht vom BP-Typ sind, gelten andere Beziehungen, siehe [19]).

Dies gilt allerdings dort für $d_1 = 1$. Da hier jedoch
$d_1 = B'$ ist, beträgt der Faktor $1/(C_1B') = 2|u_{p1}'|/B'$.
Setzt man die Zahlenwerte dieses Beispiels ein, so erhält
man:

$1/(C_1B') = 2|u_{p1}'|/B' = 0,1725/0,2304 = 0,7487$.

Mit diesem Faktor ist $\underline{H}_1(z)$ zu multiplizieren. Man erhält:

$$\underline{H}_1(z) = \frac{0,0857\ (1 - z^{-2})}{1 + 0,5415z^{-1} + 0,8286z^{-2}}$$

Der Faktor für das gesamte digitale Filter beträgt, wie
in den vorigen Beispielen, nach [19] wieder
$1/C = 1,936492$.

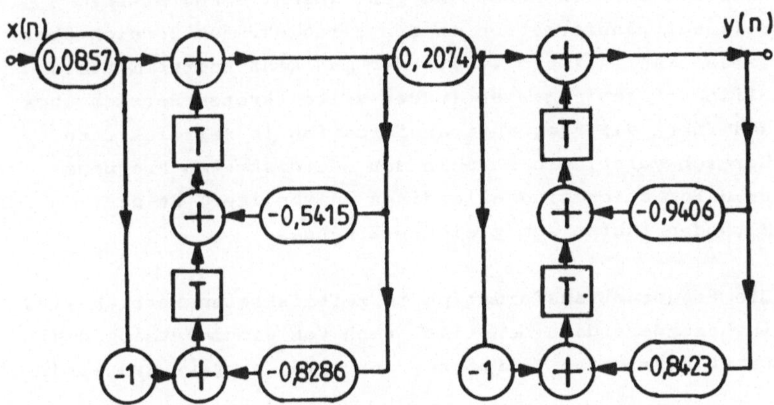

Bild 4.18 Filterstruktur zu Beispiel 4.5

Da der 1. Block bereits mit $1/(C_1B')$ multipliziert wurde,
beträgt der Faktor, mit dem der 2. Block noch zu multiplizieren ist:

$(C_1B')/C = 1,9365/0,7487 = 2,5865$:

$$\underline{H}_2(z) = \frac{0,2074\ (1 - z^{-2})}{1 + 0,9406z^{-1} + 0,8423z^{-2}}$$

Wählt man für die Realisierung der Blöcke 2. Grades z. B.
die transponierte Direktstruktur 2, so ergibt sich
Bild 4.18.

4.9 Frequenztransformation digitaler Filter

Geht man von einem normierten analogen Tiefpaß aus, wie
er z. B. einem Filterkatalog entnommen werden kann, so
gibt es, wenn die Bilineartransformation verwendet werden
soll, zwei Möglichkeiten, ein rekursives digitales Filter
zu entwerfen:
Entweder man führt zuerst die Frequenztransformation im
analogen Bereich durch und geht anschließend mittels
Bilineartransformation in den zeitdiskreten Bereich über
(siehe Kap. 4.7 und 4.8), oder man geht zuerst mittels
Bilineartransformation in den zeitdiskreten Bereich über
und führt die Frequenztransformation im zeitdiskreten
Bereich durch. Die Formeln der zeitdiskreten Frequenztransformation sind allerdings aufwendiger. Beide
Methoden führen zum gleichen Ergebnis.

Die Frequenztransformation im zeitdiskreten Bereich wird
insbesondere dann benötigt, wenn von einem Katalog digitaler normierter Tiefpässe, z.B. [16] ausgegangen wird.

Frequenztransformationen im zeitdiskreten Bereich nennt
man auch Allpaßtransformationen, da sie sich durch Übertragungsfunktionen von digitalen Allpässen beschreiben
lassen, siehe z. B. [11; 29].

Der Zusammenhang zwischen der normierten z'-Ebene des
digitalen normierten Tiefpasses und der normierten
w'-Ebene des analogen normierten Tiefpasses wird über
folgende Bilineartransformation definiert:

$$w' = \frac{z' - 1}{z' + 1} \tag{4.80}$$

Hierbei ist w' entsprechend (4.32a) definiert.
Die Umkehrung lautet:

$$z' = \frac{1 + w'}{1 - w'} \tag{4.80a}$$

Vergleicht man (4.80) mit (4.65), so sieht man, daß der
Faktor g = 1 ist, wenn auf der rechten Gleichungsseite
die normierte Größe z' auftritt.

In gleicher Weise gilt auf den imaginären Achsen der normierten Ebenen entsprechend (4.65a):

$$v' = \tan(\Omega'/2) \tag{4.80b}$$

Die Umkehrung lautet:

$$\Omega' = 2 \arctan v' \tag{4.80c}$$

Ω' ist hierbei die auf die Abtastfrequenz bezogene Kreisfrequenz des digitalen normierten Tiefpasses. v' ist
entsprechend (4.32) definiert.
Für die Grenze des Durchlaßbereiches ergibt sich aus
(4.80c) mit $v' = v_d' = 1$ nach (4.32b):

$$\Omega_d' = \pi/2 \tag{4.81}$$

Während der normierte analoge Tiefpaß seine Durchlaßgrenze bei v' = 1 hat, ist also der normierte digitale
Tiefpaß so definiert, daß seine Durchlaßgrenze bei
$\Omega' = \pi/2$ liegt (Bild 4.19).

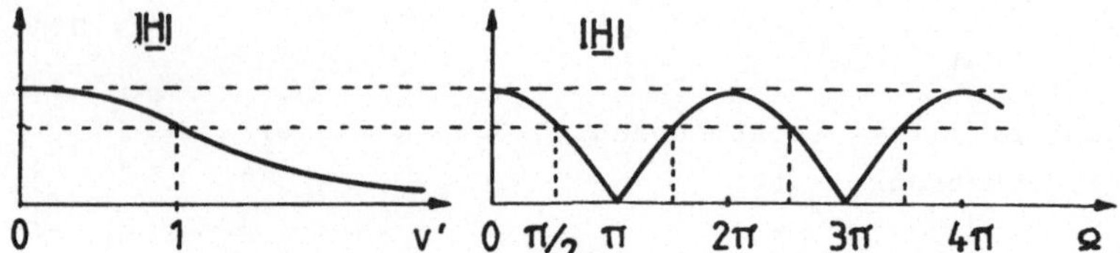

Bild 4.19 Bilineartransformation eines analogen normierten
Tiefpasses in einen digitalen normierten Tiefpaß

Tiefpaß-Tiefpaß-Transformation

Nun soll die Frequenztransformation eines normierten
digitalen Tiefpasses in einen nichtnormierten digitalen
Tiefpaß durchgeführt werden. Aus (4.80c) ergibt sich mit
$v' = g\ \tan(\Omega/2)$ entsprechend (4.65a) und g nach (4.67a):

$$\Omega' = 2\ \arctan\left[\frac{\tan(\Omega/2)}{\tan(\Omega_d/2)}\right] \tag{4.82}$$

Die Gleichung dient zur Umrechnung des Toleranzschemas
des nichtnormierten digitalen Tiefpasses in das Toleranzschema des normierten digitalen Tiefpasses:
Setzt man nämlich in (4.82) $\Omega = \Omega_s$, so läßt sich die
geforderte Grenze des Sperrbereichs des normierten digitalen Tiefpasses ermitteln. Anschließend kann man den
benötigten Filtergrad abschätzen.

Aus (4.80a) ergibt sich mit g nach (4.67a) und
$w' = g(z - 1)/(z + 1)$ entsprechend (4.65):

$$z' = \frac{1 + [1/\tan(\Omega_d/2)][(z - 1)/(z + 1)]}{1 - [1/\tan(\Omega_d/2)][(z - 1)/(z + 1)]} \tag{4.83}$$

Dies läßt sich umformen in:

$$z' = \frac{z + [\tan(\Omega_d/2) - 1]/[\tan(\Omega_d/2) + 1]}{1 + z[\tan(\Omega_d/2) - 1]/[\tan(\Omega_d/2) + 1]}$$

Mit der Abkürzung [11; 29]

$$a_0 = \frac{\tan(\Omega_d/2) - 1}{\tan(\Omega_d/2) + 1} = \tan[(\Omega_d/2) - (\pi/4)] \qquad (4.84)$$

kann man auch schreiben:

$$z' = \frac{z + a_0}{1 + a_0 z} \qquad (4.83a)$$

Es handelt sich um die Übertragungsfunktion eines digi
talen Allpasses, siehe Kap. 4.11. Aus (4.84) ergibt sich
durch Umkehrung:

$$\tan(\Omega_d/2) = \frac{1 + a_0}{1 - a_0} \qquad (4.84a)$$

Setzt man dies in (4.82) ein, so erhält man:

$$\Omega' = 2 \arctan\left[\frac{1 - a_0}{1 + a_0} \tan(\Omega/2)\right] \qquad (4.82a)$$

In der Literatur, z. B. in [4; 9; 14; 16] wird gelegentlich an Stelle von a_0 nach (4.84) eine andere Abkürzung,
meist a oder α genannt, verwendet:

$$\alpha = a = \frac{\sin[(\Omega_d'/2) - (\Omega_d/2)]}{\sin[(\Omega_d'/2) + (\Omega_d/2)]}$$

Mit (4.81) kann man durch trigonometrische Umformung zeigen, daß gilt:

$$\alpha = a = -a_0.$$

Tiefpaß-Hochpaß-Transformation

Ein normierter digitaler Tiefpaß soll in einen nicht normierten digitalen Hochpaß transformiert werden. Entsprechend (4.34a) ist nun v' durch -1/v' zu ersetzen. An
Stelle von (4.65a) gilt dann hier:

$$-1/v' = g \tan(\Omega/2); \quad v' = -1/[g \tan(\Omega/2)]$$

Setzt man dies mit g nach (4.67a) in (4.80c) ein, so ergibt sich:

$$\Omega' = 2 \ \text{arctan}\left[\frac{-\tan(\Omega_d/2)}{\tan(\Omega/2)}\right]$$

Mit (4.84a) ist dies:

$$\Omega' = 2 \ \text{arctan}\left[\frac{1 + a_0}{(a_0 - 1) \ \tan(\Omega/2)}\right] \qquad (4.85)$$

Entsprechend (4.34) ist beim Hochpaß w' durch 1/w' zu ersetzen. An Stelle von (4.65) gilt dann hier

1/w' = g(z - 1)/(z + 1); w' = (z + 1)/[g(z - 1)].

Setzt man dies mit g nach (4.67a) in (4.80a) ein, so erhält man:

$$z' = \frac{1 + [\tan(\Omega_d/2)][(z + 1)/(z - 1)]}{1 - [\tan(\Omega_d/2)][(z + 1)/(z - 1)]}$$

Durch Umformung und Verwendung der Abkürzung (4.84) ergibt sich:

$$z' = - \frac{z + a_0}{a_0 z + 1} \qquad (4.86)$$

Weitere Frequenztransformationen digitaler normierter Tiefpässe in digitale Bandpässe und Bandsperren findet man z. B. in [11; 29].

Es soll nun an Hand eines früher berechneten Beispiels (Beispiel 4.4) gezeigt werden, daß, ausgehend von einem analogen normierten Tiefpaß, die hier beschriebene Methode (zuerst Bilineartransformation, anschließend Frequenztransformation) zum gleichen Ergebnis führt, wie die früher beschriebene Methode (zuerst Frequenztransformation, anschließend Bilineartransformation).

Die früher beschriebene Methode ist allerdings etwas einfacher durchzuführen, da dort keine trigonometrischen Funktionen auftreten.

<u>Beispiel 4.6</u>
Nochmalige Berechnung von Beispiel 4.4, Kapitel 4.8. Wie dort geht man vom analogen Tschebyscheffreferenztiefpaß TO2 aus mit $-2u_p' = 1{,}7320508$ und $q_p' = 2{,}0000000$. Seine Übertragungsfunktion ist nach (4.45) mit (4.47a):

$$\underline{H}(w') = \frac{1}{w'^2 - 2u_p'w' + q_p'} = \frac{1}{w'^2 + 1{,}7320w' + 2{,}0000}$$

Die Umwandlung in einen normierten digitalen Tiefpaß geschieht durch Einsetzen von (4.80). Nach Zwischenrechnung ergibt sich:

$$\underline{H}(z') = \frac{z'^2 + 2z' + 1}{4{,}732z'^2 + 2z' + 1{,}268}$$

Mit $\Omega_d/2 = \pi\, f_d/f_a = 0{,}5498$ ergibt (4.84)

$a_0 = \tan(0{,}5498 - \pi/4) = -0{,}2401$.

Setzt man dies in die Formel der TP-HP-Transformation (4.86) ein, so erhält man:

$$z' = -\frac{z - 0{,}2401}{1 - 0{,}2401z}$$

Setzt man nun dieses z' in obigen Ausdruck für $\underline{H}(z')$ ein, so ergibt sich die noch nicht skalierte Übertragungsfunktion $\underline{H}(z)$ des digitalen Hochpasses. Nach einiger Zwischenrechnung ist dies der gleiche Ausdruck für die unskalierte Übertragungsfunktion wie in Beispiel 4.4.:

$$\underline{H}(z) = \frac{0{,}2909\,(1 - 2z^{-1} + z^{-2})}{1 - 0{,}9453z^{-1} + 0{,}3823z^{-2}}$$

4.10 Skalierung

Bei Gleitkommaverarbeitung kann man auf die Skalierung innerhalb der Struktur verzichten, wenn das Filter so entworfen ist, daß die Koeffizienten und der größte am Ausgang des Filters auftretende Signalpegel (bei Vollaussteuerung des AD-Wandlers) etwa in der Mitte des darstellbaren Zahlenbereichs liegen.

Bei Festkommaverarbeitung sollte jedoch beim Filterentwurf eine Skalierung an mehreren Punkten innerhalb der Struktur durchgeführt werden. Man skaliert meist so, daß bei Vollaussteuerung des AD-Wandlers mit dem in der Praxis auftretenden Eingangssignal an möglichst vielen Stellen im Inneren der Filterstruktur die Grenze des darstellbaren Zahlenbereichs (von -1 bis $+1$) gerade erreicht, jedoch nicht überschritten wird. Erfolgt die Zahlendarstellung im Zweierkomplement (siehe Kap.7), so sind Zwischenüberläufe bei der Addition mehrerer positiver und negativer Zahlen zulässig, wenn das Endergebnis im zulässigen Zahlenbereich bleibt. Dies wird in Kap. 7 erklärt.

Durch die Skalierung wird einerseits großer Abstand zum Rundungsrauschen erreicht, andererseits werden nichtlineare Verzerrungen, die bei Übersteuerung auftreten, vermieden. Drei Skalierungsarten sind in der Praxis üblich, siehe z. B. [13; 30; 31]:

L_1-Skalierung:
Hier wird so skaliert, daß bei beliebigem Eingangssignal keine Zahlenbereichsüberschreitung auftritt. Man geht davon aus, daß im schlimmsten Fall der AD-Wandler durch

eine Folge von Einheitsimpulsen mit u. U. unterschied-
lichem Vorzeichen dauernd voll ausgesteuert ist. Die
durch die einzelnen Einheitsimpulse ausgelösten Impulsantworten können sich im schlimmsten Fall zu gewissen
Zeitpunkten mit gleichem Vorzeichen aufaddieren. Der
größtmögliche Wert des Signals $y_i(n)$ an einem Knoten i in
der Struktur ist daher:

$$\max|y_i(n)| = \sum_{n=0}^{\infty} |h_{Ei}(n)|$$

$h_{Ei}(n)$ ist die Impulsantwort der unskalierten Struktur am
Knoten i, wenn am Eingang E des Filters ein Einheitsimpuls angelegt wird.
Um den Wert 1 nicht zu überschreiten, ist deshalb hier
folgender Skalierungsfaktor vom Eingang E zum Knoten i zu
verwenden:

$$k_{Ei} = 1/\sum_{n=0}^{\infty} |h_{Ei}(n)| \tag{4.87}$$

Die Impulsantwort vom Eingang zum jeweiligen Knoten der
Struktur muß durch ein Simulationsprogramm im Zeitbereich
mit hoher Genauigkeit der Zahlendarstellung berechnet
werden. Die Summe (4.87) kann etwa dort abgebrochen werden, wo die Impulsantwort auf Werte abgeklungen ist, die
dem geplanten Quantisierungsintervall q entsprechen.

<u>L_∞-Skalierung</u>
Die L_1-Skalierung ist für die meisten Anwendungsfälle der
Praxis zu pessimistisch. Man erhält zwar niemals Über-
steuerung, aber schlechten Rauschabstand. Meist wird die
L_∞-Skalierung verwendet, bei der für eingeschwungenes
sinusförmiges Signal die Aussteuerungsgrenze gerade er-
reicht wird. Das Maximum des Amplitudengangs vom Eingang
E zum jeweiligen Knoten i der Struktur soll hier gleich

Eins werden. Dies erreicht man durch den Skalierungsfaktor

$$k_{Ei} = 1/\max \; |\underline{H}_{Ei}(\omega)| \qquad (4.88)$$

$\max \; |\underline{H}_{Ei}(\omega)|$ ist hierbei das Maximum des Amplitudengangs
des unskalierten Netzwerks vom Eingang E zum Knoten i.
Diese Skalierung wurde in den Beispielen von Kap. 4.8
verwendet.
Der Amplitudengang $|\underline{H}_{Ei}(\omega)|$ kann entweder durch schnelle
F-Transformation (FFT) der simulierten Impulsantwort,
oder, wenn es sich um eine Kaskade von Blöcken handelt,
auch durch wiederholte Anwendung von (4.75) berechnet
werden [33].
Beim Einschwingvorgang und bei nicht sinusförmigen
Signalen ergeben sich bei der L_∞-Skalierung u. U. Über-
schreitungen des zulässigen Zahlenbereichs. In der Praxis
wird deshalb eine Sättigungskennlinie verwendet. Dies ist
schon deshalb nötig, um Überlaufschwingungen (siehe Kap.
7) zu vermeiden. Wenn nichtlineare Verzerrungen stören,
kann ein Sicherheitsabstand gewählt werden, indem z. B.
ein Skalierungsfaktor von 0,8 k_{Ei} verwendet wird. Durch
Simulation läßt sich hier ein günstiger Faktor ermitteln.

L_2-Skalierung

Bei Breitbandsignalen befindet man sich selbst bei
L_∞-Skalierung die meiste Zeit weit unterhalb der Aussteuerungsgrenze. Daher wird hier gelegentlich die aus
der Energie der Impulsantwort definierte L_2-Skalierung
verwendet:

$$k_{Ei} = 1/ \left[\sum_{n=0}^{\infty} [h_{Ei}(n)]^2 \right]^{1/2} \qquad (4.89)$$

$h_{Ei}(n)$ ist hierbei wieder die Impulsantwort des unskalierten Netzwerks vom Eingang E zum Knoten i. Auch bei L_2-Skalierung kann Übersteuerung auftreten.

Von den drei besprochenen Skalierungsarten stellt die L_∞-Skalierung einen guten Kompromiß zwischen Übersteuerungsabstand und Rauschabstand dar. Sie wird daher am häufigsten verwendet.

Als Bausteine für die Kaskaden- und Parallelstruktur dienen Blöcke 1. und 2. Grades. Im rekursiven Teil eines Blocks darf bei der Skalierung niemals etwas verändert werden, denn hierbei würde sich die Form der Filtercharakteristik verändern. Die Skalierung von zwei Blockstrukturen soll hier untersucht werden:

<u>Block 1. oder 2.Grades in transponierter Direktstruktur 2</u>
Bild 4.20 zeigt einen Block 2.Grades. Bei einem Block
1. Grades sind b_{2i} und a_{2i} gleich Null. Der Koeffizient
b_{0i} ist hier gleich 1 gewählt. Es gelten die Formeln
(4.8) und (4.9) bzw. (4.11) bis (4.13).
Man kann zeigen, daß bei einem Block 2. Grades $b_{2i} = b_{0i}$
gilt, wenn die Nullstellen der Übertragungsfunktion des
Blocks auf dem Einheitskreis liegen. Dies ist bei den
Filtern vom Butterworth-, Tschebyscheff- und Cauertyp in
Kaskadenstruktur der Fall. Im nichtrekursiven Teil der
Blöcke einer derartigen Kaskadenstruktur ist dann nur
noch der Koeffizient $b_{1i} \neq 1$.
Wenn Koeffizienten auftreten, die den zulässigen Zahlenbereich überschreiten, zerlegt man sie in Summanden,
die im zulässigen Bereich liegen und addiert mehrere Produkte. Hat z. B. der Koeffizient $-a_{15}$ im 5. Block den
Wert 1,6, so kann man ihn halbieren:
$$y_5 \cdot 1,6 = y_5 \cdot 0,8 + y_5 \cdot 0,8;$$

oder man spaltet 1 ab:

$$y_5 \cdot 1,6 = y_5 + y_5 \cdot 0,6.$$

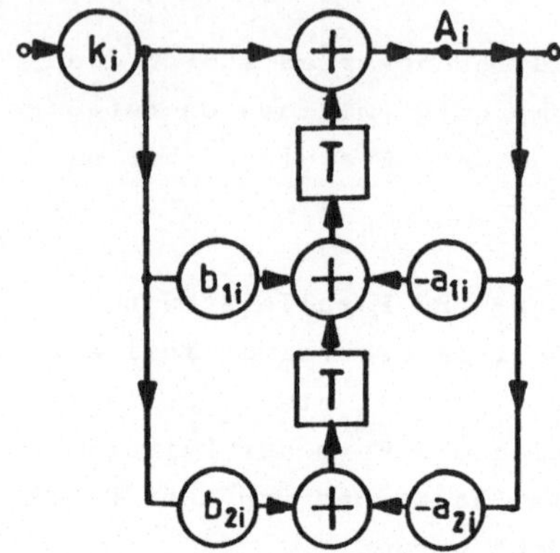

Bild 4.20
Block 2.Grades in transponier-
ter Direktstruktur 2 mit
Skalierungsfaktor

Es ist nicht empfehlenswert,den Faktor k_i, wenn er sehr
klein ist, in den nichtrekursiven Teil des Blocks hinein-
zunehmen (b_{0i}, b_{1i} und b_{2i} müßten hierbei mit k_i multipliziert werden). Bei Blöcken mit großer Polgüte (Pole
nahe am Einheitskreis der z-Ebene) ist $k_i \ll 1$ (siehe Beispiel 4.2). Die Koeffizienten des nichtrekursiven Teils
würden dann sehr klein und ließen sich bei begrenzter
Wortlänge im Festkommaformat nur ungenau darstellen.
Dadurch würde sich die Lage der Nullstellen und damit die
Filtercharakteristik stark verändern. Außerdem würde man
hierbei den Aufwand nicht verringern, denn der Koeffizient b_{0i} wäre jetzt ungleich 1.

Eine Änderung des Skalierungsfaktors k_i ändert bei der
Kaskadenstruktur nur die Verstärkung, jedoch nicht die
Filtercharakteristik. Der Faktor k_i wird daher in der

Praxis häufig als ganzzahlige Potenz von 2 näherungsweise
dargestellt. Er kann dann durch einen Schiebevorgang realisiert werden.

Bei der Parallelstruktur muß der Faktor k_i allerdings
möglichst genau dargestellt werden, da hier die Verstärkung der einzelnen Blöcke die Lage der Nullstellen des
Filters beeinflußt.

Bei Verwendung der Zahlendarstellung im Zweierkomplement
(siehe Kap. 7) sind Zwischenüberläufe bei der Addition
zulässig, solange das Endergebnis im zulässigen Zahlenbereich bleibt. Auch die Zwischenspeicherung von Teilergebnissen in den Verzögerungsgliedern stört hier nicht.
Das Endergebnis der Additionen erscheint am Punkt A_i des
Blocks (Bild 4.20). k_i ist so zu bestimmen, daß die
Skalierungsbedingung (L_1-, L_∞- oder L_2-Skalierung) dort
erfüllt ist. Dies ist deshalb nötig, weil das Signal von
A_i aus zu Multiplizierern gelangt. Ergibt sich hierbei
ein Faktor $k_i > 1$, so muß er in den nichtrekursiven Teil
des Blocks hineingenommen werden.

Zur Vermeidung von sog. Überlaufschwingungen (siehe
Kap. 7) muß im rekursiven Teil des Blocks am Punkt A_i
eine Sättigungskennlinie realisiert werden. Dies ist bei
der transponierten Direktstruktur 2 nicht ganz einfach,
da sämtliche Überläufe von z. T. zwischengespeicherten
Teilergebnissen hier vorliegen müssen, um festzustellen,
ob sich das Endergebnis im zulässigen Bereich befindet
[6, 1.Auflage]. Man kann natürlich auch den Signalpegel
durch Verkleinern des Faktors k_i soweit absenken, daß
auch die Zwischenüberläufe die Skalierungsbedingung ein-
halten. Dann kann bei jeder Teilsumme die Sättigungskennlinie aktiviert werden. Der Abstand zum Rundungsrauschen

verschlechtert sich allerdings durch die Absenkung des
Signalpegels.

Block 1. oder 2. Grades in Direktstruktur 2

Bild 4.21 zeigt einen Block 2. Grades. Bei einem Block
1. Grades sind b_{2i} und a_{2i} gleich Null. Bezüglich der
Koeffizienten und Formeln gelten die für den Block in
transponierter Direktstruktur 2 gemachten Aussagen. Der
Faktor k_i muß hier vor dem rekursiven Teil des Blocks
untergebracht werden, da der rekursive Teil u. U. starke
Resonanzüberhöhung besitzt. k_i kann dann bei der Kaskadenstruktur evtl. wieder durch eine Schiebeoperation
realisiert werden.

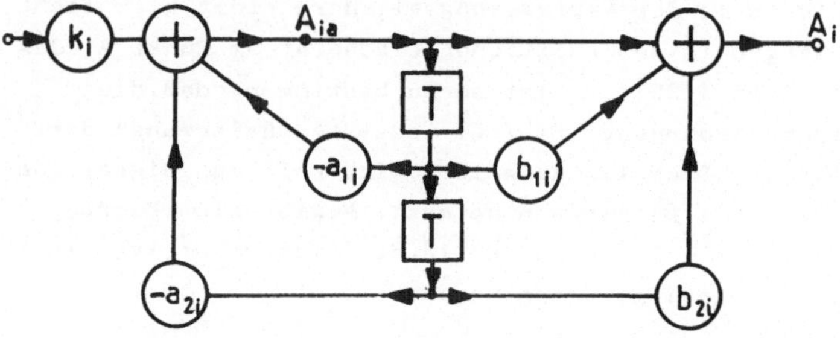

Bild 4.21 Block 2. Grades in Direktstruktur 2 mit Skalierungsfaktor

Da die Signale sowohl vom Punkt A_{ia}, als auch vom Punkt
A_i des Blocks zu Multiplizierern gelangen (z. T. über
Verzögerungsglieder), ist k_i so zu bestimmen, daß die
Skalierungsbedingung (L_1-, L_∞- oder L_2-Skalierung) sowohl
am Punkt A_{ia} als auch am Punkt A_i eingehalten wird,
d. h., von den beiden sich ergebenden Werten für den
Skalierungsfaktor muß der kleinere genommen werden.

Ein etwas günstigerer Abstand zum Rundungsrauschen ergibt sich, wenn man die Forderung fallen läßt, daß der Koeffizient $b_{0i} = 1$ sein soll (optimale Skalierung).

Zur Vermeidung von Überlaufschwingungen muß hier am Punkt A_{ia} des rekursiven Teils eine Sättigungskennlinie realisiert werden. Dies ist hier einfacher als bei der transponierten Direktstruktur 2, da hier nur die Überläufe weniger Teilsummen bekannt sein müssen [4; 6].

Einige Signalprozessoren bieten diese Möglichkeit. Der Überlaufstatus wird über mehrere Operationen hinweg durch Flags festgehalten, die zur Überlaufbehandlung herangezogen werden können.

Manche Signalprozessoren besitzen zusätzliche Plätze im Akkumulator, so daß keine Zwischenüberläufe auftreten. Das Endergebnis wird dann, wenn es den normalen Zahlenbereich überschreitet, der Sättigungskennlinie unterworfen.

In diesen beiden Fällen kann die beschriebene optimale Skalierung verwendet werden. Bei anderen Signalprozessoren muß man bei jeder einzelnen Addition im rekursiven Teil die Sättigungskennlinie aktivieren. Hierbei ist zu beachten, daß auch die Teilergebnisse die Skalierungsbedingung erfüllen müssen. Die Signalamplitude muß dann u. U. halbiert werden. Der Abstand zum Rundungsrauschen wird hierbei um 6 dB verschlechtert.

Skalierung der Parallelstruktur [13]

Wegen ihrer großen Koeffizientenempfindlichkeit im Sperrbereich wird die Parallelstruktur seltener verwendet als
die Kaskadenstruktur. Allerdings verhält sie sich häufig
günstiger bezüglich des Rundungsrauschens. Die Parallelstruktur wurde bereits in Bild 4.8 dargestellt. Zunächst
werden die k_i aller Blöcke oder auch die Koeffizienten
des nichtrekursiven Teils aller Blöcke mit einem für alle
Blöcke gleichen Koeffizienten multipliziert, der so zu
wählen ist, daß die Skalierungsbedingung (L_1-, L_∞- oder
L_2-Skalierung) am Ausgang des Filters erfüllt ist.
Anschließend werden die einzelnen Blöcke durch Verändern
ihrer k_i so skaliert, daß die Skalierungsbedingung auch
an den Punkten A_i bzw. A_{ia} erfüllt ist. Die Verstärkung
der einzelnen Blöcke darf sich hierbei nicht mehr ändern.
Bei Blöcken in transponierter Direktstruktur 2 ist daher
am Ausgang des Blocks ein zusätzlicher Multiplizierer
anzubringen, der dies bewirkt. Bei Blöcken in Direktstruktur 2 kann dieser zusätzliche Multiplizierer in den
drei Koeffizienten des nichtrekursiven Teils des Blocks
untergebracht werden.

Skalierung der Kaskadenstruktur [13; 30; 31; 32]

Die Kaskadenstruktur wurde bereits in Bild 4.5 dargestellt. Zunächst muß die bezüglich des Rundungsrauschens
günstigste Art der Zusammenfassung von Polen und Nullstellen zu Blöcken 1. und 2. Grades und die günstigste
Reihenfolge der Blöcke ermittelt werden. Die Pole und
Nullstellen werden aus den durch bilineare Transformation
ermittelten Blöcken 1. und 2. Grades berechnet. Sie
werden nun so zusammengefaßt, daß Blöcke mit möglichst
wenig ausgeprägtem Resonanzcharakter entstehen. Man
beginnt mit dem Pol der höchsten Güte, der am dichtesten
am Einheitskreis der z-Ebene liegt, und ordnet ihm zur

Kompensation die ihm am dichtesten benachbarte Nullstelle
zu usw., siehe Bild 4.22.

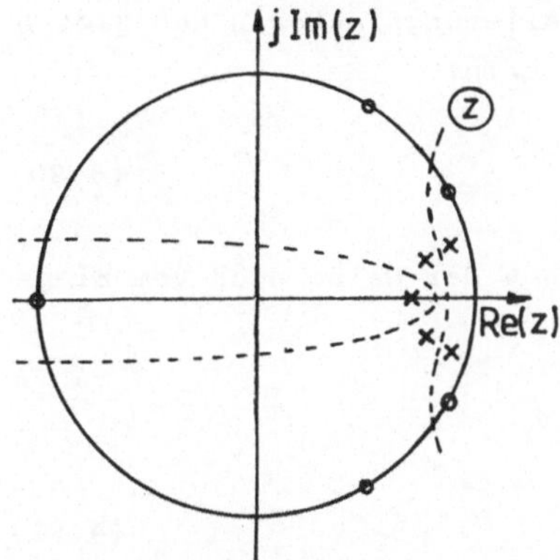

Bild 4.22
Günstige Zusammenfassung von
Polen und Nullstellen zu
Blöcken 1. und 2. Grades
bei der Kaskadenstruktur

Die Reihenfolge der Blöcke in der Kaskade ist nach steigender Polgüte zu wählen. Dies ist zwar nicht immer optimal, liefert aber meist gute Ergebnisse. In Katalogen für
analoge Filter, z. B. [19], sind die Pole meist bereits
nach steigender Polgüte angeordnet. Diese Anordnung kann
auch nach der bilinearen Transformation beibehalten werden, so daß hier die Reihenfolge bereits bekannt ist.

Nun kann die Skalierung der Kaskadenstruktur erfolgen:
Zunächst werden numerisch die Skalierungsfaktoren k_{Ei} vom
Eingang des Filters zum Ausgang A_i der Blöcke ermittelt.
Bei Blöcken in Direktstruktur 2 werden außerdem noch die
Skalierungsfaktoren k_{Eia} vom Eingang des Filters zu den
Knoten A_{ia} der Blöcke ermittelt.

Skalierung einer Kaskade von Blöcken in transponierter Direktstruktur 2

In Bild 4.20 wurde bereits die Struktur eines Blocks gezeigt. Das Produkt der Skalierungsfaktoren muß gleich dem Gesamtskalierungsfaktor sein:

$$k_{Ei} = \prod_{\nu=1}^{i} k_\nu \qquad\qquad (4.90)$$

Die Skalierungsfaktoren können der Reihe nach vom Eingang her ermittelt werden:

$$k_1 = k_{E1}$$
$$k_2 = k_{E2}/k_1$$
$$k_3 = k_{E3}/(k_1 \; k_2) \qquad\qquad (4.91)$$
usw.

Wenn ein Faktor $k_i > 1$ ist, muß er in den nichtrekursiven Teil des Blocks hineingenommen werden.

Skalierung einer Kaskade von Blöcken in Direktstruktur 2

In Bild 4.21 wurde bereits die Struktur eines Blocks gezeigt. Hier gilt entsprechend:

$$k_1 = Min[k_{E1a}; \; k_{E1}]$$
$$k_2 = [1/k_1] \; \{Min[k_{E2a}; \; k_{E2}]\}$$
$$k_3 = [1/(k_1 \; k_2)] \; \{Min[k_{E3a}; \; k_{E3}]\} \qquad\qquad (4.92)$$
usw.

$Min[\mu; \; \nu]$ bedeutet, daß jeweils der kleinere Wert zu nehmen ist.

Wenn hier $k_{Eia} < k_{Ei}$ ist, dann liegt am Ausgang des Blocks das Signal unterhalb der Skalierungsbedingung. Nach dem Ausgang des letzten Blocks sollte daher in diesem Fall das Signal mit dem Faktor k_{Ei}/k_{Eia} multipliziert werden, um den DA-Wandler voll auszusteuern.

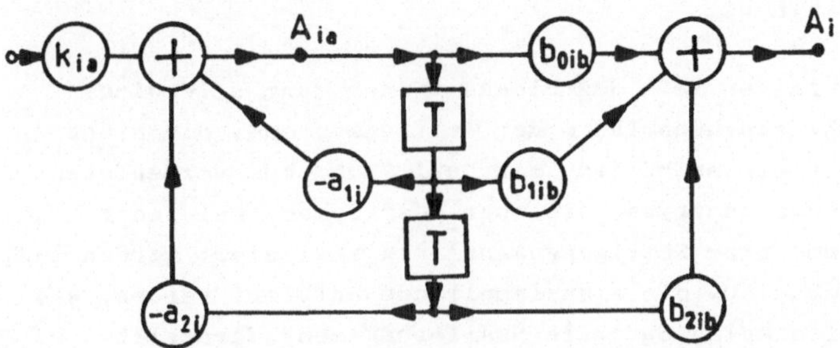

Bild 4.23 Block 2. Grades in Direktstruktur 2 (optimale Skalierung)

<u>Optimale Skalierung einer Kaskade von Blöcken in Direktstruktur 2</u>

Hier wird nicht mehr gefordert, daß der Koeffizient b_{0i} gleich 1 sein muß, siehe Bild 4.23. Man kann dann den Koeffizienten k_i aufspalten:

$$k_i = k_{ia}\, k_{ib} \tag{4.93}$$

k_i wird nach (4.91) berechnet. Es gilt:

$$k_{ia} = k_i\, k_{Eia}/k_{Ei} \tag{4.94}$$

Nach (4.93) ist dann:

$$k_{ib} = k_i/k_{ia} \tag{4.95}$$

Der Faktor k_{ib} wird in den nichtrekursiven Teil des Blocks hineingenommen. Hierdurch ergeben sich die neuen Koeffizienten:

$$b_{0ib} = k_{ib}$$
$$b_{1ib} = k_{ib}\, b_{1i} \qquad\qquad (4.96)$$
$$b_{2ib} = k_{ib}\, b_{2i}$$

Im rekursiven Teil des Blocks treten dann allerdings
u. U. Zwischenüberläufe der Teilsummen auf, die nicht
begrenzt werden dürfen. Wenn auf Grund des verwendeten
Signalprozessortyps, wie oben besprochen, bei jeder
Teilsumme eine Sättigungskennlinie realisiert werden muß,
dann muß u. U. die Signalamplitude halbiert werden, was
natürlich keine optimale Skalierung mehr darstellt.

Um Multiplizierer zu sparen, kann man den Skalierungsfaktor $k_{(i+1)a}$ des Blocks i + 1 in den nichtrekursiven
Teil des Blocks i hineinnehmen. Jeder Koeffizient des
nichtrekursiven Teils muß dann mit $k_{(i+1)a}$ multipliziert
werden. Diese Maßnahme ist jedoch dann nicht empfehlenswert, wenn hierdurch sehr kleine Zahlenwerte entstehen
(Koeffizientenquantisierung).

Wenn im nichtrekursiven Teil des Blocks i der Koeffizient
$b_{0ib} > 1$ ist, so kann man ihn auch abspalten und zum
Koeffizienten $k_{(i+1)a}$ des nächsten Blocks schlagen. Hierbei muß jeder Koeffizient des nichtrekursiven Teils durch
b_{0ib} dividiert werden. Der Block i hat dann wieder die
Struktur nach Bild 4.21.
Bild 4.24 zeigt für einen L_∞ skalierten digitalen
Cauer-Tiefpaß 9. Grades in Kaskadenschaltung die
logarithmisch dargestellten Amplitudengänge in dB
($-a = 20 \log|\underline{H}(\omega)|$) vom Filtereingang zu den Ausgängen
der fünf Blöcke. Der Ausgang des 5. Blocks ist hierbei
der Filterausgang [33].

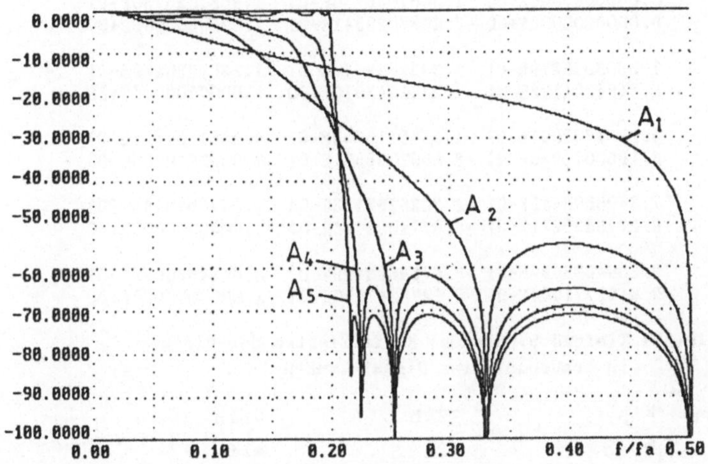

Bild 4.24 Tiefpaß 9. Grades in Kaskadenstruktur (skaliert)
Amplitudengang in dB vom Filtereingang zu den
Ausgängen A_1 bis A_5 der einzelnen Blöcke

In Tabelle 4.1 sind die Koeffizienten für Blöcke in
transponierter Direktstruktur angegeben. Der Skalierungsfaktor k_i ist in den Koeffizienten des nichtrekursiven
Teils des jeweiligen Blocks enthalten (beim 2. Block
z. B. $k_2 = 1,39083981179 \cdot 10^{-1}$). Er kann auch vor den
Block gesetzt werden, siehe Bild 4.20. Alle Koeffizienten
b_i müssen dann durch k_i dividiert werden.

Blocknr	b_{2i}	b_{1i}	b_{0i}
	a_{2i}	a_{1i}	a_{0i}
1	0.0000000000E+00	1.3681036730E-01	1.3681036730E-01
	0.0000000000E+00	-7.2637926541E-01	1.0000000000E+00
2	1.3908398179E-01	1.3331969071E-01	1.3908398179E-01
	6.4184204122E-01	-1.2303543870E+00	1.0000000000E+00
3	4.5861731991E-01	1.5565115336E-02	4.5861731991E-01
	8.1962072046E-01	-8.8682096531E-01	1.0000000000E+00
4	7.3498098445E-01	-2.3025267133E-01	7.3498098445E-01
	9.2748530221E-01	-6.8777600464E-01	1.0000000000E+00
5	8.6684626697E-01	-3.6724828499E-01	8.6684626697E-01
	9.8122771944E-01	-6.1478347050E-01	1.0000000000E+00

Tabelle 4.1 Tiefpaß 9. Grades; Koeffizienten der Blöcke
in transponierter Direktstruktur 2

Blocknr	k_{ia}	b_{2ib}	b_{1ib}
	b_{0ib}	a_{2i}	a_{1i}
1	2.7362073461E-01	0.0000000000E+00	5.0000000000E-01
	5.0000000000E-01	0.0000000000E+00	-7.2637926541E-01
2	4.1148765429E-01	3.3800280601E-01	3.2399438798E-01
	3.3800280601E-01	6.4184204122E-01	-1.2303543870E+00
3	8.6840252777E-01	5.2811605822E-01	1.7923848490E-02
	5.2811605822E-01	8.1962072046E-01	-8.8682096531E-01
4	6.6966247322E-01	1.0975394528E+00	-3.4383391714E-01
	1.0975394528E+00	9.2748530221E-01	-6.8777600464E-01
5	1.7675561016E-01	4.9042079411E+00	-2.0777178425E+00
	4.9042079411E+00	9.8122771944E-01	-6.1478347050E-01

Tabelle 4.2 Tiefpaß 9. Grades; Koeffizienten der Blöcke
in Direktstruktur 2 bei optimaler Skalierung

In Tabelle 4.2 sind die Koeffizienten gemäß Bild 4.23 für
Blöcke in Direktstruktur 2 bei optimaler Skalierung angegeben. Dort, wo $b_{0ib} > 1$ ist, sollten zur Realisierung
die weiter oben besprochenen Maßnahmen durchgeführt

werden, hier z. B. bei den Blöcken 4 und 5. Für den
Block 4 soll dies gezeigt werden:

<u>Entweder</u> Hereinnahme des Skalierungsfaktors k_{5a} des
5. Blocks in die b-Koeffizienten des 4. Blocks:
$$b_{04} = k_{5a}\ b_{04b} = 0,1939962;$$
$$b_{14} = k_{5a}\ b_{14b} = -0,0677457;$$
$$b_{24} = k_{5a}\ b_{24b} = 0,1939962.$$
Auf den Addierer am Ausgang des 4. Blocks folgt dann
direkt der Addierer am Eingang des 5. Blocks.

<u>Oder</u> Abspalten des Faktors b_{04b} aus dem 4. Block und
Zusammenfassung mit k_{5a} des 5. Blocks:
$$b_{04} = b_{04b}/b_{04b} = 1$$
$$b_{14} = b_{14b}/\ b_{04b} = -0,313277$$
$$b_{24} = b_{24b}/b_{04b} = 1$$
$$k_5 = b_{04b}\ k_{5a} = 0,1939962$$

Sollen sämtliche Blöcke in der Form von Bild 4.21 mit
$b_{0i} = 1$ aufgebaut werden (nicht optimal), so lassen sich
die Bedingungen der Gleichung (4.92) durch Umrechnen der
Tabelle 4.2 erfüllen. Zunächst berechnet man die b-Koef-
fizienten:
$$b_{0i} = 1; \quad b_{1i} = b_{1ib}/b_{0ib}; \quad b_{2i} = b_{2ib}/b_{0ib}.$$
Dann werden die Skalierungsfaktoren berechnet:
In den Blöcken 1 bis 3 ist $b_{0ib} \leq 1$. Dort gilt:
$$k_i = k_{ia}\ b_{0ib}:$$
$$k_1 = 0,2736207 \cdot 0,5000000 = 0,1368103;$$
$$k_2 = 0,4114876 \cdot 0,3380028 = 0,1390839;$$
$$k_3 = 0,8684025 \cdot 0,5281160 = 0,4586173.$$
Diese Werte sind identisch mit den Werten b_{0i} der
Tabelle 4.1.

In Block 4 ist $b_{0ib} > 1$. Dort bleibt k unverändert:
$k_4 = k_{4a} = 0,6696624;$
b_{04b} wird, wie oben bereits berechnet, abgespalten und
mit k_{5a} zusammengefaßt. Wie oben:
$k_5 = b_{04b}\, k_{5a} = 0,1939962.$
Dann wird noch b_{05b} vom Block 5 abgespalten und als
Nachverstärkungsfaktor k_6 verwendet:
$k_6 = b_{05b} = 4,9042079.$
Die Koeffizienten sind hier noch nicht quantisiert, sondern mit hoher Genauigkeit angegeben. Bei Quantisierung
der Koeffizienten (Darstellung mit begrenzter binärer
Wortlänge) ändert sich der Frequenzgang (siehe Kap. 7).

4.11 Allpässe

Allpässe besitzen einen konstanten, frequenzunabhängigen
Amplitudengang.

$$|\underline{H}(\Omega)| = \text{const.} \qquad\qquad (4.97)$$

Der Phasengang ist frequenzabhängig und kann z. B. zur
Laufzeitentzerrung von IIR-Filtern verwendet werden.
Durch die Parallelschaltung zweier Allpässe können
selektive Filter aufgebaut werden (siehe Kap. 6.3).

Die Bedingung für analoge Allpässe läßt sich leicht
finden: Nullstellen und Pole müssen im PN-Plan spiegelbildlich zur imaginären Achse der komplexen Ebene liegen.
Wegen $s_{0i} = s_{pi}$ ergibt sich dann nach (1.41) ein konstanter Amplitudengang.

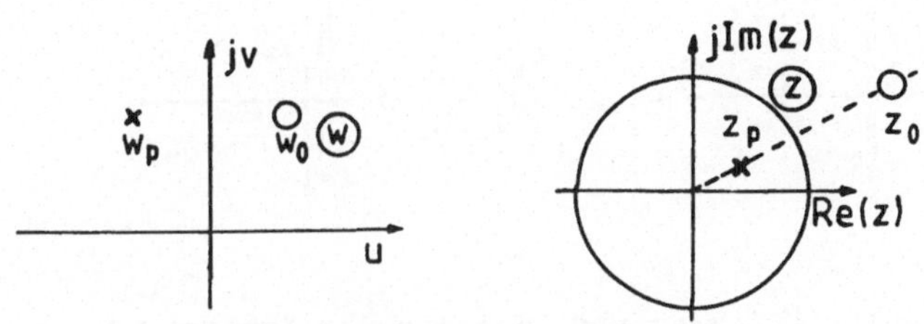

Bild 4.25 Bilineare Transformation eines Pol- Nullstellenpaares
mit Allpaßeigenschaft

Bei der bilinearen Transformation bleibt die Charakteristik des Amplitudengangs erhalten, siehe z. B. Bild
4.13, so daß auch die Allpaßeigenschaft erhalten bleibt.
Bild 4.25 zeigt die bilineare Transformation eines Pol-
Nullstellenpaares mit Allpaßeigenschaft von der w- in die
z-Ebene.

Nach (4.31a) gilt mit $w_p = u_p + jv_p$ und $w_0 = -u_p + jv_p$

$$z_p = \frac{1 + (u_p + jv_p)T/2}{1 - (u_p + jv_p)T/2}$$

$$z_0 = \frac{1 + (-u_p + jv_p)T/2}{1 - (-u_p + jv_p)T/2} = \frac{1 - (u_p - jv_p)T/2}{1 + (u_p - jv_p)T/2}$$

Man erkennt, daß wegen

$$z_p^* = \frac{1 + (u_p - jv_p)T/2}{1 - (u_p - jv_p)T/2}$$

gilt:

$$z_0 = \frac{1}{z_p^*} \qquad\qquad (4.98)$$

Die Übertragungsfunktion eines, aus derartigen Pol- Null-
stellenpaaren zusammengesetzten Allpasses ist dann in
Produktform, siehe (3.9) mit r = k:

$$\underline{H}(z) = c_k \frac{\prod\limits_{i=1}^{k} z - \dfrac{1}{z_{pi}^*}}{\prod\limits_{i=1}^{k} z - z_{pi}} = c_k \left(\prod\limits_{i=1}^{k} \frac{1}{z_{pi}^*}\right) \frac{\prod\limits_{i=1}^{k} z z_{pi}^* - 1}{\prod\limits_{i=1}^{k} z - z_{pi}}$$

$$(4.99)$$

Durch Ausmultiplizieren und Division von Zähler und Nenner durch z^k ergibt sich die Form:

$$\underline{H}(z) = (-1)^k c_k \left(\prod\limits_{i=1}^{k} \frac{1}{z_{pi}^*}\right) \frac{\underline{a}_k^* + \underline{a}_{k-1}^* z^{-1} + \ldots + a_1^* z^{-(k-1)} + z^{-k}}{1 + \underline{a}_1 z^{-1} + \ldots + \underline{a}_{k-1} z^{-(k-1)} + \underline{a}_k z^{-k}}$$

Meist wählt man den Ausdruck vor dem Bruch zu Eins. Außerdem verwendet man im allgemeinen reelle Koeffizienten. Die Pole und Nullstellen treten dann in konjugiert komplexen Paaren auf, soweit sie nicht reell sind. Dann gilt:

$$\underline{H}(z) = \frac{a_k + a_{k-1} z^{-1} + \ldots + a_1 z^{-(k-1)} + z^{-k}}{1 + a_1 z^{-1} + \ldots + a_{k-1} z^{-(k-1)} + a_k z^{-k}} \qquad (4.100)$$

Zähler- und Nennerpolynom bilden ein sog. Spiegelpaar. Dies ist charakteristisch für Allpässe. Der Amplitudengang ist gleich Eins.
Der Phasengang und die Gruppenlaufzeit können mit (4.76) und (4.78) berechnet werden.

Bei Quantisierung der Koeffizienten, d. h. begrenzter Wortlänge, bleibt die Allpaßeigenschaft (4.97) erhalten, wenn eine der Direktstrukturen verwendet wird (Direktstruktur 1; Direktstruktur 2; transponierte Direktstruktur 2). In diesen Strukturen treten die Koeffizienten von (4.100) direkt auf. Die jeweils gleichen Koeffizienten von Zähler und Nenner werden bei Quantisierung

in gleicher Weise verändert, so daß Zähler- und Nennerpolynom hierbei ein Spiegelpaar bleiben. Der Phasengang
ändert sich allerdings.

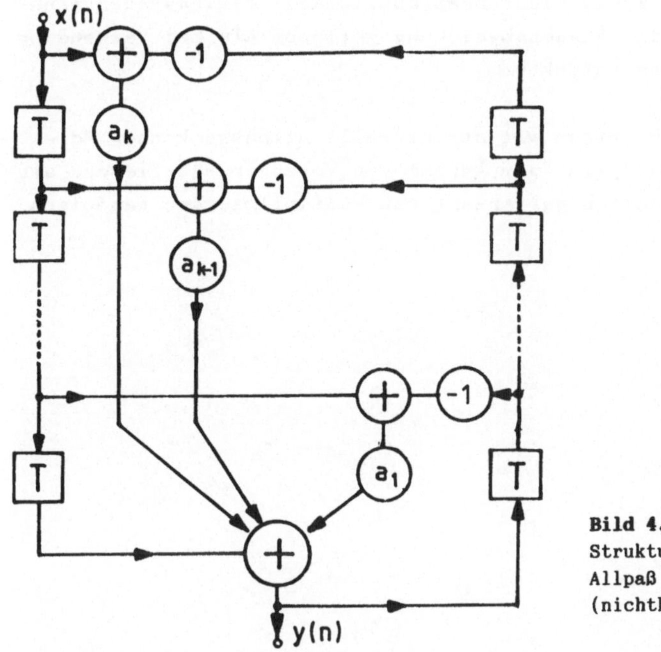

Bild 4.26
Struktureller
Allpaß
(nichtkanonisch)

Bei Verwendung der Direktstruktur 1 können die jeweils
gleichen Koeffizienten von Zähler und Nenner gemeinsam in
einem Multiplizierer zusammengefaßt werden. Es handelt
sich um einen sog. strukturellen Allpaß, der unabhängig
vom Wert der Koeffizienten die Allpaßeigenschaft besitzt.
Die Struktur ist bezüglich der Anzahl der Multiplizierer
kanonisch (Bild 4.26). Sie ist jedoch bezüglich der Anzahl der Verzögerungsglieder nicht kanonisch.

Meist verwendet man in der Praxis eine Kaskade von Allpässen 1. und 2. Grades, die z. B. jeweils die Struktur von Bild 4.26 aufweisen, so daß die Allpaßeigenschaft bei Koeffizientenquantisierung erhalten bleibt. Auf Grund der geringen Koeffizientenempfindlichkeit der Kaskadenstruktur ist die Phasenabweichung geringer als bei Verwendung einer Direktstruktur.

In Kap. 6 lernen wir strukturelle Allpässe kennen, die sowohl bezüglich der Anzahl von Verzögerungsgliedern als auch bezüglich der Anzahl von Multiplizierern kanonisch sind.

5. Nichtrekursive digitale Filter

5.1 Überblick

Nichtrekursive Filter (FIR), auch Transversalfilter
genannt, sind im Gegensatz zu rekursiven Filtern (IIR)
immer stabil, da keine Rückkopplung vorhanden ist. Sie
benötigen allerdings zur Realisierung von steilen Filter-
flanken wesentlich mehr Koeffizienten als IIR-Filter.
FIR-Filter können im Gegensatz zu IIR-Filtern mit exakt
linearem Phasengang (konstanter Gruppenlaufzeit) entworfen werden. Zusätzlich ist eine breitbandige Phasenverschiebung von 90° möglich (Hilberttransformator, Diffe-
renzierer). Beliebige Formen des Amplitudengangs, z. B.
mehrfache Sperr- und Durchlaßbereiche lassen sich ohne
Einschränkungen approximieren.
Zur Dezimierung (Erniedrigung der Abtastfrequenz) sind
FIR-Filter besonders geeignet, da infolge fehlender Rückkopplung hier nur die dezimierte Anzahl von Ausgangswerten berechnet werden muß. Auch zur Interpolation (Erhöhung der Abtastfrequenz) sind FIR-Filter besonders geeignet.

Beim Entwurf von FIR-Filtern kann man _nicht_ von analogen
Prototypen ausgehen, da bei den Transformationsverfahren,
z. B. bei der bilinearen Transformation, gewöhnlich rekursive Filter entstehen. Der Entwurf wird heute meist
mit einem numerischen Approximationsverfahren durchgeführt (Remez Exchange Algorithmus nach Parks und
McClellan) [9; 15; 27; 28; 30; 34; 50]. Hierbei können
die zulässigen Schwankungen des Amplitudengangs im Durch-
laß- und Sperrbereich des Filters unterschiedlich

festgelegt werden; es sind auch mehrere Durchlaß- und
Sperrbereiche möglich.

Daneben sind zum Teil noch die Fourierapproximation (Fensterverfahren) und das Frequenzabtastverfahren gebräuchlich, [9; 11; 29; 30; 31; 34]. Hierbei ergeben sich im
Durchlaß- und Sperrbereich gleich große Schwankungen des
Amplitudengangs.

Minimalphasige FIR-Filter besitzen keinen linearen Phasengang und sind nur dann interessant, wenn die Gruppenlaufzeit eines linearphasigen Filters für den speziellen
Anwendungsfall zu groß ist [34]. Hier können u. U. auch
IIR-Filter eingesetzt werden.

Die in Kap. 4.9 beschriebenen Frequenztransformationen im
zeitdiskreten Bereich sind bei FIR-Filtern nur sehr eingeschränkt möglich, da normalerweise hierbei IIR-Struk-
turen entstehen. Jedes FIR-Filter muß daher gewöhnlich
neu entworfen werden.

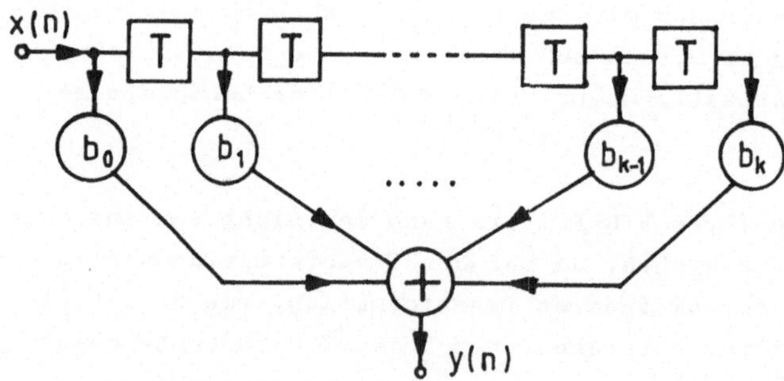

Bild 5.1 FIR-Filter in Direktstruktur

FIR-Filter werden nahezu immer in Direktstruktur realisiert (Bild 5.1). Bei FIR-Filtern linearer Phase läßt

sich diese Struktur wegen der Symmetrie der Koeffizienten vereinfachen (siehe später).

Bei FIR-Filtern linearer Phase treten bei der Koeffizientenquantisierung der Direktstruktur keine so großen Probleme auf wie bei IIR-Filtern. Hierfür gibt es folgende Gründe [13]:
Bei FIR-Filtern liegen die für den Durchlaßbereich verantwortlichen Nullstellen nicht so dicht am Einheitskreis der z-Ebene wie die Pole bei IIR-Filtern gleicher Selektivität. Bei FIR-Filtern linearer Phase sind die Werte der Koeffizienten symmetrisch zur Filtermitte. Bei der Quantisierung der Koeffizienten bleibt die Symmetrie erhalten, so daß die lineare Phase ebenfalls erhalten bleibt. Für den Sperrbereich verantwortliche Nullstellen, die auf dem Einheitskreis der z-Ebene liegen, verschieben sich zwar hierbei, bleiben jedoch zunächst auf dem Einheitskreis. Nach der Skalierung und Koeffizientenquantisierung muß natürlich geprüft werden, ob das Filter die Forderungen noch erfüllt.

Die Kaskadenstruktur hat bei FIR-Filtern folgenden Nachteil: Die für den Durchlaßbereich verantwortlichen Nullstellen treten bei Filtern linearer Phase meist in Vierergruppen auf (siehe später). Sie müßten in speziellen Blöcken 4. Grades zusammengefaßt werden, um bei Koeffizientenquantisierung die lineare Phase zu garantieren.
Die Entwurfsmethoden für FIR-Filter liefern die Koeffizienten der Übertragungsfunktion in der Form (3.16) (der Nenner ist hier gleich 1). Sie sind mit den Koeffizienten der direkten Struktur identisch. Zur Realisierung der Kaskadenstruktur müssen erst die Nullstellen der Übertragungsfunktion berechnet werden. Dies ist bei Polynomen

hohen Grades infolge numerischer Ungenauigkeiten kaum
möglich.

Bei der Direktstruktur (Bild 5.1) kann man, wenn ein ent-
sprechender Signalprozessor zur Verfügung steht, die Produkte mit voller Wortlänge addieren. Erst anschließend
wird gerundet, so daß sich im Filter nur eine Stelle befindet, an der Rundungsrauschen auftritt.

Die transponierte Direktstruktur wird nicht verwendet, da
hier jeweils vor den Verzögerungsgliedern gerundet werden
muß, wodurch an vielen Stellen Rundungsrauschen auftritt.

FIR-Filter können auch auf dem Umweg über den Frequenzbereich realisiert werden (Hin- und Rücktransformation).
Da hierbei die schnelle Fouriertransformation (FFT) verwendet wird, nennt man diese Methode schnelle Faltung.
Sie wurde bereits in Kap. 3.5 besprochen. Bei FIR-Filtern
hohen Grades kann hierbei eine erhebliche Ersparnis bei
der Verarbeitungszeit, verglichen mit der direkten Struktur, resultieren. Allerdings ergibt sich großer Speicher-
bedarf und große Gruppenlaufzeit.

Die Differenzengleichung eines nichtrekursiven Systems
ergibt sich aus (2.17), wenn man die Koeffizienten des
rekursiven Teils gleich Null setzt:

$$y(n) = \sum_{i=0}^{k} b_i \, x(n - i) \qquad\qquad (5.1)$$

Zur Ermittlung der Impulsantwort erregt man die Struktur
nach Bild 5.1 mit einem Einheitsimpuls. Am Ausgang erscheinen dann der Reihe nach Werte, die identisch mit den
Filterkoeffizienten sind:

$$h(i) = b_i \qquad\qquad\qquad (5.2)$$
$$i = 0 \ (1) \ k$$

Mit (5.2) erkennt man, daß es sich bei (5.1) um die
Formel der diskreten Faltung in der Form (2.13) handelt.

Bei vorgeschriebener, endlicher Impulsantwort ist der
Entwurf eines FIR-Filters trivial. Ein Beispiel ist das
sog. Matched Filter (Optimalfilter), bei dem die Impulsantwort die Form des zeitlich invertierten Eingangsnutz-
signals besitzen soll [3].

Die Übertragungsfunktion ergibt sich aus (3.16):

$$\underline{H}(z) = \sum_{i=0}^{k} b_i \, z^{-i} = \frac{1}{z^k} \sum_{i=0}^{k} b_i \, z^{k-i} \qquad\qquad (5.3)$$

Man erkennt, daß die Übertragungsfunktion vom Grad k ist,
und einen k-fachen Pol bei z = 0 besitzt. Den Frequenzgang erhält man für $z = e^{j\omega T} = e^{j\Omega}$:

$$\underline{H}(\Omega) = \sum_{i=0}^{k} b_i \, e^{-ji\Omega} \qquad\qquad\qquad (5.4)$$

Der Frequenzgang kann statt mit (5.4), bzw. den folgenden
Gleichungen für Filter linearer Phase, numerisch evtl.
schneller mittels FFT berechnet werden [30]. Das Verfahren wurde bereits in Kap. 3.3 behandelt. Man setzt die
Impulsantwort endlicher Dauer $h(i) = b_i$, (i = 0 bis k),
mit Werten $h(i) = b_i = 0$, (i = k+1 bis N-1), fort. N muß
hierbei eine Zweierpotenz $(N = 2^\nu)$ sein. Je größer N gewählt wird, um so feiner wird die Auflösung im Frequenzbereich. Im Bereich von f = 0 bis $f_a/2$ erhält man Abtastwerte des Frequenzgangs an N/2 äquidistanten Punkten der

Frequenzachse. Die Abtastwerte stimmen an diesen Punkten mit dem Frequenzgang des Filters <u>exakt</u> überein.

5.2 Eigenschaften nichtrekursiver digitaler Filter mit linearem Phasengang

Im Gegensatz zu analogen Filtern läßt sich hier ein exakt linearer Phasengang (konstante Gruppenlaufzeit) erreichen. Dort wo sich Nullstellen auf dem Einheitskreis der z-Ebene befinden, springt die Phase um 180°. Man spricht trotzdem von linearem Phasengang. Die Gruppenlaufzeit ist an diesen Stellen nicht definiert. Dies spielt jedoch keine Rolle, da das Filter dort wegen der Nullstellen sperrt.

Die Gruppenlaufzeit am Filterausgang ist identisch mit der Verzögerungszeit t_0 in der Kette von Verzögerungsgliedern bis zur Filtermitte: $t_0 = T\ k/2$ (Bild 5.2). Die der Laufzeit bis zur Filtermitte (Index m) entsprechende lineare Phase ist

$$\varphi_m(\omega) = -\omega t_0 = -\omega T\ k/2 \text{ bzw. } \varphi_m(\Omega) = -\Omega\ k/2.$$

Die Werte der Filterkoeffizienten müssen hierbei symmetrisch oder antisymmetrisch (punktsymmetrisch) zur Filtermitte gewählt werden. Für reelle Koeffizienten gilt:

$$b_{k-i} = b_i \tag{5.5a}$$

oder

$$b_{k-i} = -b_i \tag{5.5b}$$

$i = 0\ (1)\ k/2 - 1$ für k gerade; $i = 0\ (1)\ k/2 - 0{,}5$ für k ungerade

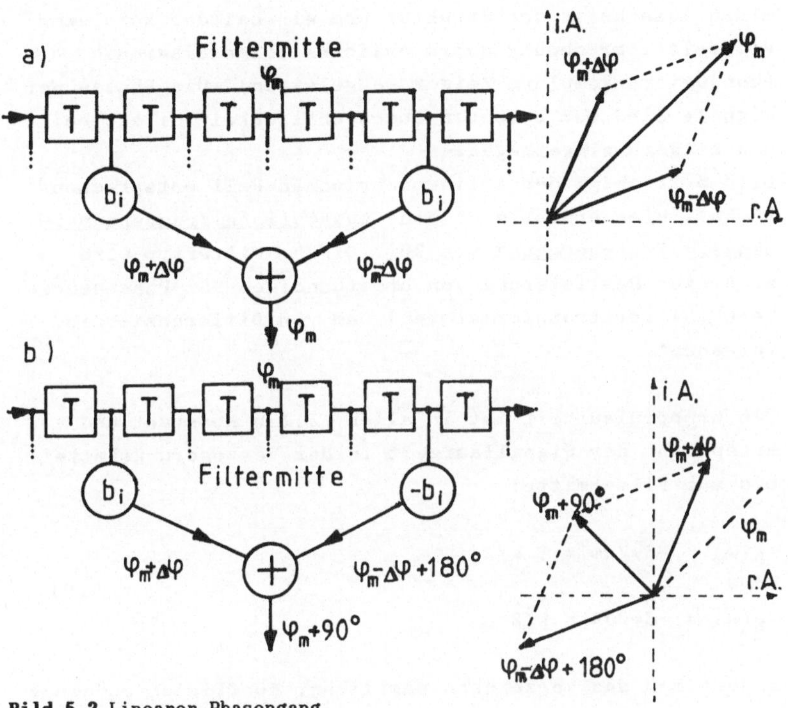

Bild 5.2 Linearer Phasengang
   a) Symmetrie zur Filtermitte
   b) Antisymmetrie zur Filtermitte

Die Bedingung für komplexe Koeffizienten findet man in
[13].
Ein sinusförmiges Testsignal eilt im Fall (5.5a) bezüglich der Phase φ_m der Filtermitte im Transversalzweig i
z. B. um $\Delta\varphi$ vor und im Transversalzweig k-i um $\Delta\varphi$ nach;
beide haben gleiche Amplitude. Bei der Addition im
Summierer kompensieren sich Vor- und Nacheilung, so daß
sich die Phase φ_m der Filtermitte ergibt.

Das Prinzip wird in Bild 5.2a verdeutlicht. Es zeigt
einen Ausschnitt der Struktur und ein bei der komplexen
Wechselstromrechnung gebräuchliches Zeigerdiagramm
(konjugiert komplexe Zeiger weggelassen). Die Phasen der
Signale sind zur besseren Übersichtlichkeit direkt bei
den Zeigern eingetragen.
Bild 5.2b zeigt den antisymmetrischen Fall entsprechend
(5.5b). Hier ergibt sich eine <u>zusätzliche frequenzunabhängige Phasendrehung von 90°</u>. Dieser Filtertyp wird
z. B. zur Realisierung von breitbandigen 90°-Phasenschie-
bern (Hilberttransformatoren) und von Differenzierern
verwendet.

Die Gruppenlaufzeit ist in allen Fällen konstant und
entspricht der Signallaufzeit in der Verzögerungskette
bis zur Filtermitte:

$$\tau_g(\omega) = -d\varphi/d\omega = T\ k/2$$
bzw.
$$\tau_g(\Omega) = -d\varphi/d\Omega = k/2$$

$$(5.6)$$

Ändert man das Vorzeichen sämtlicher Koeffizienten eines
Filters, so ergibt sich nochmals eine zusätzliche Phasenverschiebung von 180°.

Setzt man die Bedingung für lineare Phase (5.5a) bzw.
(5.5b) in (5.3) ein, so ergibt sich folgende Übertragungsfunktion:

$$\underline{H}(z) = (1/z^k)\ (b_0 z^k + b_1 z^{k-1} + \ldots \pm b_1 z \pm b_0) \qquad (5.7)$$

Der Ausdruck in Klammern ist ein sog. Spiegelpolynom bzw.
Antispiegelpolynom, da die Koeffizienten symmetrisch bzw.
antisymmetrisch zur Mitte des Polynoms sind.

245

Zu jeder Nullstelle $z_{0\nu}$ eines derartigen Polynoms gibt
es, wenn $|z_{0\nu}| \neq 1$ ist, eine weitere Nullstelle, die den
Wert $1/z_{0\nu}^*$ hat. Dies bewirkt den linearen Phasenverlauf.

Der Beweis kann folgendermaßen geführt werden:
Setzt man die Nullstelle $z = z_{0\nu}$ in (5.7) ein, so ist das
Polynom gleich Null:
$$b_0 z_{0\nu}^k + b_1 z_{0\nu}^{k-1} + \ldots\ldots \pm b_1 z_{0\nu} \pm b_0 = 0.$$
Zerlegt man nun die Summanden dieses Ausdrucks in Real-
und Imaginärteil, so gilt:
Summe der Realteile = 0 und
Summe der Imaginärteile = 0.
Setzt man nun $z = 1/z_{0\nu}^*$ in (5.7) ein, so läßt sich
zeigen, daß das Polynom dann ebenfalls den Wert Null
annimmt:
$$b_0(1/z_{0\nu}^*)^k + b_1(1/z_{0\nu}^*)^{k-1} + \ldots \pm b_1(1/z_{0\nu}^*) \pm b_0 = 0.$$
Multipliziert man beide Seiten der Gleichung mit $(z_{0\nu}^*)^k$,
so ergibt sich mit der Beziehung $(z_{0\nu}^*)^k = (z_{0\nu}^k)^*$:
$$b_0 + b_1 z_{0\nu}^* + \ldots\ldots \pm b_1(z_{0\nu}^{k-1})^* \pm b_0(z_{0\nu}^k)^* = 0.$$
Zerlegt man die Summanden wieder in Real- und Imaginär-
teil, so gilt ebenfalls:
Summe der Realteile = 0 und
Summe der Imaginärteile = 0.
Hieraus ergeben sich nach geringfügiger Umrechnung die
gleichen Beziehungen wie oben.

Die Nullstellen des Polynoms sind auch die Nullstellen
der Übertragungsfunktion $\underline{H}(z)$.
Da die Koeffizienten des Polynoms reell sind, ergeben
sich zusätzlich noch die konjugiert komplexen Nullstellen
$z_{0\nu}^*$ und $1/z_{0\nu}$, so daß sich normalerweise Vierergruppen
von Nullstellen ergeben (Bild 5.3).

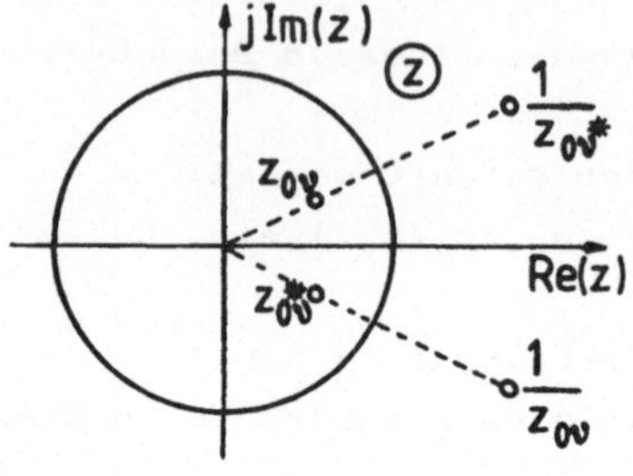

Bild 5.3
Vierergruppe von Nullstellen
bei FIR-Filter linearer Phase

Ausnahmen hiervon sind erstens Nullstellen $z_{0\nu}$ = +1
bzw. -1, die einzeln auftreten können; zweitens Nullstellen auf dem Einheitskreis, die als konjugiert kom-
plexes Paar auftreten; drittens Nullstellen auf der
reellen Achse ($z_{0\nu} \neq \pm 1$), die ebenfalls in Paaren
auftreten, denn $1/z_{0\nu}^{*}$ liegt dann ebenfalls auf der reellen Achse.

FIR-Filter linearer Phase sind nicht minimalphasig, da
sich Nullstellen außerhalb des Einheitskreises befinden.
Minimalphasige Filter besitzen keine lineare Phase und
zeigen daher Gruppenlaufzeitverzerrungen. Die geringere
Gruppenlaufzeit dieser Filter kann jedoch vorteilhaft
sein. Der Entwurf von minimalphasigen FIR-Filtern ist
schwierig. Siehe z. B. [34].

Zur Untersuchung des Frequenzgangs eines FIR-Filters
linearer Phase wird in (5.4) die der Laufzeit bis zur
Filtermitte entsprechende lineare Phasendrehung vor die
Summe gezogen:

$$\underline{H}(\Omega) = e^{-j\Omega k/2} \, \underline{H}_{nk}(\Omega) \tag{5.8}$$

mit der Abkürzung

$$\underline{H}_{nk}(\Omega) = \sum_{i=0}^{k} b_i e^{-j(i-k/2)\Omega} \qquad\qquad (5.9)$$

Dieser Ausdruck enthält bei FIR-Filtern linearer Phase infolge der symmetrischen bzw. antisymmetrischen Koeffizienten, abgesehen von den oben erwähnten Phasensprüngen beim Durchgang durch Nullstellen, keine frequenzabhängige Phasendrehung mehr.

Aus (5.8) ist mit dem Verschiebungssatz (1.20) zu erkennen, daß die zu $\underline{H}_{nk}(\Omega)$ gehörende Impulsantwort $h_{nk}(i)$ durch Linksverschiebung der Impulsantwort $h(i)$ des FIR-Filters um $t_0 = T\,k/2$ entsteht. $h_{nk}(i)$ ist nicht kausal (Index nk) und dient nur als theoretisches Hilfsmittel zum Filterentwurf. Mit (5.2) gilt somit:

$$b_i = h(i) = h_{nk}(i - k/2) \qquad\qquad (5.10)$$

Bei ungeradzahligem k ist k/2 keine ganze Zahl. Es treten dann z. B. Ausdrücke auf wie $h_{nk}(-1,5)$; $h_{nk}(-0,5)$; $h_{nk}(0,5)$; $h_{nk}(1,5)$. Dies stört hier nicht weiter, da die nichtkausale Impulsantwort nur ein theoretisches Hilfsmittel darstellt. Sie besitzt zwar eine F-Transformierte (Frequenzgang), jedoch keine (einseitige) z-Transformierte (Übertragungsfunktion).
Der Frequenzgang $\underline{H}_{nk}(\Omega)$ der nichtkausalen Impulsantwort wird im folgenden vereinfachend als "nichtkausaler Frequenzgang" bezeichnet.

Mit (5.10) ergibt sich aus (5.9):

$$\underline{H}_{nk}(\Omega) = \sum_{i=0}^{k} h_{nk}(i - k/2)\, e^{-j(i-k/2)\Omega} \qquad\qquad (5.11)$$

Läßt man i mit der Schrittweite 1 von $-k/2$ bis $+k/2$
laufen, so kann man schreiben:

$$\underline{H}_{nk}(\Omega) = \sum_{i=-k/2}^{k/2} h_{nk}(i)\, e^{-ji\Omega} \qquad\qquad (5.11a)$$

$$i = -k/2\ (1)\ k/2$$

Dies ist eine endliche Fourierreihe der <u>im Frequenz-
bereich periodischen</u> Funktion $\underline{H}_{nk}(\Omega)$. Es handelt sich um
eine Reihe von <u>frequenzabhängig rotierenden</u>, harmonischen
Drehzeigern, wie wir sie bereits beim Spektrum eines abgetasteten Signals (2.3a) kennengelernt haben. Mit wachsender Frequenz rotieren die Zeiger wegen des Minuszei-
chens im Exponenten umgekehrt wie die Zeiger in (1.2) mit
wachsender Zeit. Hier sind die Werte der Impulsantwort
$h_{nk}(i)$ die F-Koeffizienten. Sie werden daher im folgenden
so bezeichnet.

Man unterscheidet vier verschiedene Typen von FIR-Filtern
linearer Phase [4; 6; 11; 29; 30; 34].

<u>Typ 1</u>:
<u>Symmetrische Impulsantwort</u> nach (5.5a) und <u>ungerade
Anzahl M von Koeffizienten</u>. Da die Summen von 0 bis k
laufen, ist die Anzahl M der Koeffizienten $M = k + 1$. Der
Grad k der Übertragungsfunktion ist hier somit gerade.
Die nichtkausale Impulsantwort $h_{nk}(i)$ ist hier reell und
gerade. Der Frequenzgang $\underline{H}_{nk}(\Omega)$ ist nach (1.14) dann
reell und gerade.

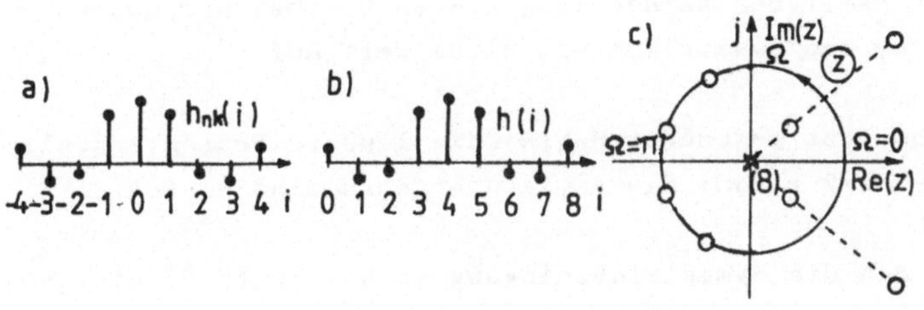

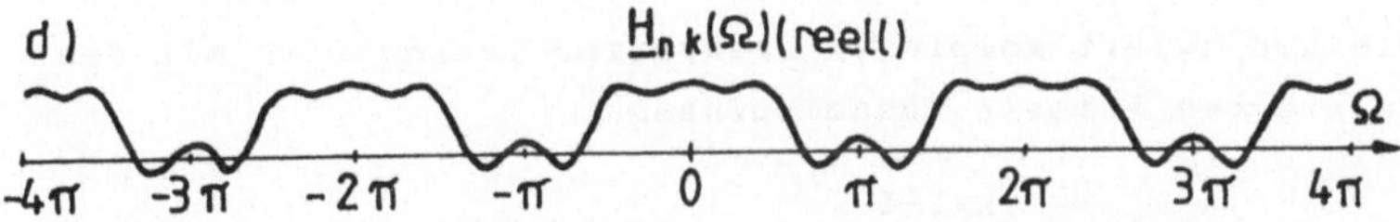

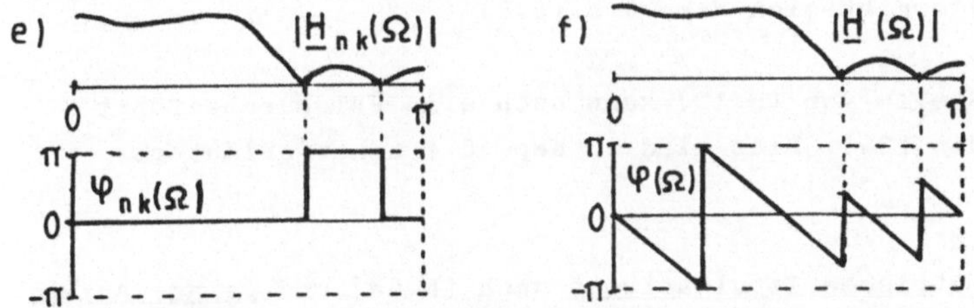

Bild 5.4 FIR-Filter linearer Phase, Typ 1 (k = 8)
      a) Nichtkausale Impulsantwort b) Kausale Impulsantwort
      c) PN-Plan d) Frequenzgang (nichtkausales Filter)
      e) Amplituden- und Phasengang (nichtkausales Filter)
      f) Amplituden- und Phasengang (kausales Filter)

Bild 5.4 zeigt ein Tiefpaß-Beispiel für k = 8
(M = k + 1 = 9). Aus Bild 5.4a erkennt man, daß hier auf
der Zeitachse die F-Koeffizienten der 1. Harmonischen bei
i = 1 (entspricht T) bzw. i = -1 (entspricht -T) liegen.
Auf der Frequenzachse (Bild 5.4d) ist der Vorgang daher
mit der Abtastfrequenz f_a periodisch (Periode $\Omega = 2\pi$). Da

$\underline{H}_{nk}(\Omega)$ reell und gerade ist, treten hierbei nur cos-Harmonische und zusätzlich ein Mittelwert auf.

$\underline{H}(\Omega)$ besitzt gegenüber $\underline{H}_{nk}(\Omega)$ die lineare Phasenverschiebung $-\Omega\, k/2 = -4\Omega$; die Amplitudengänge sind gleich.

Setzt man die Symmetriebedingung (5.5a) in (5.9) ein, so erhält man konjugiert komplex umlaufende Zeiger. Außerdem existiert noch ein Mittelwert $b_k/2 = h_{nk}(0)$ (Bild 5.4a). Die konjugiert komplexen Drehzeiger lassen sich mit den Eulerschen Formeln zusammenfassen:

$$\underline{H}_{nk}(\Omega) = b_k/2 + 2 \sum_{i=0}^{k/2-1} b_i \cos[(k/2 - i)\Omega)] \qquad (5.12)$$

$\underline{H}(\Omega)$ ergibt sich dann aus (5.8).

An Stelle von (5.12) kann auch eine FFT durchgeführt werden [30]. Dies wird in Kap. 5.4 näher erläutert.

Typ 2:
Symmetrische Impulsantwort nach (5.5a) und gerade Anzahl M von Koeffizienten (k ungerade).
Die nichtkausale Impulsantwort $h_{nk}(i)$ ist hier wieder reell und gerade. Der Frequenzgang $\underline{H}_{nk}(\Omega)$ ist dann ebenfalls wieder reell und gerade. Bild 5.5 zeigt ein Tiefpaß-Beispiel für k = 7. Aus Bild 5.5a erkennt man, daß hier die F-Koeffizienten der 1. Harmonischen bei i = 0,5 (entspricht T/2) und i = -0,5 (entspricht -T/2) liegen. Der nichtkausale Frequenzgang $\underline{H}_{nk}(\Omega)$ (Bild 5.5d) ist daher mit $2f_a$ periodisch (Periode $\Omega = 4\pi$). Man kann das Bild 5.5a so interpretieren, daß hier mit doppelter Abtastfrequenz $f_a' = 2f_a$ gearbeitet wird, wobei jedoch jeder zweite Wert der Impulsantwort gleich Null ist.

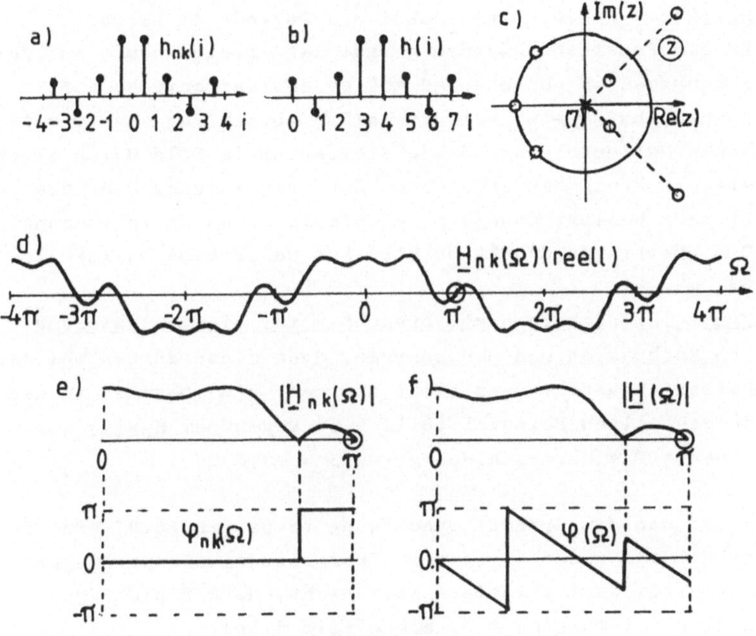

Bild 5.5 FIR-Filter linearer Phase, Typ 2 (k = 7)
   a) Nichtkausale Impulsantwort b) Kausale Impulsantwort
   c) PN-Plan d) Frequenzgang (nichtkausales Filter)
   e) Amplituden- und Phasengang (nichtkausales Filter)
   f) Amplituden- und Phasengang (kausales Filter)

Der Frequenzgang $\underline{H}(\Omega)$ des realisierbaren Filters mit kausaler Impulsantwort ist natürlich wieder mit f_a periodisch (Periode $\Omega = 2\pi$), wie dies vom Abtasttheorem her bekannt ist.

In Bild 5.5a treten nur ungeradzahlige Harmonische auf. Die 1. Harmonische liegt bei i = 0,5 und i = -0,5; die

3. Harmonische bei i = 1,5 und i = -1,5 usw. Dies bedeutet Halbwellensymmetrie [1]:

$\underline{H}_{nk}(\Omega) = -\underline{H}_{nk}(\Omega + 2\pi)$, wobei die Periode 4π beträgt.

Da die Funktion außerdem gerade ist, treten somit auf der Frequenzachse nur ungeradzahlige cos-Harmonische auf. Deshalb hat $\underline{H}_{nk}(\Omega)$ bei der halben Abtastfrequenz ($\Omega = \pi$) einen Nulldurchgang. Diese Stelle ist im Bild durch einen kleinen Kreis hervorgehoben. Der Frequenzgang $\underline{H}(\Omega)$ des Filters besitzt dann dort ebenfalls einen Nulldurchgang. Die Übertragungsfunktion $\underline{H}(z)$ hat daher eine Nullstelle bei z = -1.

Typ 2 ist deshalb nicht brauchbar für die Realisierung von Hochpässen und Bandsperren, denn diese dürfen bei der halben Abtastfrequenz nicht sperren. $\underline{H}(\Omega)$ besitzt in dem dargestellten Beispiel (Bild 5.5) gegenüber $\underline{H}_{nk}(\Omega)$ die lineare Phasenverschiebung $-\Omega k/2 = -3,5 \ \Omega$.

Setzt man die Symmetriebedingung (5.5a) in (5.9) ein, so erhält man wieder konjugiert komplex umlaufende Zeiger. Ein Mittelwert existiert hier nicht, da k/2 nicht ganzzahlig ist ($h_{nk}(0) = 0$, siehe Bild 5.5a):

$$\underline{H}_{nk}(\Omega) = 2 \sum_{i=0}^{k/2-0,5} b_i \cos[(k/2 - i)\Omega] \qquad (5.13)$$

An Stelle von (5.13) kann auch eine FFT durchgeführt werden [30]. Dies wird in Kap. 5.4 näher erläutert.

Typ 3:
Antisymmetrische Impulsantwort nach (5.5b) und ungerade Anzahl M von Koeffizienten (k gerade). Hierbei wird der zentrale Koeffizient, der auf Grund der Antisymmetrie gleich Null ist, mitgezählt. Die nichtkausale Impulsantwort $h_{nk}(i)$ ist hier reell und ungerade. Der Frequenzgang $\underline{H}_{nk}(\Omega)$ ist nach (1.15) imaginär und ungerade.

Imaginärer Frequenzgang bedeutet zusätzlich zur linearen
Phase eine frequenzunabhängige Phasenverschiebung von
+90° (positiv imaginär) bzw. -90° (negativ imaginär).
Bild 5.6 zeigt ein Bandpaß-Beispiel für k = 8. $\underline{H}(\Omega)$
besitzt in diesem Beispiel gegenüber $\underline{H}_{nk}(\Omega)$ die lineare
Phasenverschiebung -4Ω

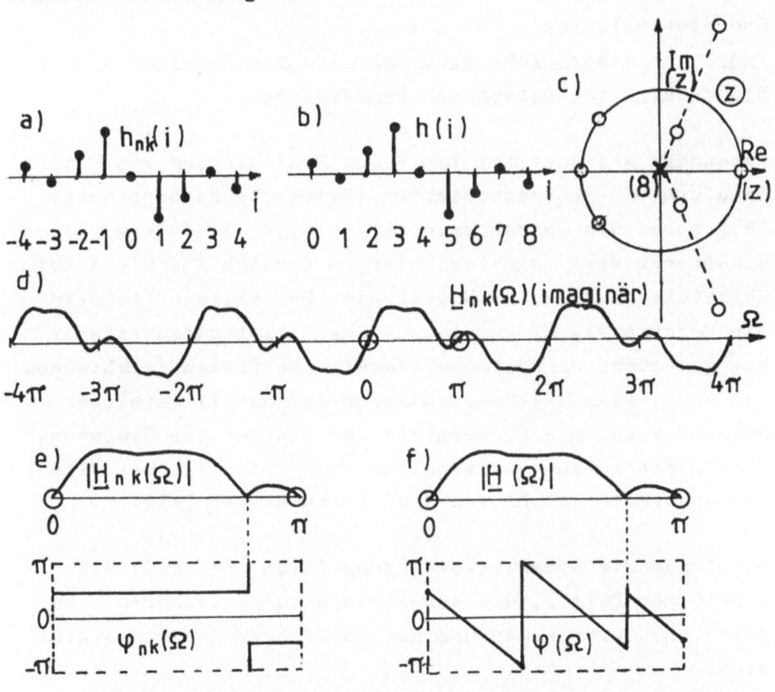

Bild 5.6 FIR-Filter linearer Phase, Typ 3 (k = 8)
  a) Nichtkausale Impulsantwort b) Kausale Impulsantwort
  c) PN-Plan d) Frequenzgang (nichtkausales Filter)
  e) Amplituden- und Phasengang (nichtkausales Filter)
  f) Amplituden- und Phasengang (kausales Filter)

$\underline{H}_{nk}(\Omega)$ ist mit der Abtastfrequenz f_a periodisch (Periode $\Omega = 2\pi$). Auf der Frequenzachse treten daher nur sin-Harmonische auf. Die Funktion $\underline{H}_{nk}(\Omega)$ hat deshalb bei der Frequenz Null und bei der halben Abtastfrequenz ($\Omega = \pi$) einen Nulldurchgang. $\underline{H}(\Omega)$ besitzt dann dort ebenfalls Nulldurchgänge. $\underline{H}(z)$ hat daher eine Nullstelle bei $z = +1$ und eine Nullstelle bei $z = -1$.

<u>Typ 3 ist daher nicht brauchbar für die Realisierung von Hochpässen, Tiefpässen und Bandsperren.</u>

Besonders geeignet ist Typ 3 zur Realisierung von breitbandigen -90°-Phasenschiebern (Hilberttransformatoren) [9], wobei die Charakteristik $\underline{H}_{nk}(\Omega) = -j$, $(0 < \Omega < \pi)$, angestrebt wird. Man legt hier im Bereich $0 < \Omega < \pi$ keine Nullstelle auf den Einheitskreis. Der Filtermitte wird ein Referenzsignal entnommen. Das Filterausgangssignal hat gegenüber dem Referenzsignal eine Phasenverschiebung von -90°, wenn die Koeffizienten vor der Filtermitte negativ sind. Die Filtermitte muß hierbei zur Gewinnung des Referenzsignals zugänglich sein. Dies ist bei Filtern mit ungerader Anzahl von Koeffizienten der Fall.

Setzt man die Symmetriebedingung (5.5b) in (5.9) ein, so erhält man Zeiger, die symmetrisch zur imaginären Achse rotieren. Durch Anwendung der Eulerschen Formeln ergibt sich:

$$\underline{H}_{nk}(\Omega) = 2j \sum_{i=0}^{k/2-1} b_i \, \sin[(k/2 - i)\Omega] \tag{5.14}$$

An Stelle von (5.14) kann auch eine FFT durchgeführt werden [30].

<u>Typ 4:</u>

<u>Antisymmetrische Impulsantwort</u> nach (5.5b) und <u>gerade</u>
<u>Anzahl M von Koeffizienten</u> (k ungerade). Die nichtkausale
Impulsantwort $h_{nk}(i)$ ist hier wieder reell und ungerade.
Der Frequenzgang $\underline{H}_{nk}(\Omega)$ ist dann ebenfalls wieder imaginär und ungerade. Bild 5.7 zeigt ein Hochpaß-Beispiel für
k = 7.

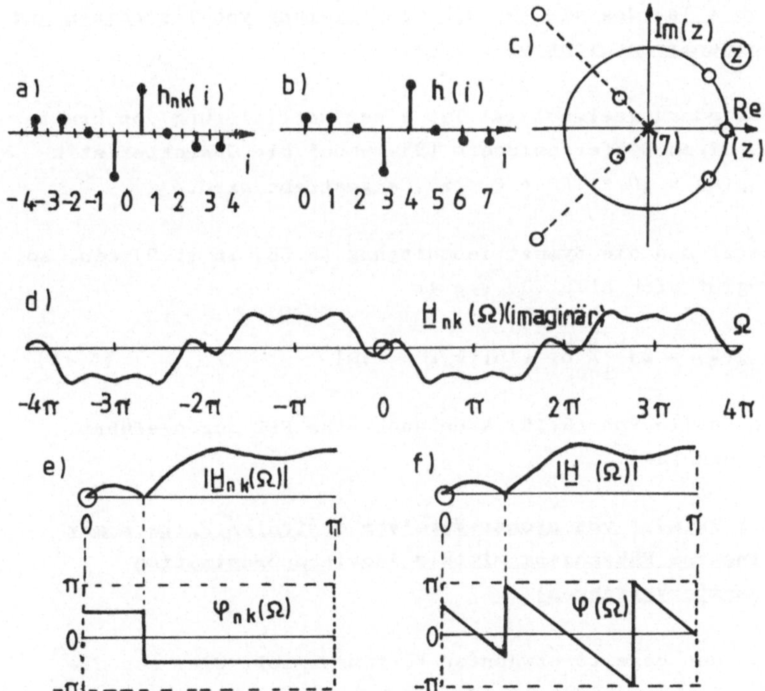

Bild 5.7 FIR-Filter linearer Phase, Typ 4 (k = 7)
     a) Nichtkausale Impulsantwort b) Kausale Impulsantwort
     c) PN-Plan d) Frequenzgang (nichtkausales Filter)
     e) Amplituden- und Phasengang (nichtkausales Filter)
     f) Amplituden- und Phasengang (kausales Filter)

Wie bei Typ 2 ist der Frequenzgang $\underline{H}_{nk}(\Omega)$ hier mit $2f_a$ periodisch (Periode $\Omega = 4\pi$). Die Funktion besitzt wieder Halbwellensymmetrie. Da die Funktion außerdem ungerade ist, treten auf der Frequenzachse nur sin-Harmonische auf. Deshalb hat $\underline{H}_{nk}(\Omega)$ bei der Frequenz Null einen Null-durchgang. $\underline{H}(\Omega)$ besitzt dann dort ebenfalls einen Null-durchgang. $\underline{H}(z)$ hat daher eine Nullstelle bei $z = +1$. <u>Typ 4 ist deshalb für die Realisierung von Tiefpässen und Bandsperren nicht brauchbar.</u>

Besonders geeignet ist Typ 4 zur Realisierung von breit-bandigen Differenzierern [9], wobei die Charakteristik $\underline{H}_{nk}(\Omega) = j\Omega/\pi$, $(0 < \Omega < \pi)$, angestrebt wird.

Setzt man die Symmetriebedingung (5.5b) in (5.9) ein, so ergibt sich hier für Typ 4:

$$\underline{H}_{nk}(\Omega) = 2j \sum_{i=0}^{k/2-0,5} b_i \sin[(k/2 - i)\Omega] \qquad (5.15)$$

An Stelle von (5.15) kann auch eine FFT durchgeführt werden [30].

5.3 Entwurf von nichtrekursiven digitalen Filtern mit linearem Phasengang mittels Fourierapproximation (Fensterverfahren)

Von den bereits erwähnten Verfahren soll hier nur die Fourierapproximation (Fensterverfahren) besprochen wer-den.

Zunächst muß auf Grund der geforderten Eigenschaften des Filters entschieden werden, welcher Typ (1 bis 4) in Fra-ge kommt. Dann wird im Bereich von $\Omega = -\pi$ bis $+\pi$ eine <u>nichtkausale Wunschfunktion</u> $\underline{G}_{nk}(\Omega)$ aufgestellt, die die

charakteristischen Eigenschaften des nichtkausalen
Frequenzgangs $\underline{H}_{nk}(\Omega)$ des jeweiligen Typs besitzen muß:

Typ 1: reell, gerade;
Typ 2: reell, gerade, Nulldurchgänge bei $-\pi$ und π;
Typ 3: imaginär, ungerade, Nulldurchgänge bei $-\pi$; 0; π;
Typ 4: imaginär, ungerade, Nulldurchgang bei 0.

Die Approximation einer Wunschfunktion vom Typ 2, 3 und 4
läßt sich im Prinzip auf die Approximation einer Wunschfunktion vom Typ 1 zurückführen, siehe z. B. [6, 1.Aufl.;
15; 34]. In den folgenden Beispielen werden jedoch die
Wunschfunktionen direkt approximiert.

Die periodisch fortgesetzte Wunschfunktion vom Typ 1 bis
4 läßt sich in der Form (5.11a) durch eine F-Reihe darstellen, die jedoch gewöhnlich unendlich viele Glieder
hat:

$$\underline{G}_{nk}(\Omega) = \sum_{i=-\infty}^{+\infty} g_{nk}(i) \; e^{-ji\Omega} \tag{5.16}$$

Die Berechnung der F-Koeffizienten $g_{nk}(i)$ kann mit der in
Kap. 1, Gl. (1.3) dargestellten Methode erfolgen:
Multiplikation mit entgegengesetzt rotierendem Zeiger,
Integration über eine Periode, Division durch die
Periode:

$$g_{nk}(i) = \frac{1}{2\pi} \int_{-\pi}^{+\pi} \underline{G}_{nk}(\Omega) \; e^{ji\Omega} \; d\Omega \tag{5.17}$$

$$(-\infty < i < \infty)$$

Man kann zeigen, daß diese Formel auch bei Typ 2 und 4
auf Grund von Symmetriebedingungen gültig ist, obwohl
dort die Periode 4π beträgt.

Damit das Filter realisierbar wird, bricht man die unend-
liche F-Reihe beidseitig ab. Eine abgebrochene F-Reihe
approximiert bekanntlich die Wunschfunktion im Sinne der
kleinsten Fehlerquadratsumme. Mit (5.10) gilt dann:

$$b_i = h(i) = h_{nk}(i - k/2) = g_{nk}(i - k/2) \qquad (5.18)$$
$$i = 0 \, (1) \, k$$

(k gerade bei Typ 1 und 3; k ungerade bei Typ 2 und 4).

Beispiel 5.1

FIR-Tiefpaß linearer Phase. Gewählt wird Typ 1. Die
nichtkausale Wunschfunktion ist reell und gerade. Sie hat
die Form eines Rechtecks, das von $-\Omega_g$ bis $+\Omega_g$ reicht, und
im Rest der Periode gleich Null ist (Bild 5.8).

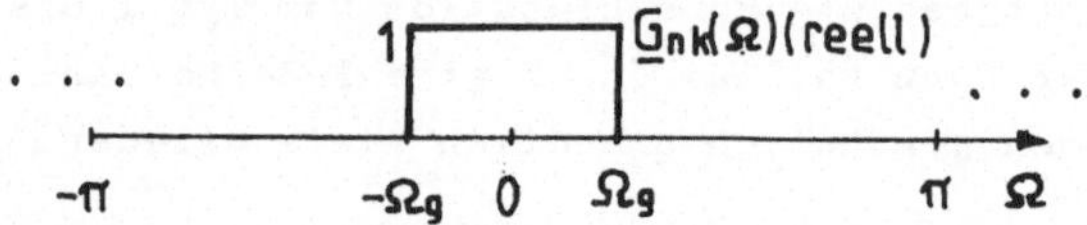

Bild 5.8 Wunschfunktion zu nichtkausalem FIR-Tiefpaß
linearer Phase

Die Berechnung der F-Koeffizienten erfolgt ähnlich wie in
Beispiel 1.1. Aus (5.17) ergibt sich unter Verwendung der
Eulerschen Formeln:

$$g_{nk}(i) = \frac{1}{2\pi} \int_{-\Omega_g}^{+\Omega_g} 1 \cdot e^{ji\Omega} d\Omega = \frac{\Omega_g}{\pi} \, si(i\Omega_g)$$

Wählt man z. B. ein sog. <u>Equibandfilter</u>, bei dem die
Breite des Durchlaßbereichs gleich der Breite des Sperr-
bereichs ist: $\Omega_g = \pi/2$, so erhält man
$g_{nk}(i) = 0,5 \, si(i\pi/2)$.
Da bei Typ 1 der Grad k gerade ist, ergibt sich hier beim
Equibandfilter jeder zweite Koeffizient, abgesehen vom

Koeffizienten der Filtermitte, zu Null. Der Aufwand an Multiplizierern wird hierbei um etwa 50% reduziert.

Wählt man z. B. $k = 10$ (11 Transversalzweige), so ergibt sich mit (5.18) für die Filterkoeffizienten:
$$b_i = g_{nk}(i - k/2) = 0,5 \, si[(i - 5)\pi/2];$$
$(i = 0 \; (1) \; 10)$.
Da bei Typ 1 die Koeffizienten symmetrisch zur Filtermitte sind, gilt nach (5.5a):

$$b_0 = b_{10} = 0,5 \, si[(-5)\pi/2] = 0,063$$
$$b_1 = b_9 = 0,5 \, si[(1 - 5)\pi/2] = 0$$
$$b_2 = b_8 = 0,5 \, si[(2 - 5)\pi/2] = -0,106$$
$$b_3 = b_7 = 0,5 \, si[(3 - 5)\pi/2] = 0$$
$$b_4 = b_6 = 0,5 \, si[(4 - 5)\pi/2] = 0,318$$
$$b_5 = 0,5 \, si[(5 - 5)\pi/2] = 0,5$$

Die Übertragungsfunktion ist nach (5.3):
$$\underline{H}(z) = 0,063 - 0,106z^{-2} + 0,318z^{-4} + 0,5z^{-5} + 0,318z^{-6}$$
$$-0,106z^{-8} + 0,063z^{-10}$$
Den Frequenzgang $\underline{H}_{nk}(\Omega)$ erhält man für Typ 1 aus (5.12):
$$\underline{H}_{nk}(\Omega) = 0,5 + 0,636 \cos(\Omega) - 0,212 \cos(3\Omega)$$
$$+ 0,126 \cos(5\Omega)$$
Der Frequenzgang des FIR-Filters $\underline{H}(\Omega)$ ist dann mit (5.8):
$$\underline{H}(\Omega) = e^{-j5\Omega} \, \underline{H}_{nk}(\Omega).$$

Bild 5.9 zeigt die Filterkoeffizienten $b_i = h(i)$, den nichtkausalen Frequenzgang $\underline{H}_{nk}(\Omega)$ und Betrag und Phase von $\underline{H}(\Omega)$. Außerdem wird die Direktstruktur dargestellt. Durch die Symmetrie der Koeffizienten kann hier nochmals etwa die Hälfte der Multiplizierer eingespart werden. Bei der Grenzfrequenz Ω_g der Wunschfunktion hat der Amplitudengang derartiger Filter etwa den Wert 0,5 (6 dB Dämpfung). Ω_g ist daher weder identisch mit der Grenze des

Durchlaßbereichs Ω_d, noch mit der Grenze des Sperrbereichs Ω_s.

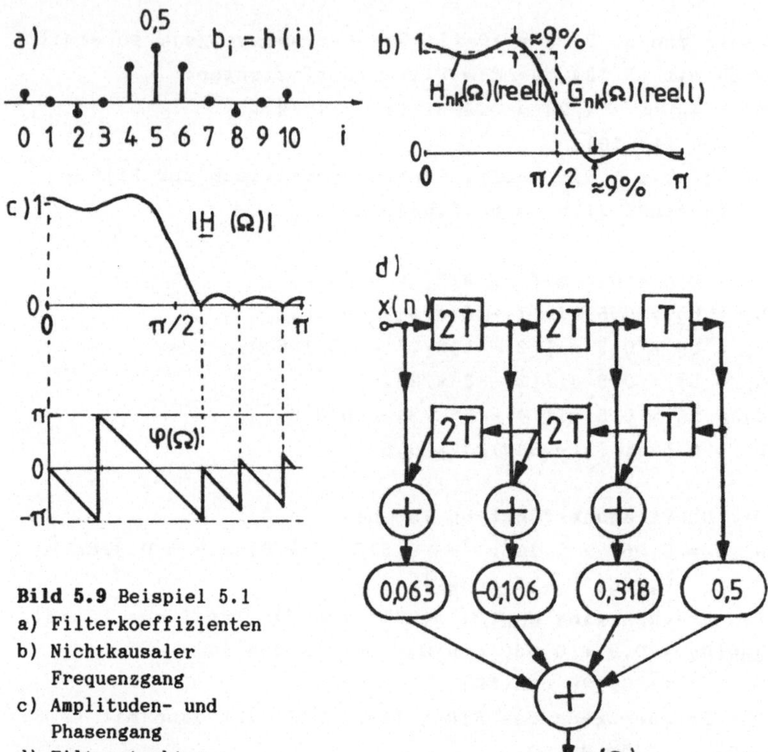

Bild 5.9 Beispiel 5.1
a) Filterkoeffizienten
b) Nichtkausaler
   Frequenzgang
c) Amplituden- und
   Phasengang
d) Filterstruktur

Das Filter ist noch nicht skaliert. Je nach Einsatzbereich kann entsprechend Kap. 4.10 z. B. eine L_1-, L_2- oder L_∞-Skalierung durchgeführt werden, indem man sämtliche Filterkoeffizienten mit einem geeigneten Faktor multipliziert.

Bei Wunschfunktionen mit <u>senkrechten</u> Flanken treten in
der Umgebung der Flanke Abweichungen von etwa 9% der
Größe der Flanke auf (Gibbsches Phänomen). Durch Verwendung einer größeren Anzahl von Transversalzweigen
(größeres k) erhöht sich zwar die Steilheit der Filterflanke, aber die Schwankung bleibt in der Größenordnung
von 9%. Die Ursache des Gibbschen Phänomens ist das ab-
rupte Abbrechen der unendlich langen F-Reihe der Wunschfunktion. Zur Abhilfe kann man entweder Wunschfunktionen
mit abgerundeten Ecken und schrägen Flanken verwenden,
oder man bricht die F-Reihe nicht so abrupt ab.
(Fensterverfahren mit nicht rechteckförmigem Fenster).

Das Abbrechen der F-Reihe kann theoretisch durch Multiplikation der F-Koeffizienten der Wunschfunktion mit
einem Fenster $w_{nk}(i)$ beschrieben werden:

$$h_{nk}(i) = g_{nk}(i)\, w_{nk}(i) \tag{5.19}$$

$$(-\infty < i < \infty)$$

Abruptes Abbrechen wird durch ein rechteckförmiges Fenster beschrieben (abgetastetes Rechteck):

$$w_{nk}(i) = \begin{cases} 1 \text{ für } i = -k/2 \ (1) \ k/2 \\ 0 \text{ ansonsten} \end{cases} \tag{5.20}$$

Das Spektrum eines Fensters kann z. B. bei ungerader Anzahl von Koeffizienten mit (5.12) bzw. bei gerader Anzahl
von Koeffizienten mit (5.13) berechnet werden, wenn man
in diesen Formeln die Koeffizienten b_i durch die Werte
des Fensters $w(i)$ ersetzt. $w(i)$ ist hierbei die kausale
Version des Fensters, wobei, ähnlich wie in (5.10), gilt:
$w(i) = w_{nk}(i - k/2)$.
Auch die FFT kann verwendet werden [30].

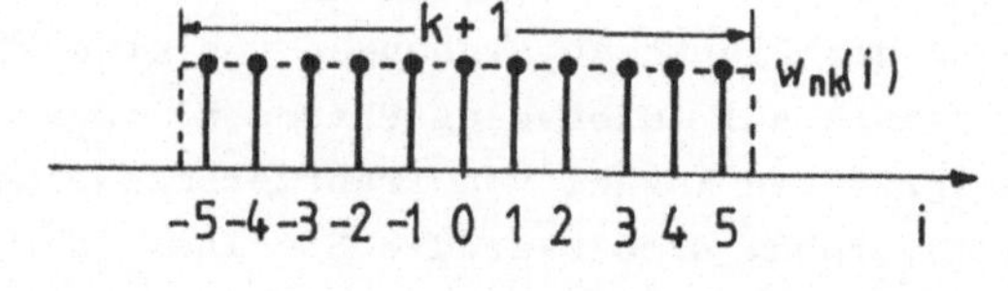

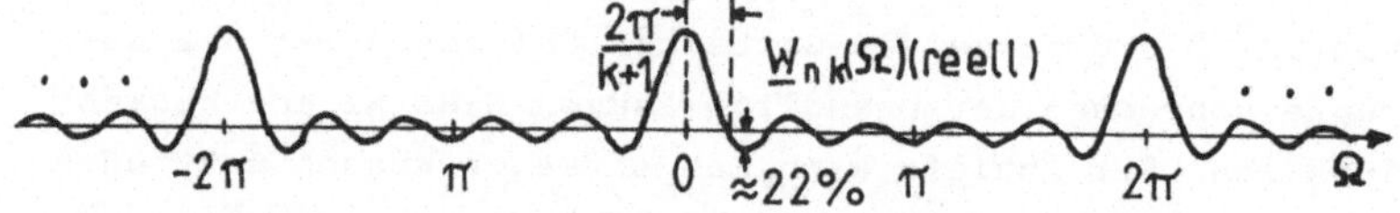

Bild 5.10 Zeitdiskretes Rechteckfenster (k = 10); Spektrum

Bild 5.10 zeigt das Rechteckfenster $w_{nk}(i)$ und sein Spektrum $W_{nk}(\Omega)$ für k = 10. Das Spektrum ist die Summe von jeweils um die Abtastfrequenz verschobenen si-Funktionen.

Der Multiplikation im Zeitbereich nach (5.19) entspricht im Frequenzbereich die Faltung der Spektren:

$$\underline{H}_{nk}(\Omega) = \underline{G}_{nk}(\Omega) * \underline{W}_{nk}(\Omega) \tag{5.21}$$

In Bild 5.11 ist dies für das Beispiel 5.1 dargestellt. Die Integrationsvariable der Faltung wird hierbei Θ genannt. Durch die Faltung mit dem Spektrum des Rechteckfensters wird die Wunschfunktion "verschmiert". Die bei der Faltung entstehende Filterflanke (Übergangsbereich) der Breite $\Delta\Omega$ bzw. Δf entspricht beim <u>Rechteckfenster</u> etwa der halben Breite des Hauptlappens des Fensterspektrums; siehe Bild 5.11e:

$$\Delta\Omega \approx 2\pi/M; \text{ bzw. } \Delta f/f_a \approx 1/M \tag{5.22}$$

mit M = k + 1.

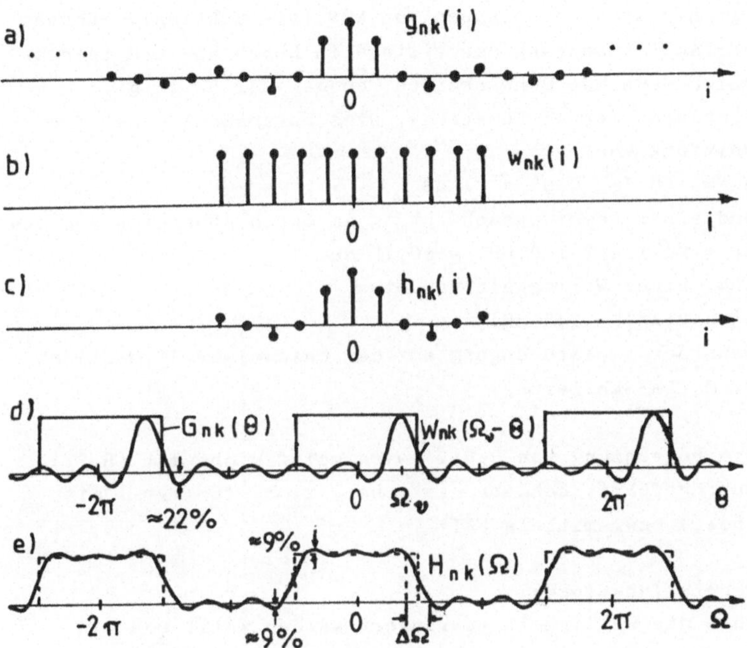

Bild 5.11 Abruptes Abbrechen einer F-Reihe durch Rechteckfenster
    a) F-Koeffizienten der Wunschfunktion
    b) Rechteckfenster (k = 10)
    c) Mit Fenster bewertete F-Koeffizienten
    d) Faltung von Wunschfunktion und Fensterspektrum
    e) Nichtkausaler Frequenzgang (reell)

Die Welligkeit des Spektrums des Fensters wird durch die
Faltung mit der rechteckigen Wunschfunktion geglättet.
Dies geschieht durch die glättende Wirkung der bei der
Faltung durchzuführenden Integration (siehe Bild 1.23).
Der Amplitudengang des Filters besitzt daher _geringere_
Welligkeit als das Spektrum der Fensterfunktion.

Das Spektrum des Rechteckfensters besitzt z. B. für k $\gg$ 1
einen ersten Nebenlappen von 22% (si-Funktion), während
der Amplitudengang des Filters im Durchlaß- und Sperrbereich dann nur Schwankungen von maximal 9% zeigt
(Integral der si-Funktion). Dies entspricht einer Sperrdämpfung von

$a_s = -20 \log 0,09 = 21$ dB

und einer Dämpfungsschwankung im Durchlaßbereich von etwa

$\Delta a = 20 \log(1 \pm 0,09) \approx \pm 0,75$ dB,

bzw. einer Welligkeit von etwa

$a_d = 2|\Delta a| \approx 1,5$ dB,

wenn der Amplitudengang auf den Maximalwert 1 skaliert
wird (L_∞-Skalierung).

Die Berechnung von $\underline{H}_{nk}(\Omega)$ wird meist nicht mit (5.21)
durchgeführt, sondern einfacher, z. B. für Typ 1 mit
(5.12) bzw. mittels FFT.

<u>Fensterfunktionen</u>:
Wenn die Welligkeit verringert werden soll, muß ein
Fenster verwendet werden, das im Gegensatz zum Rechteck-
fenster die F-Reihe nicht abrupt abbricht, sondern einen
allmählichen Übergang zwischen 1 und 0 besitzt. Das
Spektrum derartiger Fenster hat dann zwar einen breiteren
Hauptlappen, der dazu führt, daß die Filterflanke
(Übergangsbereich) um einen Dehnungsfaktor D breiter
wird, aber kleinere Nebenlappen, die bewirken, daß die
Abweichungen von der Wunschfunktion im Durchlaß-und
Sperrbereich geringer werden.

Eine große Anzahl von Fensterfunktionen mit unterschiedlichen Eigenschaften steht zur Auswahl, siehe z. B. [9;
11; 14; 30; 34]. Hier soll als Beispiel das Hann-Fenster,
auch Hanning-Fenster genannt, verwendet werden:

$$w_{nk}(i) = \begin{cases} 0,5 \ [1 + \cos(2\pi i/k)] & \text{für } i = -k/2 \ (1) \ k/2 \\ 0 & \text{ansonsten} \end{cases}$$

$$(5.23)$$

Das Fenster ist hier etwas anders definiert als in
Kap. 3.3. Es ist symmetrisch zum Zentrum der diskreten
Folge der Impulsantwort und außerdem etwas schmaler, so
daß der erste und letzte Wert der Folge zu Null werden.

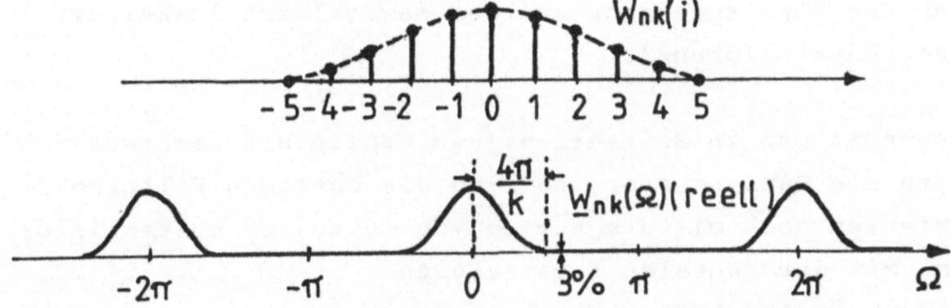

Bild 5.12 Zeitdiskretes Hann-Fenster (k = 10); Spektrum

Bild 5.12 zeigt das Fenster und sein Spektrum für k = 10.
Die Berechnung des Spektrums kann z. B. wieder mit (5.12)
bzw. (5.13) durchgeführt werden, wenn man dort die Koeffizienten b_i durch die Werte des Fensters w(i) ersetzt.
Beim Hann-Fenster ist der Hauptlappen des Spektrums doppelt so breit wie beim Rechteckfenster. Bei der Faltung
mit der Wunschfunktion entsteht eine breitere Filterflanke. Für k $\gg$ 1 ergibt sich die Form des Frequenzgangs
näherungsweise aus dem Integral des Spektrums des Fensters (Faltungsintegral). Beim Hann-Fenster ist die
Filterflanke etwa dreimal so breit wie beim Rechteckfenster (Dehnungsfaktor D $\approx$ 3).

Die Nebenlappen des Spektrums derartiger Fenster sind um
so kleiner, je breiter der Hauptlappen ist. Beim Hann-
Fenster hat der 1. Nebenlappen z. B. eine Größe von 3%

(für k $\gg$ 1). Die Welligkeit des Amplitudengangs des Filters ergibt sich damit zu etwa $\pm0,63\%$. Dies entspricht einer Sperrdämpfung von

$$a_s = -20 \log(6,3 \cdot 10^{-3}) = 44 \text{ dB}$$

und einer Dämpfungsschwankung im Durchlaßbereich von etwa

$$\Delta a = 20 \log(1 \pm 6,3 \cdot 10^{-3}) \approx \pm0,0054 \text{ dB},$$

bzw. einer Welligkeit von etwa

$$a_d = 2|\Delta a| \approx 0,0108 \text{ dB},$$

wenn der Amplitudengang auf den Maximalwert 1 skaliert wird (L_∞-Skalierung).

Verwendet man in Beispiel 5.1 an Stelle des Rechteck-Fensters ein Hann-Fenster, so sind die dortigen Filterkoeffizienten noch mit den Werten von (5.23) zu multiplizieren. Mit der kausalen Fensterfolge $w(i) = w_{nk}(i - k/2)$ und $k = 10$ ergibt sich:

$$b_0 = b_{10} = 0,063 \cdot 0 = 0$$
$$b_1 = b_9 = 0$$
$$b_2 = b_8 = -0,106 \cdot 0,345 = -0,037$$
$$b_3 = b_7 = 0$$
$$b_4 = b_6 = 0,318 \cdot 0,904 = 0,287$$
$$b_5 = 0,5 \cdot 1 = 0,5.$$

Bei der Realisierung dieses Filters läßt man, da die beiden ersten und letzten Koeffizienten Null sind, die zugehörigen Verzögerungsglieder weg. Hierdurch ergibt sich eine geringere Laufzeit.

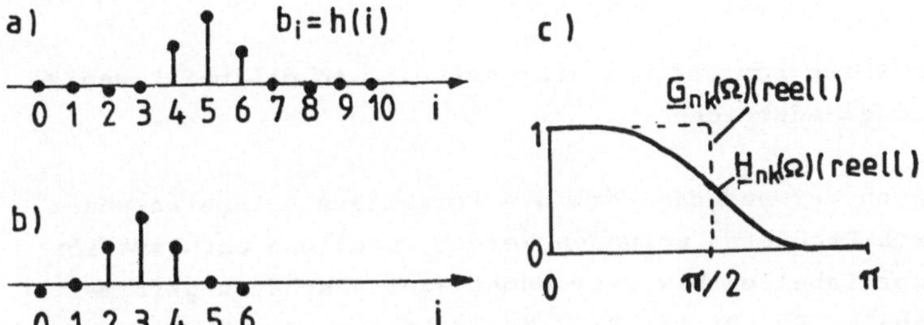

Bild 5.13 Beispiel 5.1 mit Hann-Fenster
      a) Berechnete Koeffizienten b) Realisierte Impulsantwort
      c) Frequenzgang des nichtkausalen Filters

Der Frequenzgang $\underline{H}_{nk}(\Omega)$ ergibt sich wieder aus (5.12),
siehe Bild 5.13.

$$\underline{H}_{nk}(\Omega) = 0,5 + 0,574 \cos(\Omega) - 0,074 \cos(3\Omega).$$

Auch hier muß u. U. noch eine Skalierung erfolgen.

<u>Kaiser-Fenster</u>:

Großer Beliebtheit erfreut sich das Kaiser-Fenster, siehe
z. B. [9; 13], da hier durch einen Parameter β die
Welligkeit der Filtercharakteristik verändert werden
kann. Bei geringer Welligkeit ergibt sich naturgemäß eine
große Breite der Filterflanke.

$$w_{nk}(i) = \frac{I_0\left(\beta \sqrt{1 - (2i/k)^2}\right)}{I_0(\beta)} \qquad (5.24)$$

$$i = -k/2 \ (1) \ k/2$$

$$w_{nk}(i) = 0 \quad \text{ansonsten.}$$

$I_0(\nu)$ ist die modifizierte Besselfunktion erster Art der
Ordnung Null. Sie läßt sich durch folgende Reihe beschreiben:

$$I_0(\nu) = 1 + \sum_{m=1}^{\infty} [\, \frac{(\nu/2)^m}{m!} \,]^2 \qquad\qquad (5.25)$$

Die Reihe konvergiert sehr schnell, so daß meist wenige
Glieder ausreichen.

Der zu verwendende Wert des Parameters β kann entweder
durch Probieren gefunden werden, oder man entnimmt ihn
einer Tabelle, bzw. verwendet eine Abschätzungsformel,
siehe z. B. [9; 13; 37]. Man erhält z. B. näherungsweise:
<u>Für β = 2,12</u>:
Filterflanke etwa 1,5-mal so breit wie bei Verwendung
eines Rechteckfensters (D $\approx$ 1,5). Die Welligkeit des
Amplitudengangs des Filters beträgt etwa ±0,0316. Hieraus
ergibt sich:
a_s = -20 log 0,0316 = 30 dB.
Δa = 20 log(1 ± 0,0316) $\approx$ ±0,27 dB bzw. a_d $\approx$ 0,54 dB.
<u>Für β = 4,54</u>:
Filterflanke etwa 3-mal so breit wie bei Verwendung eines
Rechteck-Fensters (D $\approx$ 3). Welligkeit des Amplitudengangs
±1,37 · 10^{-3}. Hieraus ergibt sich:
a_s = 50 dB; a_d $\approx$ 0,0548 dB.

<u>Abschätzung der benötigten Anzahl M von
Filterkoeffizienten</u>
Sie muß beim Filterentwurf zunächst abgeschätzt werden.
Bei Verwendung eines Rechteck-Fensters ergibt (5.22):
M $\approx$ $2\pi/\Delta\Omega$ = $f_a/\Delta f$.
$\Delta\Omega$ bzw. Δf ist die zulässige Breite der Filterflanke
(Übergangsbereich).
Die Sperrdämpfung des Filters beträgt hierbei etwa 21 dB,
die Welligkeit im Durchlaßbereich etwa 1,5 dB (siehe
oben).

Bei Verwendung von Fensterfunktionen, die zu geringerer
Welligkeit im Durchlaß- und Sperrbereich führen, ist die
Filterflanke um den vom Fenstertyp abhängigen Dehnungs-
faktor D breiter. Dies führt zu einer entsprechend grö-
ßeren Anzahl von Filterkoeffizienten bei vorgeschriebener
Breite des Übergangsbereichs:

$$M \approx D \, (2\pi/\Delta\Omega) = D \, (f_a/\Delta f) \qquad\qquad (5.26)$$

$\Delta\Omega$ bzw. Δf ist die zulässige Breite der Filterflanke
(Übergangsbereich).
Bei Verwendung des Hann-Fensters, das 44 dB Sperrdämpfung
besitzt, ist z. B. D = 3; bei Verwendung eines Kaiser-
Fensters mit 30 dB Sperrdämpfung ist z. B. D = 1,5 (siehe
oben).

Bild 5.14 zeigt den Amplitudengang eines FIR-Tiefpasses
mit der Grenzfrequenz der Wunschfunktion $f_g = f_a/8$ und
M = 21 Koeffizienten bei Verwendung verschiedener Fenster
in logarithmischer Darstellung.

Für den Filterentwurf mit dem numerischen Verfahren von
Parks und McClellan findet man Abschätzungsformeln für
die Anzahl der benötigten Koeffizienten z. B. in [30; 31;
34].

Nun soll noch ein Beispiel für den Entwurf eines Filters
mit gerader Anzahl von Koeffizienten folgen:

<u>Beispiel 5.2</u>
FIR-Tiefpaß linearer Phase. Gewählt wird Typ 2 (gerade
Anzahl von Koeffizienten M), k ungerade. Die Wunschfunk-
tion ist im Bereich $\Omega = -\pi$ bis $+\pi$ identisch mit

Beispiel 5.1 (Bild 5.8). Auch der Rechengang ist zunächst identisch. Man erhält wieder:

$$g_{nk}(i) = (\Omega_g/\pi)\ si(i\Omega_g)$$

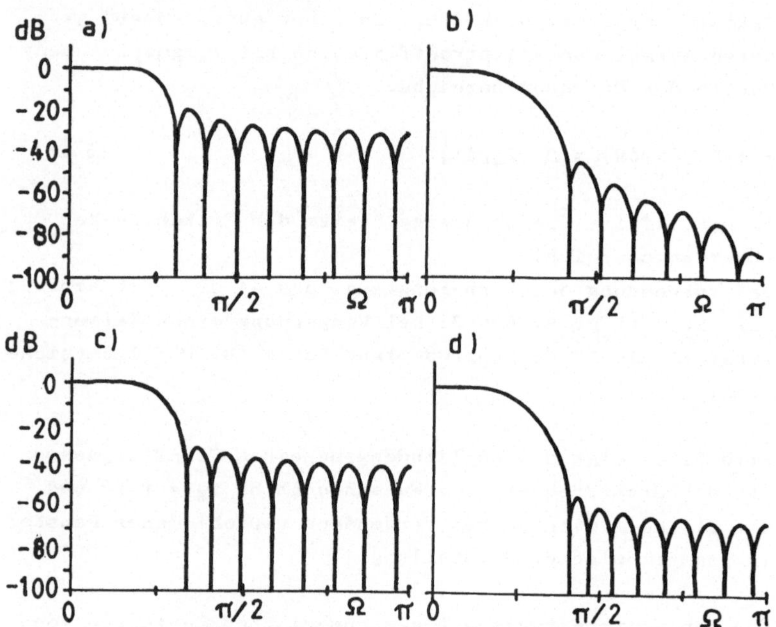

Bild 5.14 FIR-Tiefpaß; Amplitudengang in dB. Verwendete Fenster:
a) Rechteck b) Hann c) Kaiser ($\beta = 2,12$)
d) Kaiser ($\beta = 4,54$)

Wählt man z. B. wieder ein Equibandfilter mit $\Omega_g = \pi/2$, so ergibt sich wieder:

$$g_{nk}(i) = 0,5\ si(i\pi/2)$$

Hier ist jedoch nicht, wie beim Equibandfilter vom Typ 1, jeder zweite Koeffizient gleich Null. Wählt man z. B. k = 9 (10 Transversalzweige), so ergibt sich mit (5.18) für die Filterkoeffizienten:

$$b_i = 0,5\ si[(i - 4,5)\pi/2]; \quad (i = 0\ (1)\ 9).$$

Da bei Typ 2 die Koeffizienten symmetrisch zur Filtermitte sind, gilt nach (5.5a):

$$b_0 = b_9 = 0,050$$
$$b_1 = b_8 = -0,064$$
$$b_2 = b_7 = -0,090$$
$$b_3 = b_6 = 0,150$$
$$b_4 = b_5 = 0,450$$

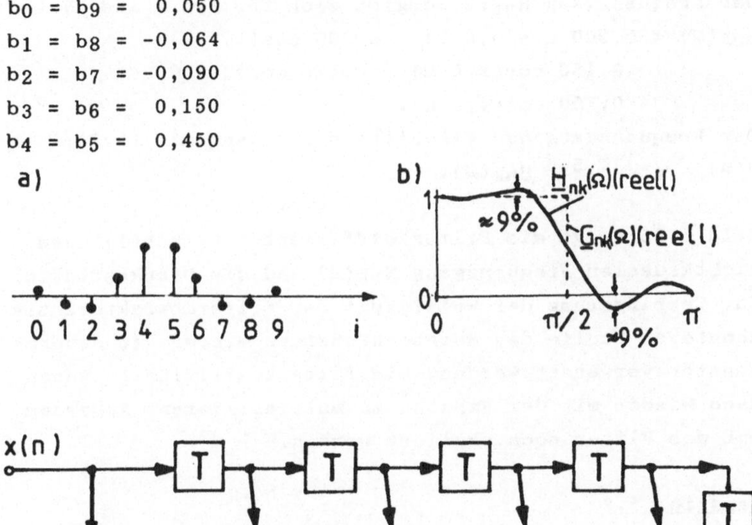

Bild 5.15 Beispiel 5.2
a) Filterkoeffizienten
b) Nichtkausaler Frequenzgang
c) Filterstruktur

272

Die Übertragungsfunktion erhält man aus (5.3):

$$\underline{H}(z) = 0{,}050 - 0{,}064z^{-1} - 0{,}090z^{-2} + 0{,}150z^{-3} + 0{,}450z^{-4}$$
$$+\ 0{,}450z^{-5} + 0{,}150z^{-6} - 0{,}090z^{-7} - 0{,}064z^{-8} + 0{,}050z^{-9}.$$

Der Frequenzgang $\underline{H}_{nk}(\Omega)$ ergibt sich für Typ 2 aus (5.13):

$$\underline{H}_{nk}(\Omega) = 0{,}900\ \cos(0{,}5\ \Omega) + 0{,}300\ \cos(1{,}5\ \Omega)$$
$$-\ 0{,}180\ \cos(2{,}5\ \Omega) - 0{,}128\ \cos(3{,}5\ \Omega)$$
$$+\ 0{,}100\ \cos(4{,}5\ \Omega).$$

Der Frequenzgang des FIR-Filters ist dann mit (5.8):

$$\underline{H}(\Omega) = e^{-j\ 4{,}5\ \Omega}\ \underline{H}_{nk}(\Omega).$$

Bild 5.15 zeigt die Filterkoeffizienten $b_i = h(i)$, den nichtkausalen Frequenzgang $\underline{H}_{nk}(\Omega)$ und die Direktstruktur. Zur Verringerung der Welligkeit der Filtercharakteristik könnte an Stelle des Rechteckfensters wieder ein anderes Fenster verwendet werden. Die Filterkoeffizienten wären dann wieder mit dem Fenster zu multiplizieren. Außerdem muß das Filter noch skaliert werden.

<u>Beispiel 5.3</u>

Ein Hilberttransformator (breitbandiger $-90°$ Phasenschieber) soll entworfen werden. Gewählt wird Typ 3 (ungerade Zahl von Koeffizienten M), k gerade. Die nichtkausale Wunschfunktion ist imaginär und ungerade (Bild 5.16b). Die Berechnung der F-Koeffizienten erfolgt wieder nach (5.17). Mit den Eulerschen Formeln erhält man:

$$g_{nk}(i) = \frac{1}{2\pi}\left\{\int_{-\pi}^{0} j\ e^{ji\Omega}d\Omega + \int_{0}^{\pi} -j\ e^{ji\Omega}d\Omega \right\} = \frac{1 - \cos(i\pi)}{i\pi}$$

Jeder zweite Koeffizient ist hier gleich Null. Wählt man z. B. k = 10 (M = 11 Filterkoeffizienten), so ergibt sich mit (5.18):

$$b_i = g_{nk}(i - k/2) = \frac{1 - \cos[(i - 5)\pi]}{(i - 5)\pi}$$

$$(i = 0\ (1)\ 10).$$

Da bei Typ 3 die Koeffizienten nach (5.5b) antisymmetrisch zur Filtermitte sind, gilt:

$$b_0 = -b_{10} = -0,127$$
$$b_1 = -b_9 = 0$$
$$b_2 = -b_8 = -0,212$$
$$b_3 = -b_7 = 0$$
$$b_4 = -b_6 = -0,636$$
$$b_5 = 0.$$

Die Übertragungsfunktion ergibt sich aus (5.3):
$$\underline{H}(z) = -0,127 - 0,212z^{-2} - 0,636z^{-4} + 0,636z^{-6} + 0,212z^{-8} + 0,127z^{-10}.$$

Den nichtkausalen Frequenzgang erhält man für Typ 3 aus (5.14):
$$\underline{H}_{nk}(\Omega) = -j[1,272 \sin(\Omega) + 0,424 \sin(3\Omega) + 0,254 \sin(5\Omega)]$$

Der Frequenzgang des Hilberttransformators ergibt sich dann mit (5.8): $\underline{H}(\Omega) = e^{-j5\Omega} \underline{H}_{nk}(\Omega)$.

Bild 5.16 zeigt die Filterkoeffizienten, den nichtkausalen Frequenzgang und die Direktstruktur. Der Referenzausgang $y_R(n)$, demgegenüber $y(n)$ um 90° nacheilt, ist ebenfalls eingezeichnet. Der Frequenzgang vom Eingang zum Referenzausgang ist
$$\underline{H}_{nkR}(\Omega) = 1; \text{ bzw. } \underline{H}_R(\Omega) = e^{-j5\Omega}.$$

Zur Verringerung der Welligkeit des Amplitudengangs kann wieder eine geeignete Fensterfunktion verwendet werden. Die Filterkoeffizienten und der Referenzausgang müssen u. U. noch skaliert werden.

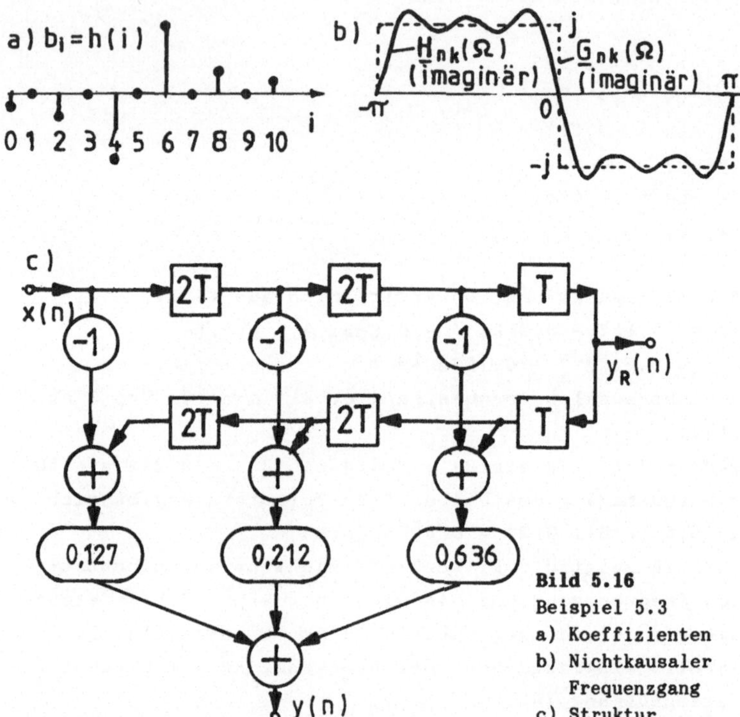

Bild 5.16
Beispiel 5.3
a) Koeffizienten
b) Nichtkausaler
   Frequenzgang
c) Struktur

5.4 Numerische Fourierapproximation (Fensterverfahren) mittels schneller Fouriertransformation

Wenn Wunschfunktionen vorliegen, deren Verlauf nur graphisch oder numerisch gegeben ist, oder nur durch umfangreiche mathematische Ausdrücke beschreibbar ist, so ist
die Berechnung der Filterkoeffizienten mit dem Integral
(5.17) nicht möglich.

Stattdessen kann die IDFT bzw. IFFT verwendet werden [30; 39; 54]. Die Länge N der IFFT (z. B. N = 128) ist hierbei wesentlich größer zu wählen als die geplante Anzahl M = k + 1 von Filterkoeffizienten. Da genau eine Periode der Wunschfunktion transformiert werden muß, ergeben sich zwei Fälle:

Fall 1: Ungerade Anzahl von Koeffizienten (Typ 1 oder 3)
Die nichtkausale Wunschfunktion hat hierbei, wie der Frequenzgang des Filters, die Periode $\Omega = 2\pi$ bzw. $f = f_a$ (siehe Bild 5.4 bzw. 5.6). Man verwendet daher in diesem Bereich N äquidistante Abtastwerte der Wunschfunktion $\underline{G}_{nk}(\Omega)$ und führt eine IFFT durch. Wenn hierbei einer der Abtastwerte zufällig in einer senkrechten Filterflanke der Wunschfunktion liegt, weist man ihm einen mittleren Wert zu.
Das Resultat der IFFT, $g_{nka}(i)$ genannt, stellt auf Grund der Abtastung der Wunschfunktion eine Summe von mit N periodisch wiederholten Koeffizienten $g_{nk}(i)$ nach (5.17) dar. Um den hierbei auftretenden Aliaseffekt gering zu halten, ist es daher empfehlenswert, die Länge N der IFFT wesentlich größer zu wählen (mindestens viermal so lang) als die geplante Anzahl der Filterkoeffizienten.
Anschließend multipliziert man $g_{nka}(i)$ mit einer geeigneten Fensterfunktion und erhält die Filterkoeffizienten $h_{nk}(i)$.
Bild 5.17 zeigt dies für den Entwurf des Tiefpasses von Beispiel 5.1 mit Hann-Fenster. Zum besseren Verständnis muß man sich die Darstellungen a bis e nach links und rechts periodisch fortgesetzt denken (Eigenschaft der DFT). Die aus Bild 5.17d entnommenen, in Bild 5.17f dargestellten Filterkoeffizienten sind natürlich dann nichtperiodisch zu verwenden, und der zugehörige Frequenzgang (Bild 5.17g) ist kontinuierlich.

Der nichtkausale Frequenzgang wird wieder mit (5.12) für
Typ 1, bzw. mit (5.14) für Typ 3 berechnet. Man kann ihn
auch mittels FFT ermitteln, wenn $h_{nk}(i)$ mit einer ausreichenden Anzahl von Werten, die Null sind, ergänzt wird
[30]. Die Bilder 5.17d und e zeigen dies bereits für
N = 32. Ist eine höhere Auflösung erwünscht, so können
weitere Werte, die Null sind, im Innenbereich von Bild
5.17d zu den dort bereits vorhandenen Nullen hinzugefügt
werden. Man fügt so viele Nullen ein, bis z. B. N = 512
erreicht ist. Wichtig ist, daß die zusätzlichen Nullen
bei der nichtkausalen Impulsantwort, Bild 5.17d, in der
Mitte des Bildes eingefügt werden. Würde man sie am rechten Ende anfügen, dann würde die Form der Impulsantwort
zerstört. Man kann das erkennen, wenn man das Bild nach
links und rechts periodisch fortsetzt.
Der kausale Frequenzgang $\underline{H}(\Omega)$ des FIR-Filters kann natürlich auch direkt mittels FFT berechnet werden, indem man
die Impulsantwort b_i = h(i) nach Bild 5.17f mit einer
ausreichenden Anzahl Nullen nach rechts zu z. B. 512
Werten verlängert.

Verwendet man kein Fenster, so nennt man diese Entwurfsmethode <u>Frequenzabtastverfahren</u>. Da hierbei die Länge N
der IDFT gleich der Anzahl der Filterkoeffizienten ist,
ergeben sich starke Aliaseffekte bei den Filterkoeffizienten. Dies führt dazu, daß beim Frequenzabtastverfahren der Frequenzgang zwischen den Abtastwerten von der
Wunschfunktion u. U. erheblich abweicht.

Man kann das in diesem Kapitel geschilderte Entwurfsverfahren somit auch als Frequenzabtastverfahren mit anschließender Fensterung bezeichnen. Wesentlich ist, daß
das Fenster nicht breiter als etwa N/4 gewählt wird.

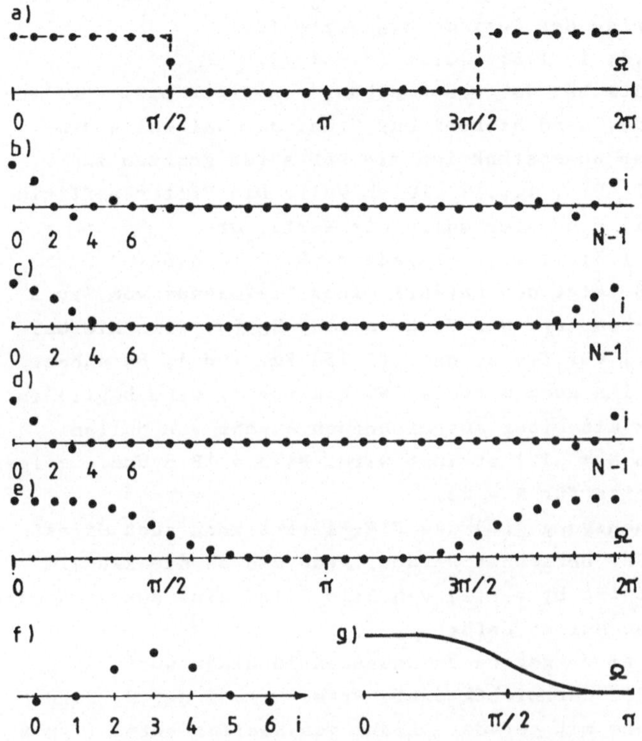

Bild 5.17 Entwurf eines Tiefpasses (Typ 1) mit FFT
a) Abtastwerte der Wunschfunktion b) IFFT
c) Hann-Fenster d) Nichtkausale Impulsantwort
e) Diskrete Werte des Frequenzgangs $\underline{H}_{nk}$ (FFT)
f) Filterkoeffizienten g) Frequenzgang $\underline{H}_{nk}$

Fall 2: Gerade Anzahl von Koeffizienten (Typ 2 oder 4)

Die nichtkausale Wunschfunktion hat hierbei, wie der
nichtkausale Frequenzgang des Filters, die Periode $\Omega = 4\pi$
bzw $f = 2f_a$ (siehe Bild 5.5 bzw. 5.7). Aus diesem Bereich

sind daher N Abtastwerte zu entnehmen. Die IFFT liefert
hier infolge der Periode $2f_a$ Werte für
$i = 0$; $0,5$; 1; $1,5$; ...... $(N - 1)/2$.
Wie bereits bei der Beschreibung von Typ 2 bzw. 4 erläutert wurde, sind hierbei auf Grund der Halbwellensymmetrie der Wunschfunktion die Werte für ganzzahlige i
$(i = 0$; 1; 2; ....) gleich Null. Die Filterkoeffizienten $h_{nk}(i)$ sind hier somit die Werte für
$i = 0,5$; 1.5; .... (siehe z. B. Bild 5.5).
Bild 5.18 zeigt den Entwurf eines Tiefpasses vom Typ 2
mit Hann-Fenster. Der Frequenzgang $\underline{H}_{nk}(\Omega)$ wird hierbei
mit (5.13) für Typ 2, bzw. (5.15) für Typ 4, berechnet.
Man kann ihn auch mittels FFT ermitteln, wenn $h_{nk}(i)$ in
der Mitte mit einer ausreichenden Anzahl von Nullen
(z. B. zu $N = 512$) ergänzt wird. Bild 5.18 d und e zeigen
dies bereits für $N = 32$.
Der Frequenzgang $\underline{H}(\Omega)$ des FIR-Filters kann auch direkt
mittels FFT berechnet werden, wenn man an die kausale
Impulsantwort $b_i = h(i)$ von Bild 5.18f eine ausreichende
Anzahl von Nullen anfügt.
Wenn aus einer gegebenen kausalen Impulsantwort, z. B.
Bild 5.18f, der nichtkausale Frequenzgang $\underline{H}_{nk}(\Omega)$ eines
FIR-Filters mit gerader Anzahl von Koeffizienten (Typ 2
oder 4) mittels FFT berechnet werden soll, so muß man
sich zunächst eine Bild 5.18d entsprechende Konfiguration
verschaffen. Hierzu streckt man die Impulsantwort, indem
man zwischen die einzelnen Werte jeweils eine Null ein-
fügt. Dann verschiebt man die gestreckte Impulsantwort so
weit nach links, bis ihr Zentrum bei $i = 0$ liegt.
Anschließend ergänzt man periodisch und füllt den Innenbereich mit Nullen auf, bis z. B. $N = 512$ erreicht ist,
und erhält damit die Eingabewerte für die FFT (Im Beispiel von Bild 5.18d wurde $N = 32$ gewählt) [30].

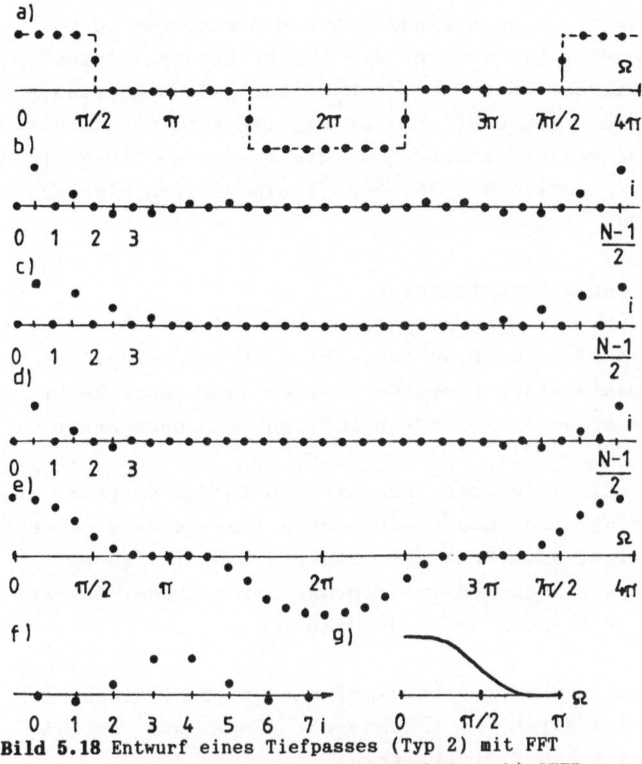

Bild 5.18 Entwurf eines Tiefpasses (Typ 2) mit FFT
a) Abtastwerte der Wunschfunktion   b) IFFT
c) Hann-Fenster   d) Nichtkausale Impulsantwort
e) Diskrete Werte des Frequenzgangs $\underline{H}_{nk}$ (FFT)
f) Filterkoeffizienten   g) Frequenzgang $\underline{H}_{nk}$

5.5 Frequenztransformation von FIR-Filtern

Meist wird man FIR-Bandpässe, -Bandsperren und -Hochpässe
direkt aus einer entsprechend gewählten Wunschfunktion
entwerfen. Wenn bereits ein FIR-Tiefpaß entworfen worden

ist, können u. U. auch Frequenztransformationen durchgeführt werden. Die in Kap. 4.9 beschriebenen Allpaß-
Transformationen im z-Bereich bewirken jedoch normalerweise, daß aus einem FIR-Filter ein IIR-Filter entsteht.
Es gibt nur wenige Sonderfälle, die wieder zu FIR-Filtern
führen [6, 1.Aufl.; 34; 35; 37]. Einige sollen hier erwähnt werden.

Tiefpaß-Hochpaß-Transformation

Setzt man bei der Allpaßtransformation (4.86) $a_0 = 0$, so
ergibt sich $z' = -z$. Dies bedeutet Punktspiegelung der
Übertragungsfunktion eines normierten Tiefpasses am Ursprung der z-Ebene. Hierdurch entsteht ein normierter
Hochpaß.
Allgemein gilt folgendes: Ersetzt man in der Übertragungsfunktion eines nicht normierten Tiefpasses z durch
-z, so bewirkt dies Punktspiegelung der Übertragungsfunktion des Tiefpasses am Ursprung der z-Ebene. Es entsteht ein nicht normierter Hochpaß.

Ersetzt man in der Übertragungsfunktion (5.3) eines
FIR-Filters z durch -z, so entsteht wieder die Übertragungsfunktion eines FIR-Filters.

$$\underline{H}(z) = \sum_{i=0}^{k} b_i(-z)^{-i} = \sum_{i=0}^{k} (-1)^i b_i z^{-i} \qquad (5.27)$$

Aus einem FIR-Tiefpaß entsteht somit ein FIR-Hochpaß. Auf
dem Einheitskreis der z-Ebene gilt mit $z = e^{j\Omega}$:
$-z = e^{j\pi} e^{j\Omega} = e^{j(\Omega+\pi)}$
Die Frequenzvariable des Tiefpasses wird somit folgendermaßen ersetzt:

$$[\Omega]_{TP} = [\Omega]_{HP} + \pi \qquad (5.28)$$

Der Frequenzgang des Tiefpasses wird um π verschoben.
Bild 5.19 zeigt dies für einen Tiefpaß vom Typ 1. Es
entsteht ein Hochpaß vom Typ 1.
Aus (5.27) erkennt man, daß man das Vorzeichen jedes
zweiten Koeffizienten des Tiefpasses ändern muß, um den
Hochpaß zu erhalten (Bild 5.19):

$$b_{iHP} = (-1)^i \, b_{iTP}$$

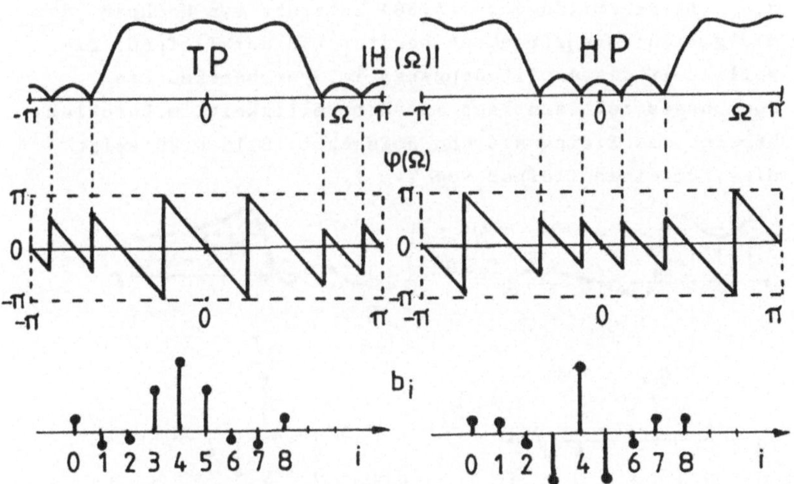

Bild 5.19 Tiefpaß-Hochpaß-Transformation 1. Art

Aus einem Tiefpaß vom Typ 2 (Nullstelle bei $\Omega = \pi$)
entsteht ein Hochpaß vom Typ 4 (Nullstelle bei $\Omega = 0$).

Typ 3 hat Bandpaßcharakter (Nullstellen bei 0 und π) und
ist deshalb für die TP-HP-Transformation nicht brauchbar.

Eine zweite Möglichkeit der TP-HP-Transformation, die
nicht auf einer Allpaßtransformation beruht, und nur bei

FIR-Filtern linearer Phase verwendet werden kann, ist
folgende Beziehung für den nichtkausalen Frequenzgang:

$$[\underline{H}_{nk}(\Omega)]_{HP} = 1 - [\underline{H}_{nk}(\Omega)]_{TP} \tag{5.30}$$

Hierbei sind Tiefpässe vom Typ 1 zu verwenden, die aus
Wunschfunktionen entworfen sind, die im Durchlaßbereich
den Wert 1 und im Sperrbereich den Wert 0 besitzen. Durch
die Differenzbildung in (5.30) entsteht ein Hochpaß, der
die gleiche Grenzfrequenz besitzt wie der Tiefpaß. Die
Welligkeit des Amplitudengangs im Sperrbereich des
Hochpasses ist identisch mit der Welligkeit im Durchlaßbereich des Tiefpasses und umgekehrt. Bild 5.20 zeigt
dies für einen Tiefpaß vom Typ 1.

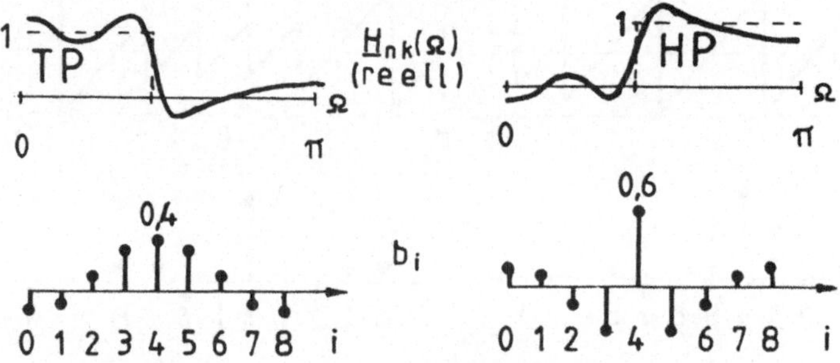

Bild 5.20 Tiefpaß-Hochpaß-Transformation 2. Art (nur Typ 1)

Mit (5.11a) ergibt sich aus (5.30):

$$[\underline{H}_{nk}(\Omega)]_{HP} = 1 - \sum_{i=-k/2}^{k/2} \underline{h}_{nk}(i)\, e^{-ji\Omega}$$

$$i = -k/2\ (1)\ k/2.$$

Die $h_{nk}(i)$ sind hierbei Werte des Tiefpasses.
Bei Typ 1, wo i ganzzahlig ist, d. h. der Wert i = 0
auftritt, kann man schreiben:

$$[\underline{H}_{nk}(\Omega)]_{HP} = \sum_{i=-k/2}^{-1} -h_{nk}(i)e^{-ji\Omega} + [1 - h_{nk}(0)] + \sum_{i=1}^{k/2} -h_{nk}(i)e^{-ji\Omega}$$

Die nichtkausale Impulsantwort ist somit

$[h_{nk}(i)]_{HP} = -[h_{nk}(i)]_{TP}$ für $i \neq 0$

$[h_{nk}(i)]_{HP} = 1 - [h_{nk}(i)]_{TP}$ für $i = 0$.

Die Koeffizienten des kausalen Hochpasses sind:

$$b_{iHP} = -b_{iTP} \qquad \text{für } i \neq k/2$$
$$b_{iHP} = 1 - b_{iTP} \qquad \text{für } i = k/2 \tag{5.31}$$

Bild 5.20 zeigt ein Beispiel mit $b_{iTP} = 0,4$ für $i = k/2$.

Ginge man von einem Tiefpaß vom Typ 2 aus, so müßte man die Abtastfrequenz verdoppeln, um sich bei der nicht-kausalen Impulsantwort den benötigten Wert $i = 0$ zwischen den Werten $i = -0,5$ und $i = 0,5$ zu verschaffen.

Tiefpaß-Bandpaß-Transformation

Hier ist folgende Allpaß-Transformation möglich:
Ersetzt man in der Übertragungsfunktion (5.3) eines FIR-Filters z durch $-z^2$, so entsteht wieder die Übertragungsfunktion eines FIR-Filters:

$$\underline{H}(z) = \sum_{i=0}^{k} b_i(-z^2)^{-i} = \sum_{i=0}^{k} (-1)^i b_i\, z^{-2i} \tag{5.32}$$

Auf dem Einheitskreis der z-Ebene gilt mit $z = e^{j\Omega}$:
$-z^2 = e^{j\pi}e^{j2\Omega} = e^{j2(\Omega + \pi/2)}$
Geht man von einem Tiefpaß aus, so entsteht ein Bandpaß.
Die Frequenzvariable des Tiefpasses wird somit folgender-maßen ersetzt:

$$[\Omega]_{TP} = 2\,\{[\Omega]_{BP} + \pi/2\} \tag{5.33}$$

Der Frequenzgang des Tiefpasses wird um den Faktor 2
gestaucht und um $\pi/2$ verschoben. Bild 5.21 zeigt dies für
den Amplitudengang eines Tiefpasses vom Typ 1. Es entsteht ein Bandpaß vom Typ 1.

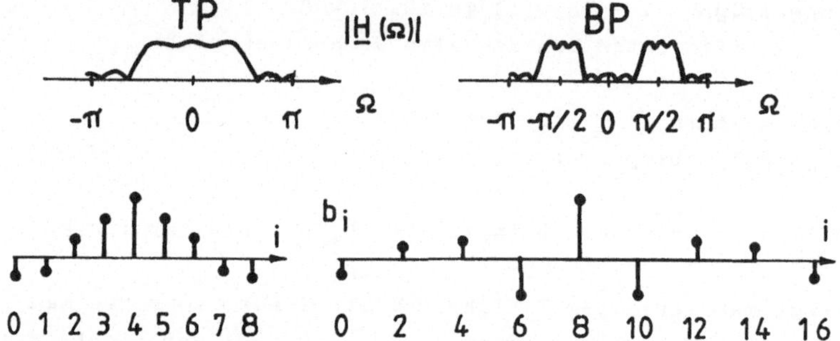

Bild 5.21 Tiefpaß-Bandpaß-Transformation 1. Art

Aus (5.32) ist zu erkennen, daß man das Vorzeichen jedes
zweiten Koeffizienten des Tiefpasses ändern muß, um den
Bandpaß zu erhalten. Außerdem müssen die Verzögerungsglieder mit der Verzögerung T durch Verzögerungsglieder
mit der Verzögerung 2T ersetzt werden. Hierdurch ergibt
sich die in Bild 5.21 skizzierte Impulsantwort. Es gilt:

$$b_{2i\,BP} = (-1)^i b_{i\,TP} \tag{5.34}$$

Verwendet man einen Tiefpaß vom Typ 2, so entsteht ein
Bandpaß vom Typ 4.
Eine andere Möglichkeit der TP-BP-Transformation wird in
[35] beschrieben:
Durch Überlagerung der auf der Frequenzachse um Ω_0 nach
links und rechts verschobenen Charakteristik eines Tiefpasses entsteht ein Bandpaß mit reellen Filterkoeffizienten. Die Mittenfrequenz Ω_0 des Bandpasses ist hier frei

wählbar. Ein Nachteil ist, daß sich die beiden verschobenen Frequenzgänge so überlagern, daß sich die Welligkeit im Durchlaß- und Sperrbereich hierbei ändert.
Weitere Möglichkeiten der TP-BP-Transformation werden in
[37] geschildert.

Tiefpaß-Bandsperre-Transformation
Eine mögliche Allpaßtransformation ist folgende:
In der Übertragungsfunktion eines FIR-Tiefpasses ersetzt
man z durch z^2. Der Frequenzgang des Tiefpasses wird
hierdurch um den Faktor 2 gestaucht, wodurch sich eine
Bandsperre ergibt. Die Verzögerungsglieder mit der Verzögerung T müssen durch Verzögerungsglieder mit der Verzögerung 2T ersetzt werden.
Eine andere Möglichkeit ist bei FIR-Filtern linearer
Phase eine Gl. (5.30) entsprechende Beziehung, wodurch
aus einem Bandpaß eine Bandsperre entsteht.

6.Kreuzgliedstrukturen und Wellendigitalfilter

6.1 Kreuzgliedstrukturen

Die Kreuzgliedstruktur (Englisch: Lattice) kann zur
Realisierung von nichtrekursiven Filtern, von rein rekursiven (All-Pol-) Filtern und von Allpässen verwendet werden. Bei einem rein rekursiven (All-Pol-) Filter befinden
sich alle Nullstellen der Übertragungsfunktion im Ursprung der z-Ebene, wodurch die allgemeine Verwendbarkeit
eingeschränkt ist.

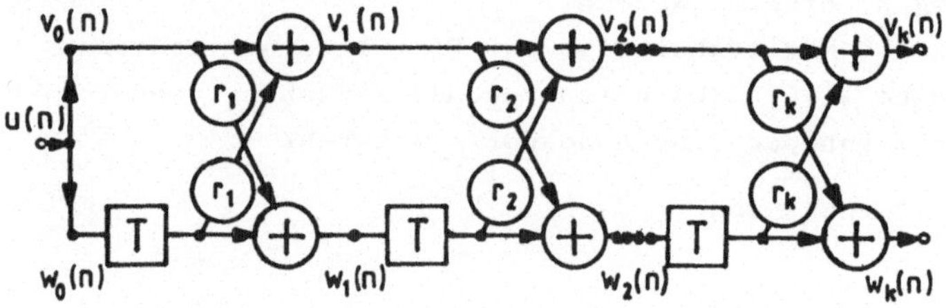

Bild 6.1 Nichtrekursive Kreuzgliedstruktur
Eingang $u(n)$; Ausgänge $v_k(n)$ und $w_k(n)$

Zunächst soll die in Bild 6.1 dargestellte, nichtrekursive Kreuzgliedstruktur besprochen werden [31; 34; 37;
51]. Sie besteht aus Stufen 1. Grades in Kaskade. Allerdings führen hier jeweils 2 Pfade zur nächsten Stufe, wodurch sich bei reellen Filterkoeffizienten auch konjugiert komplexe Nullstellen realisieren lassen.
Für die Ausgänge der 1. Stufe ergeben sich aus der Struktur mit $v_0(n) = u(n)$ und $w_0(n) = u(n)$ die Differenzengleichungen:

$$v_1(n) = u(n) + r_1 \, u(n - 1) \qquad\qquad (6.1a)$$
$$w_1(n) = r_1 \, u(n) + u(n - 1) \qquad\qquad (6.1b)$$

Es handelt sich um Differenzengleichungen von FIR-Filtern 1.Grades entsprechend der Form (5.1). Die zugehörigen Übertragungsfunktionen sind entsprechend (5.3):

$$\frac{\underline{V}_1(z)}{\underline{U}(z)} = \underline{G}_1(z) = 1 + r_1 \, z^{-1} \qquad\qquad (6.1c)$$

$$\frac{\underline{W}_1(z)}{\underline{U}(z)} = \underline{H}_1(z) = r_1 + z^{-1} \qquad\qquad (6.1d)$$

Die Polynome von (6.1c) und (6.1d) sind zueinander spiegelbildlich.

Für die Ausgänge der 2. Stufe gilt:

$$v_2(n) = v_1(n) + r_2 \, w_1(n - 1) \qquad\qquad (6.2a)$$
$$w_2(n) = r_2 \, v_1(n) + w_1(n - 1) \qquad\qquad (6.2b)$$

Gleichung (6.1b) läßt sich auch folgendermaßen schreiben:
$w_1(n - 1) = r_1 \, u(n - 1) + u(n - 2)$.
Setzt man dies zusammen mit (6.1a) in (6.2a) und (6.2b) ein, so ergibt sich:

$$v_2(n) = u(n) + (r_1 + r_1 r_2) \, u(n - 1) + r_2 \, u(n - 2) \qquad (6.3a)$$
$$w_2(n) = r_2 \, u(n) + (r_1 + r_1 r_2) \, u(n - 1) + u(n - 2) \qquad (6.3b)$$

Dies ist auch direkt aus der Struktur erkennbar. Es handelt sich um Differenzengleichungen von FIR-Filtern 2. Grades. Die zugehörigen Übertragungsfunktionen sind:

$$\frac{\underline{V}_2(z)}{\underline{U}(z)} = \underline{G}_2(z) = 1 + (r_1 + r_1 r_2)\, z^{-1} + r_2\, z^{-2} \qquad (6.3c)$$

$$\frac{\underline{W}_2(z)}{\underline{U}(z)} = \underline{H}_2(z) = r_2 + (r_1 + r_1 r_2)\, z^{-1} + z^{-2} \qquad (6.3d)$$

Man erkennt, daß die Polynome von (6.3c) und (6.3d) wieder spiegelbildlich zueinander sind.

Durch Fortsetzung des Verfahrens erhält man schließlich für die Ausgangssignale die Form von Gl. (5.1), wobei wir die Koeffizienten hier nicht b, sondern a nennen wollen:

$$v_k(n) = \sum_{i=0}^{k} a_i\, u(n - i) \qquad (6.4a)$$

$$w_k(n) = \sum_{i=0}^{k} a_{k-i}\, u(n - i) \qquad (6.4b)$$

Die zugehörigen Übertragungsfunktionen lauten:

$$\frac{\underline{V}_k(z)}{\underline{U}(z)} = \underline{G}_k(z) = \sum_{i=0}^{k} a_i\, z^{-i} \qquad (6.4c)$$

$$\frac{\underline{W}_k(z)}{\underline{U}(z)} = \underline{H}_k(z) = \sum_{i=0}^{k} a_{k-i}\, z^{-i} \qquad (6.4d)$$

Auch die Polynome (6.4c) und (6.4d) sind zueinander spiegelbildlich.
Durch Vergleich von (6.1c) und (6.3c) mit (6.4c) erkennt man, daß der erste Koeffizient des Polynoms immer gleich 1 ist:

$$a_0 = 1 \qquad (6.5)$$

Man sieht dies auch in der Struktur, denn der einzige verzögerungsfreie Pfad vom Eingang zum oberen Ausgang führt über die oben liegenden Addierer, ohne Multiplizierer zu durchlaufen.

Außerdem erkennt man aus (6.1c) bzw. (6.3c), daß der letzte Koeffizient des Polynoms $\underline{G}_\nu(z)$ (mit $\nu = 1\ (1)\ k$) jeweils gleich dem Koeffizienten r_ν der Struktur ist. Für das Polynom $\underline{G}_k(z)$ gilt somit:

$$a_k = r_k \tag{6.6}$$

In der Struktur ist dies ebenfalls leicht zu erkennen, denn der einzige Pfad mit maximaler Verzögerung kT führt über die unten gelegenen Verzögerungsglieder und den Multiplizierer r_k zum oberen Ausgang.

Aus (6.5) ist zu ersehen, daß die Struktur noch nicht skaliert ist. Optimale Skalierung kann z. B. durch Einfügen von zwei Multiplizierern mit gleichen Koeffizienten im oberen und unteren Pfad vor jeder Stufe erfolgen, ähnlich wie dies in Kap. 4.10 beschrieben wurde.

Die umgekehrte Aufgabe, nämlich bei gegebenen Koeffizienten b_i der Übertragungsfunktion die Koeffizienten r_i der Kreuzgliedstruktur zu finden, wird durch sukzessives Abspalten der einzelnen Stufen gelöst:

Die Beziehung zwischen den Ein- und Ausgangssignalen einer Stufe lautet:

$$v_i(n) = v_{i-1}(n) + r_i\, w_{i-1}(n - 1) \tag{6.7a}$$
$$w_i(n) = r_i\, v_{i-1}(n) + w_{i-1}(n - 1) \tag{6.7b}$$

Durch z-Transformation ergibt sich mit dem Verschiebungssatz (3.18):

$$\underline{V}_i(z) = \underline{V}_{i-1}(z) + r_i\, z^{-1}\, \underline{W}_{i-1}(z) \qquad (6.7c)$$

$$\underline{W}_i(z) = r_i\, \underline{V}_{i-1}(z) + z^{-1}\, \underline{W}_{i-1}(z) \qquad (6.7d)$$

Durch Umformung ergibt sich:

$$\underline{V}_{i-1}(z) = \frac{1}{1 - r_i^2}\, [\underline{V}_i(z) - r_i\, \underline{W}_i(z)] \qquad (6.7e)$$

$$\underline{W}_{i-1}(z) = \frac{1}{1 - r_i^2}\, [-r_i\, z\, \underline{V}_i(z) + z\, \underline{W}_i(z)] \qquad (6.7f)$$

Hierbei wird $r_i \neq 1$ vorausgesetzt.
Dividiert man die Gleichungen auf beiden Seiten durch
$\underline{U}(z)$, so ergeben sich Beziehungen zwischen den Übertragungsfunktionen vom Eingang des Filters zu den Ein- und
Ausgängen der i-ten Stufe:

$$\underline{G}_{i-1}(z) = \frac{1}{1 - r_i^2}\, [\underline{G}_i(z) - r_i\, \underline{H}_i(z)] \qquad (6.7g)$$

$$\underline{H}_{i-1}(z) = \frac{1}{1 - r_i^2}\, [-r_i\, z\, \underline{G}_i(z) + z\, \underline{H}_i(z)] \qquad (6.7h)$$

Ausgehend von $\underline{G}_k(z)$ und $\underline{H}_k(z)$ kann mit (6.7g) jeweils
eine Stufe abgespalten werden. Da in jeder Stufe die
Polynome $\underline{G}_\nu(z)$ und $\underline{H}_\nu(z)$ spiegelbildlich zueinander sind,
wird (6.7h) hierbei nicht benötigt. Wie gezeigt wurde,
ist der jeweils letzte Koeffizient des Polynoms $\underline{G}_\nu(z)$ der
gesuchte Koeffizient r_ν der ν-ten Stufe der Struktur.

<u>Beispiel 6.1</u>

Gegeben sei die Übertragungsfunktion eines FIR-Filters 3. Grades (k = 3) entsprechend (6.4c):

$\underline{G}_3(z) = 1 - 1,5\ z^{-1} + z^{-2} - 0,25\ z^{-3}$.

Sie ist so gewählt, daß (6.5) erfüllt ist.

Gesucht sind die Koeffizienten der Kreuzgliedstruktur nach Bild 6.1.

Aus (6.6) erhält man:

$r_3 = a_3 = -0,25$.

Das Polynom $\underline{H}_3(z)$ ist nach (6.4d) spiegelbildlich zu $\underline{G}_3(z)$:

$\underline{H}_3(z) = -0,25 + z^{-1} - 1,5\ z^{-2} + z^{-3}$.

Aus (6.7g) ergibt sich:

$$\underline{G}_2(z) = \frac{1}{1 - r_3^2}\ [\underline{G}_3(z) - r_3\ \underline{H}_3(z)]$$

$$= 1 - 1,333\ z^{-1} + 0,666\ z^{-2}.$$

Der letzte Koeffizient des Polynoms $\underline{G}_\nu(z)$ ist gleich dem Koeffizienten r_ν. Mit $\nu = 2$ gilt somit:

$r_2 = 0,666$.

Das Polynom $\underline{H}_2(z)$ ist spiegelbildlich zu $\underline{G}_2(z)$:

$\underline{H}_2(z) = 0,666 - 1,333\ z^{-1} + z^{-2}$.

Aus (6.7g) ergibt sich:

$$\underline{G}_1(z) = \frac{1}{1 - r_2^2}\ [\underline{G}_2(z) - r_2\ \underline{H}_2(z)] = 1 - 0,8\ z^{-1}.$$

Der letzte Koeffizient des Polynoms $\underline{G}_1(z)$ ist r_1:

$r_1 = -0,8$.

Damit sind alle gesuchten Koeffizienten ermittelt. In diesem Beispiel ist $\underline{G}_3(z)$ die Übertragungsfunktion eines Hochpasses. Setzt man $z = -1$, so ergibt sich

$\underline{G}_3(-1) = 3,75$.

Zur $L\infty$-Skalierung kann $\underline{G}_3(z)$ noch mit dem Faktor $1/3{,}75$ multipliziert werden, der, wie besprochen, auf die einzelnen Stufen aufgeteilt werden sollte.

Nun soll die Kreuzglied-Struktur eines <u>rein rekursiven</u> (All-Pol-) Filters ermittelt werden. Es kann z. B. als zum oberen Ausgang der nichtrekursiven Struktur von Bild 6.1 inverses Filter mit der Übertragungsfunktion $\underline{P}_k(z) = 1/\underline{G}_k(z)$ dargestellt werden. Aus (6.4c) ergibt sich mit (6.5):

$$\underline{P}_k(z) = \frac{1}{\underline{G}_k(z)} = \frac{\underline{U}(z)}{\underline{V}_k(z)} = \frac{1}{1 + \sum\limits_{i=1}^{k} a_i\, z^{-i}} \qquad (6.8)$$

$v_k(n)$ stellt jetzt das Eingangssignal dar; $v_0(n) = u(n)$ ist das Ausgangssignal.
Durch Umformung von (6.7a) ergibt sich:

$$v_{i-1}(n) = v_i(n) - r_i\, w_{i-1}(n - 1) \qquad (6.7i)$$

Gegenüber der nichtrekursiven Struktur von Bild 6.1 müssen hier also die Richtungen der oben verlaufenden Pfade umgekehrt werden. Außerdem muß in den von unten nach oben verlaufenden Multiplizierer-Pfaden r_i durch $-r_i$ ersetzt werden. Bild 6.2 zeigt die den Gleichungen (6.7b) und (6.7i) entsprechende Struktur. Sie ist gegenüber Bild 6.1 so umgeklappt, daß sich der Eingang wieder links befindet. Die Koeffizienten r_i sind mit denen von Bild 6.1 identisch.

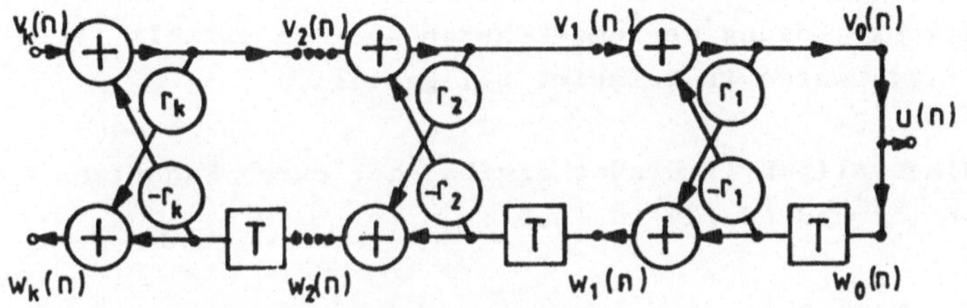

Bild 6.2 Rekursive Kreuzgliedstruktur
Eingang $v_k(n)$; Ausgänge $u(n)$ und $w_k(n)$

Die Struktur ist noch nicht skaliert. Die Skalierung kann durch Einfügen von 2 Multiplizierern mit (wegen der Richtungsumkehr in einem der Pfade) reziproken Koeffizienten im oberen und unteren Pfad jeder Stufe erfolgen.

Die Übertragungsfunktion, die die Beziehung zwischen Eingangssignal $v_k(n)$ und zweitem Ausgangssignal $w_k(n)$ beschreibt, stellt einen Allpaß dar. Aus (6.4d) und (6.8) ergibt sich unter Berücksichtigung von (6.5):

$$\underline{A}_k(z) = \frac{\underline{W}_k(z)}{\underline{V}_k(z)} = \frac{\underline{W}_k(z)}{\underline{U}(z)} \cdot \frac{\underline{U}(z)}{\underline{V}_k(z)} = \frac{\sum\limits_{i=0}^{k-1} a_{k-i} z^{-i} + z^{-k}}{1 + \sum\limits_{i=1}^{k} a_i z^{-i}} \qquad (6.9)$$

Gleichung (6.9) ist identisch mit (4.100) in Kap. 4.11. Die Polynome von Zähler und Nenner sind zueinander spiegelbildlich. Dies ist charakteristisch für Allpässe. Die Allpaßeigenschaft bleibt auch bei Quantisierung der Koeffizienten r_i erhalten.

Die Ermittlung der Koeffizienten a_i bei gegebenen Koeffizienten r_i wurde bereits in (6.1) bis (6.4) dargestellt. Die Lösung der umgekehrten Aufgabe mittels (6.6) und (6.7g) wurde in Beispiel 6.1 gezeigt.

Für einen Allpaß 1. Grades ergibt sich durch Einsetzen von (6.1c) und (6.1d) in (6.9):

$$\underline{A}_1(z) = \frac{r_1 + z^{-1}}{1 + r_1 z^{-1}} \tag{6.9a}$$

Für einen Allpaß 2. Grades ergibt sich durch Einsetzen von (6.3c) und (6.3d) in (6.9):

$$\underline{A}_2(z) = \frac{r_2 + (r_1 + r_1 r_2)z^{-1} + z^{-2}}{1 + (r_1 + r_1 r_2)z^{-1} + r_2 z^{-2}} \tag{6.9b}$$

Die rekursive Kreuzgliedstruktur nach Bild 6.2 wird vor allem zur Sprachsynthese beim LPC-Verfahren (Linear Predictive Coding) verwendet. Die Koeffizienten r_i werden Reflexionskoeffizienten oder partielle Korrelations- (Parcor-) Koeffizienten genannt. Sie stellen die Reflexionskoeffizienten einer Kaskade von Röhren unterschiedlichen (zeitvariablen) Querschnitts dar, die den menschlichen Sprachtrakt (obere Luftröhre, Mundhöhle, Lippen) nachbildet. Hierbei genügt es meist, 10 Röhren in Kaskade zu verwenden. Während der Zeit von etwa 20 ms ändert sich der Sprachtrakt nur unwesentlich. Es genügt daher, etwa alle 20 ms die 10 Reflexionskoeffizienten aus dem entsprechenden Kurzzeitausschnitt des Sprachsignals neu zu berechnen. Hierzu verwendet man meist den Levinson-Durbin-Algorithmus [34; 37; 51].

Die Kreuzgliedstruktur hat gegenüber den Direkt-
Kaskaden- oder Parallelstrukturen den Nachteil, daß zur
Realisierung von (6.4c) bzw. (6.8) die doppelte Anzahl
von Multiplizierern benötigt wird.
Die _rekursive_ Kreuzgliedstruktur hat außerdem den
Nachteil, daß sie auf Grund der bis zum Eingang zurück-
reichenden rekursiven Pfade keine Kaskadenstruktur darstellt. Die Programmierung ist aufwendiger. Der Speicher-
bedarf ist größer, da viele Werte zwischengespeichert
werden müssen. Ein Pipelinebetrieb, bei dem zur Geschwin-
digkeitssteigerung jeder Block einer Kaskade eine eigene
Verarbeitungseinheit besitzt, die während einer Abtast-
taktzeit T nur diesen Block bearbeitet, ist nicht möglich.

Die rekursive Kreuzgliedstruktur bietet jedoch auch
einige Vorteile gegenüber der Kaskadenstruktur. Bei der
LPC-Analyse liefert der Levinson-Durbin-Algorithmus
direkt die Reflexionskoeffizienten r_i.
Die Stabilitätsprüfung ist sehr einfach:
Das Filter ist stabil, d. h. die Pole befinden sich im
Inneren des Einheitskreises der z-Ebene, solange für alle
r_i gilt [31; 34; 37; 51]:

$$|r_i| < 1 \qquad\qquad (6.10)$$

Die einzelnen Stufen der rekursiven Kreuzgliedstruktur
stellen Elemente eines Wellendigitalfilters dar. Wellendigitalfilter werden in den nächsten Kapiteln besprochen.
Sie sind aus analogen Referenzfiltern abgeleitet. Die den
Kreuzgliedern entsprechenden analogen Referenzelemente
sind homogene, verlustlose Übertragungsleitungen unterschiedlichen Wellenwiderstands mit idealen Übertragern

[6; 34]. Wellendigitalfilter besitzen die günstige Eigenschaft, daß trotz begrenzter Wortlänge der Verarbeitung
keine Grenzzyklusschwingungen auftreten, wenn an geeigneten Stellen der Struktur mit Betragsabschneiden gearbeitet wird (siehe Kap. 7).

Ein weiterer Vorteil vieler Wellendigitalfilter, nämlich
die geringe Koeffizientenempfindlichkeit des Amplitudengangs im Durchlaßbereich ist bei der Allpaßübertragungsfunktion ebenfalls vorhanden, denn auch bei Quantisierung
der Koeffizienten gilt $|\underline{A}_k(\Omega)| = 1$. Bei der Übertragungs-
funktion $\underline{P}_k(z)$ der Struktur nach Bild 6.2 ist allerdings
keine geringe Koeffizientenempfindlichkeit festzustellen
[31]. Die Ursache ist, daß auf der rechten Seite der
Struktur Totalreflexion stattfindet, d. h., das Ausgangssignal u(n) wird in voller Größe in die Struktur zurückgeführt [52]. Man erkennt die Totalreflexion auch daran,
daß die Struktur am Ausgang links unten einen Allpaß darstellt. Das der Übertragungsfunktion $\underline{P}_k(z)$ entsprechende
analoge Referenzfilter besitzt auf der rechten Seite
Leerlauf. Geringe Koeffizientenempfindlichkeit im Durchlaßbereich ergibt sich jedoch nur bei beidseitig Ohmschem
Abschluß.

Die 2-Multiplizierer-Kreuzgliedstufen der rekursiven
Struktur nach Bild 6.2 lassen sich durch Kreuzgliedstufen
mit nur einem Multiplizierer oder durch sog. normierte
Stufen mit 4 Multiplizierern ersetzen [6; 29; 34; 51;
52]. Man erhält ebenfalls Elemente von Wellendigitalfiltern, sog. Zweitoradaptoren. Die idealen Übertrager der
analogen Referenzelemente besitzen hier andere Werte. Bei
der Einmultiplizierer-Struktur entfallen sie ganz (siehe
Kap. 6.2). Die Skalierung ändert sich hierbei jeweils.

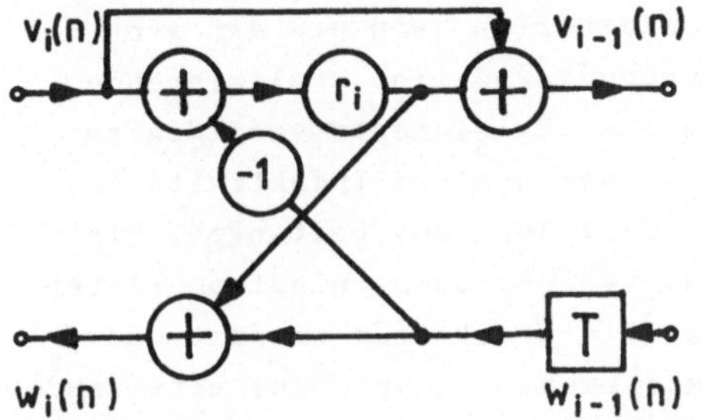

Bild 6.3
Rekursive Kreuzgliedstufe
mit einem Multiplizierer
(-1 gilt nicht als Multi-
plizierer)

Bild 6.3 zeigt eine Kreuzgliedstufe mit nur einem Multiplizierer [6; 34; 51]. Die Multiplikation mit -1 wird
hier nicht als Multiplikation gezählt, denn sie kann ohne
zusätzlichen Aufwand im Addierer durchgeführt werden. Die
Koeffizienten r_i sind wieder die Reflexionsfaktoren, die
auch in Bild 6.1 und 6.2 auftreten. Die Allpaßübertragungsfunktionen (6.9), (6.9a) und (6.9b) bleiben auch bei
Verwendung der Einmultiplizierer-Kreuzgliedstufe und allgemein bei beliebiger Skalierung unverändert, da sich die
Skalierung des nach rechts laufenden Signals durch die
entgegengesetzte Skalierung des nach links laufenden
Signals ausgleicht.

6.2 Grundlagen der Wellendigitalfilter

Das Konzept der Wellendigitalfilter (WDF) wurde von Fettweis entwickelt. Einen umfassenden Überblick findet man
in [53]. Das Thema findet sich auch in [4; 6; 11; 19; 26;
29; 31; 33; 34; 37; 45; 52].
Der Entwurf eines WDF erfolgt aus einem analogen Referenzfilter mit der bilinearen Transformation, die bereits
in Kap. 4 besprochen wurde. Im Normalfall entstehen daher
wieder rekursive (IIR-) Filter. Im Gegensatz zur bisher
behandelten Entwurfsmethode wird jedoch hier nicht die

Übertragungsfunktion des analogen Filters direkt der
Bilineartransformation unterworfen, sondern man geht vom
Netzwerk eines die Übertragungsfunktion realisierenden
analogen Reaktanzfilters aus. Bauelemente von idealen
Reaktanzfiltern sind z. B. verlustlose Induktivitäten,
Kapazitäten, Übertrager, Zirkulatoren, Leitungen. Die
Bauelemente des analogen, verlustlosen, passiven Filters
werden einzeln durch digitale Strukturen ersetzt und
durch digitale Anpassungselemente (Adaptoren) miteinander
verbunden.

Der Vorteil dieses Verfahrens liegt darin, daß hierbei
viele günstige Eigenschaften des analogen Netzwerks in
den digitalen Bereich übernommen werden. Die Empfindlichkeit der Betriebsübertragungsfunktion von analogen Reaktanzfiltern, die zwischen Ohmschen Abschlüssen betrieben
werden, gegenüber Schwankungen der Werte der Bauelemente
ist im Durchlaßbereich gering:

Infolge der Verlustlosigkeit der Bauelemente besitzen
geeignet entworfene Reaktanzfilter im Durchlaßbereich
Stellen, an denen die Betriebsdämpfung Null ist. Sowohl
bei Verkleinerung als auch bei Vergrößerung des Wertes
eines Bauelements kann infolge der Passivität die
Betriebsdämpfung nur zunehmen. Die Empfindlichkeit der
Betriebsdämpfung gegenüber Bauelemente-Schwankungen ist
daher an jeder Nullstelle der Betriebsdämpfung gleich
Null. Dies gilt näherungsweise im gesamten Durchlaßbereich.

Auf Grund der Passivität kann die Schaltung nicht schwin-
gen. Sie ist stabil.

Mit den von Fettweis eingeführten Begriffen Pseudover-
lustlosigkeit und Pseudopassivität läßt sich zeigen, daß
die erwähnten Eigenschaften auch für Wellendigitalfilter
gelten. Ein WDF ist im Durchlaßbereich relativ unempfindlich gegenüber Koeffizientenquantisierung, so daß meist
Koeffizienten geringer Wortlänge ausreichen. Im Sperrbereich entspricht die Empfindlichkeit ebenfalls der von
zugehörigen analogen Referenzfiltern. Referenzfilter in
Abzweigstruktur (Folge von Serien- und Parallelschal-
tungen, z. B. in [19] katalogisiert) sind auch im Sperrbereich relativ unempfindlich. Bei Referenzfiltern in
Brückenschaltung beruht die Sperrwirkung auf einem Kompensationseffekt. Sie sind daher im Sperrbereich relativ
empfindlich gegenüber Koeffizientenquantisierung.

Auf Grund der Pseudopassivität treten bei Wellendigitalfiltern, auch bei begrenzter Wortlänge der Verarbeitung,
keine Überlaufschwingungen und keine Grenzzyklusschwingungen auf, wenn geeignete Maßnahmen ergriffen werden
(siehe Kap. 7).

Wellendigitalfilter, die aus analogen Referenzfiltern in
Abzweigstruktur entworfen sind, besitzen den Nachteil
einer sehr stark vermaschten Struktur, da die rekursiven
Pfade bis zum Eingang zurückreichen. Ihre Programmierung
ist schwierig, Pipelinebetrieb ist nicht möglich. Ihr
Entwurf wird in einem Großteil der genannten Literatur
behandelt. Aus Platzgründen werden sie hier nicht besprochen.

Wellendigitalfilter, die aus analogen Referenzfiltern in
Brückenschaltung entworfen sind, können als Kaskaden von
rekursiven Blöcken 1. und 2. Grades aufgebaut werden. Ihr

Entwurf und ihre Programmierung sind einfach. Pipelinebetrieb ist möglich. Der Nachteil der hohen Koeffizientenempfindlichkeit im Sperrbereich spielt bei Signalprozessoren mit großer Wortlänge keine entscheidende Rolle. Durch gezielte Suche im diskreten Parameterraum (siehe Kap. 7) lassen sich Koeffizienten mit wesentlich kürzerer Wortlänge finden. Dieser Filtertyp wird in Kap. 6.3 besprochen. Zunächst sollen einige Grundlagen der Wellendigitalfilter erläutert werden.

Das dem WDF zu Grunde liegende analoge Referenzfilter wird gewöhnlich in einem dimensionslosen, normierten Frequenzbereich ψ beschrieben, der sich von dem in Kap. 4 eingeführten, dimensionslosen, normierten Frequenzbereich w' etwas unterscheidet.

$$\psi = s + j\eta \tag{6.11}$$

Die Beziehung zur z-Ebene des Wellendigitalfilters ist über die bilineare Transformation folgendermaßen definiert:

$$\psi = \frac{z - 1}{z + 1} \quad \text{bzw.} \quad z = \frac{1 + \psi}{1 - \psi} \tag{6.12}$$

Durch Vergleich mit (4.65) erkennt man die Beziehung

$$\psi = w'/g \tag{6.13}$$

Der dimensionslose Umrechnungsfaktor g ist für Tief- und Hochpässe durch (4.67a), für Bandpässe und Bandsperren durch (4.68a) gegeben.

Fettweis zeigte, daß die bilineare Transformation von Strömen und Spannungen eines analogen Netzwerks zu nicht realisierbaren digitalen Signalflußdiagrammen führt. Er zeigte weiter, daß sich realisierbare Signalflußdiagramme ergeben, wenn man das analoge Netzwerk durch Wellen, insbesondere Spannungswellen, beschreibt, die durch bilineare Transformation zu digitalen Signalen werden.

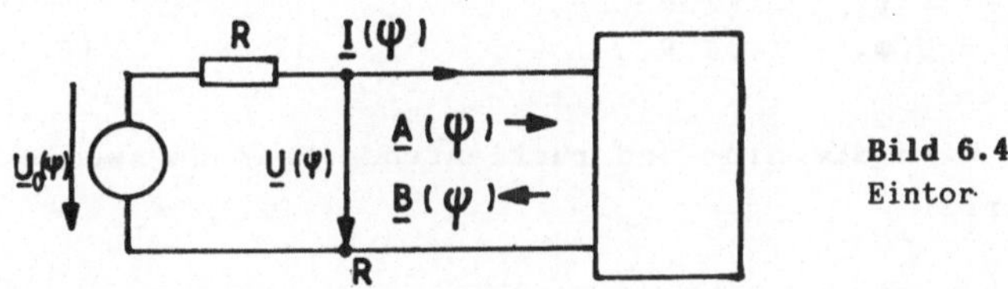

Bild 6.4
Eintor

Bild 6.4 zeigt ein lineares, passives, analoges Netzwerk mit einem Klemmenpaar, ein sog. Eintor (Zweipol). Es wird von einer Spannungsquelle mit Innenwiderstand R gespeist. Spannung und Strom lassen sich als Summe der Spannungen und Ströme der einlaufenden Welle $\underline{A}(\psi)$ und der auslaufenden Welle $\underline{B}(\psi)$ darstellen:

$$\underline{U}(\psi) = \underline{U}_A(\psi) + \underline{U}_B(\psi) \qquad (6.14)$$
$$\underline{I}(\psi) = \underline{I}_A(\psi) + \underline{I}_B(\psi) \qquad (6.15)$$

R wird als Wellenwiderstand betrachtet. Er ist in Bild 6.4 unten eingetragen. Die Beziehung zwischen Spannung und Strom einer Welle ist durch den Wellenwiderstand gegeben:

$$\frac{\underline{U}_A(\psi)}{\underline{I}_A(\psi)} = R; \qquad \frac{\underline{U}_B(\psi)}{\underline{I}_B(\psi)} = -R \qquad (6.16)$$

Durch Einsetzen in (6.15) ergibt sich:

$$\underline{I}(\psi)\ R = \underline{U}_A(\psi) - \underline{U}_B(\psi) \tag{6.17}$$

Durch Addition bzw. Subtraktion von (6.14) und (6.17) erhält man:

$$2\ \underline{U}_A(\psi) = \underline{U}(\psi) + \underline{I}(\psi)\ R \tag{6.18a}$$
$$2\ \underline{U}_B(\psi) = \underline{U}(\psi) - \underline{I}(\psi)\ R \tag{6.18b}$$

Hieraus wird die hin- und rücklaufende Spannungswelle definiert:

$$\underline{A}(\psi) = 2\ \underline{U}_A(\psi) = \underline{U}(\psi) + \underline{I}(\psi)\ R \tag{6.19a}$$
$$\underline{B}(\psi) = 2\ \underline{U}_B(\psi) = \underline{U}(\psi) - \underline{I}(\psi)\ R \tag{6.19b}$$

Der Reflexionsfaktor $\underline{S}(\psi)$ ist

$$\underline{S}(\psi) = \frac{\underline{B}(\psi)}{\underline{A}(\psi)} = \frac{\underline{U}(\psi) - \underline{I}(\psi)\ R}{\underline{U}(\psi) + \underline{I}(\psi)\ R} = \frac{\underline{Z}(\psi) - R}{\underline{Z}(\psi) + R} \tag{6.20}$$

mit dem Eingangswiderstand des Eintors

$$\underline{Z}(\psi) = \underline{U}(\psi)/\underline{I}(\psi)$$

Ist das Eintor verlustfrei (Reaktanz), so gilt auf der imaginären Achse der ψ-Ebene auf Grund der Leistungsbilanz (Totalreflexion):

$$|\underline{S}(\eta)|^2 = 1 \tag{6.21}$$

$\underline{S}(\psi)$ kann dann als Übertragungsfunktion eines analogen Allpasses mit Eingangssignal $\underline{A}(\psi)$ und Ausgangssignal $\underline{B}(\psi)$ aufgefaßt werden. Bei der bilinearen Transformation von $\underline{S}(\psi)$ mit (6.12) bleibt die Allpaßeigenschaft erhalten.

Das zugehörige Wellendigitalfilter mit dem Eingangssignal $\underline{A}(z)$ und dem Ausgangssignal $\underline{B}(z)$ stellt daher ebenfalls einen Allpaß dar.

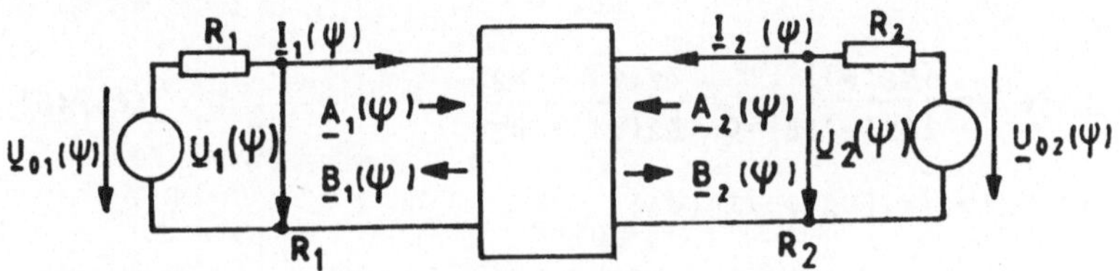

Bild 6.5 Zweitor

Bild 6.5 zeigt ein analoges lineares passives Zweitor (Vierpol), das von zwei Spannungsquellen mit Innenwiderstand gespeist wird. Die in das Zweitor einlaufenden Wellen werden mit $\underline{A}$, die auslaufenden mit $\underline{B}$ bezeichnet. Wie beim Eintor gilt entsprechend:

$$\underline{A}_1(\psi) = \underline{U}_1(\psi) + \underline{I}_1(\psi)\,R_1 \qquad\qquad (6.22a)$$
$$\underline{A}_2(\psi) = \underline{U}_2(\psi) + \underline{I}_2(\psi)\,R_2 \qquad\qquad (6.22b)$$
und
$$\underline{B}_1(\psi) = \underline{U}_1(\psi) - \underline{I}_1(\psi)\,R_1 \qquad\qquad (6.22c)$$
$$\underline{B}_2(\psi) = \underline{U}_2(\psi) - \underline{I}_2(\psi)\,R_2 \qquad\qquad (6.22d)$$

Die Beziehung zwischen aus- und einlaufenden Wellen wird durch die Elemente der Spannungswellenstreumatrix beschrieben:

$$\underline{B}_1(\psi) = \underline{S}_{11}(\psi)\,\underline{A}_1(\psi) + \underline{S}_{12}(\psi)\,\underline{A}_2(\psi) \qquad\qquad (6.23a)$$
$$\underline{B}_2(\psi) = \underline{S}_{21}(\psi)\,\underline{A}_1(\psi) + \underline{S}_{22}(\psi)\,\underline{A}_2(\psi) \qquad\qquad (6.23b)$$

Mit (6.22) ergeben sich die Reflexionsfaktoren (Reflektanzen) an Ein- und Ausgang

$$\underline{S}_{11}(\psi) = \left[\frac{\underline{B}_1(\psi)}{\underline{A}_1(\psi)}\right]_{\underline{A}_2=0} = \frac{\underline{Z}_1(\psi) - R_1}{\underline{Z}_1(\psi) + R_1} \qquad (6.24a)$$

mit $\underline{Z}_1(\psi) = [\underline{U}_1(\psi)/\underline{I}_1(\psi)]_{\underline{U}_{02}=0}$

$$\underline{S}_{22}(\psi) = \left[\frac{\underline{B}_2(\psi)}{\underline{A}_2(\psi)}\right]_{\underline{A}_1=0} = \frac{\underline{Z}_2(\psi) - R_2}{\underline{Z}_2(\psi) + R_2} \qquad (6.24b)$$

mit $\underline{Z}_2(\psi) = [\underline{U}_2(\psi)/\underline{I}_2(\psi)]_{\underline{U}_{01}=0}$

und die Spannungswellen-Übertragungsfaktoren
(-Transmittanzen)

$$\underline{S}_{21}(\psi) = \left[\frac{\underline{B}_2(\psi)}{\underline{A}_1(\psi)}\right]_{\underline{A}_2=0} = \left[\frac{2\,\underline{U}_2(\psi)}{\underline{U}_{01}(\psi)}\right]_{\underline{U}_{02}=0} \qquad (6.24c)$$

$$\underline{S}_{12}(\psi) = \left[\frac{\underline{B}_1(\psi)}{\underline{A}_2(\psi)}\right]_{\underline{A}_1=0} = \left[\frac{2\,\underline{U}_1(\psi)}{\underline{U}_{02}(\psi)}\right]_{\underline{U}_{01}=0} \qquad (6.24d)$$

Wenn das Zweitor ein Filter mit einem Eingang darstellt,
ist $\underline{U}_{02} = 0$ und damit auch $\underline{A}_2 = 0$.

Die Betriebsübertragungsfunktion $\underline{S}_{21B}(\psi)$ ergibt sich aus
der Leistungswellenstreumatrix [11; 19; 29; 53].
Leistungswellen sind im Gegensatz zu Spannungswellen als
Wurzel aus der Leistung der Wellen definiert. Für $R_1 \neq R_2$
ergeben sich Unterschiede bei den Transmittanzen. Es
gilt:

$$\underline{S}_{21B}(\psi) = \left[\frac{2\,\underline{U}_2(\psi)\,\sqrt{R_1}}{\underline{U}_{01}(\psi)\,\sqrt{R_2}}\right]_{\underline{U}_{02}=0} \qquad (6.25)$$

Die Betriebsdämpfung ist auf der imaginären Achse der
ψ-Ebene definiert:

$$a_B(\eta) = -20 \log |\underline{S}_{21B}(\eta)| \quad dB \qquad\qquad (6.26)$$

Die Betriebsübertragungsfunktion unterscheidet sich somit von der Spannungswellenübertragungsfunktion nur durch den frequenzunabhängigen Faktor $\sqrt{R_1/R_2}$, der im Wellendigitalfilter bei Bedarf durch geeignete Skalierung ausgeglichen werden kann.

Meist gilt $R_1 = R_2$. Dann sind Spannungswellenstreumatrix und Leistungswellenstreumatrix identisch. Für diesen Fall ergibt sich bei einem verlustlosen (Reaktanz-) Zweitor aus der Leistungsbilanz (einfallende Leistung = übertragene Leistung + reflektierte Leistung) auf der imaginären Achse der ψ-Ebene:

$$|\underline{S}_{11}(\eta)|^2 + |\underline{S}_{21}(\eta)|^2 = 1 \qquad\qquad (6.27a)$$
und
$$|\underline{S}_{12}(\eta)|^2 + |\underline{S}_{22}(\eta)|^2 = 1 \qquad\qquad (6.27b)$$

(Feldtkeller-Beziehung)

Die übertragene Welle und die reflektierte Welle sind leistungskomplementär. Beim WDF entsprechen diesen beiden Wellen zwei unterschiedliche Ausgänge des Filters. Es handelt sich um eine Filterweiche. Zeigt der eine Ausgang z. B. Tiefpaßverhalten, so zeigt der andere Hochpaßverhalten. Für $R_1 \neq R_2$ kommt in (6.27) wieder ein konstanter, frequenzunabhängiger Faktor hinzu.

Zunächst soll gezeigt werden, wie Bauelemente aus dem ψ-Bereich des analogen Referenzfilters in den z-Bereich des Wellendigitalfilters transformiert werden. Zuvor müssen die normierten Elemente jedoch aus dem w'-Bereich in den ψ-Bereich übertragen werden [11; 34].

Die zum Entwurf von Wellendigitalfiltern in Abzweigstruktur benötigten, normierten, dimensionslosen Elemente von Tiefpässen in Abzweigschaltung im w'-Bereich findet man in Filterkatalogen, z. B. in [19]. Dort werden sie r, l und c genannt. Wir wollen sie R', L' und C' nennen. Die normierten Elemente im ψ-Bereich nennen wir R'', L'' und C''. Die Größen R'' und L'' ergeben sich hierbei in der Dimension Ω. Ihr Wert wird daher jeweils R genannt und direkt als Wellenwiderstand verwendet. C'' ergibt sich in der Dimension S. Sein Wert wird daher 1/R genannt. R wird direkt als Wellenwiderstand verwendet. Außerdem benötigt man zur Umrechnung einen Referenzwiderstand R_0, der frei wählbar ist. Meist verwendet man $R_0 = 1\ \Omega$. Nach [11; 34] gilt:

$$R'' = R'\ R_0 = R \qquad\qquad (6.28a)$$
$$L'' = g\ L'\ R_0 = R \qquad\qquad (6.28b)$$
$$C'' = g\ C'/R_0 = 1/R \qquad\qquad (6.28c)$$

Der Faktor g ist wieder durch (4.67a) bzw. (4.68a) gegeben.

In Bild 6.6 ist die Transformation einiger elementarer Eintore vom ψ-Bereich in den z-Bereich dargestellt. Der Wellenwiderstand, an dem die Wellen definiert sind, ist R. Die Halbkreise stellen Signalquellen bzw. -senken dar. Das Halbkreissymbol wird in den Signalflußdiagrammen von digitalen Filtern meist weggelassen.

<u>Bild 6.6a</u>: Spannungsquelle mit Innenwiderstand $\underline{U}_0(\psi) = \underline{U}(\psi) - \underline{I}(\psi)\ R$. Mit (6.19b) ergibt sich $\underline{B}(\psi) = \underline{U}_0(\psi)$.

Die auslaufende Welle $\underline{B}$ ist unabhängig von der einlaufenden Welle $\underline{A}$. Für die einlaufende Welle stellt die Quelle

mit Innenwiderstand infolge der Wellenanpassung eine
Senke dar. Dies gilt ebenso im z-Bereich:

$$\underline{B}(z) = \underline{U}_0(z) \tag{6.29}$$

<u>Bild 6.6b</u>: Ohmscher Widerstand
$\underline{U}(\psi) - \underline{I}(\psi)\, R = 0$. Mit (6.19b) ergibt sich
$\underline{B}(\psi) = 0$ und ebenso

$$\underline{B}(z) = 0 \tag{6.30}$$

Die einlaufende Welle $\underline{A}$ wird infolge der Wellenanpassung
absorbiert.

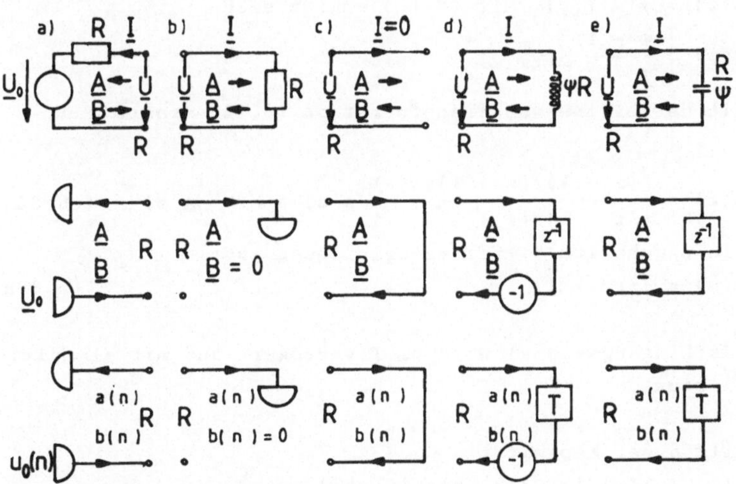

Bild 6.6 Beispiele elementarer Eintore
Oben: ψ-Bereich; Mitte: z-Bereich;
Unten: Diskreter Zeitbereich

<u>Bild 6.6c</u>: Leerlauf

$I(\psi) = 0$. Hiermit ergibt sich aus (6.19a) und (6.19b)

$\underline{B}(\psi) = \underline{A}(\psi)$ und ebenso

$$\underline{B}(z) = \underline{A}(z) \tag{6.31}$$

Die einlaufende Welle $\underline{A}$ wird totalreflektiert. Bei einem (nicht dargestellten) Kurzschluß ($\underline{U}(\psi) = 0$) ergeben sich ebenfalls Totalreflexion und zusätzlich eine Multiplikation mit -1.

<u>Bild 6.6d</u>: Induktivität

$\underline{U}(\psi) = \psi\, L'' \,\underline{I}(\psi)$. Mit (6.28b) ist dies

$\underline{U}(\psi) = \psi\, R\, \underline{I}(\psi)$. Mit (6.19) ergibt sich

$$\underline{B}(\psi) = \frac{\psi - 1}{\psi + 1}\, \underline{A}(\psi)$$

Mit der bilinearen Transformation (6.12) erhält man:

$$\underline{B}(z) = \frac{[(z - 1)/(z + 1)] - 1}{[(z - 1)/(z + 1)] + 1}\, \underline{A}(z) = -z^{-1}\, \underline{A}(z) \tag{6.32}$$

Die zugehörige Differenzengleichung ist:

$$b(n) = -a(n - 1) \tag{6.32a}$$

Das Eingangssignal wird um T verzögert und mit -1 multipliziert.

<u>Bild 6.6e</u>: Kapazität

$\underline{U}(\psi) = \underline{I}(\psi)/(\psi\, C'')$. Mit (6.28c) ist dies

$\underline{U}(\psi) = \underline{I}(\psi)\, R/\psi$. Mit (6.19) ergibt sich

$\underline{B}(\psi) = \underline{A}(\psi)\, (1 - \psi)/(1 + \psi)$.

Mit der bilinearen Transformation (6.12) erhält man

$$\underline{B}(z) = z^{-1} \underline{A}(z) \tag{6.33}$$

mit der Differenzengleichung

$$b(n) = a(n - 1) \tag{6.33a}$$

Das Eingangssignal wird um T verzögert.

Reaktive Elemente stellen Energiespeicher dar. Im Signalflußdiagramm äußert sich diese Eigenschaft in Form von
Verzögerungsgliedern, die Signalspeicher darstellen. Die
Größe der Reaktanz wird durch die Größe des Wellenwiderstands (Bezugswiderstand) gekennzeichnet.

In Bild 6.7 sind einige elementare Zweitore dargestellt.

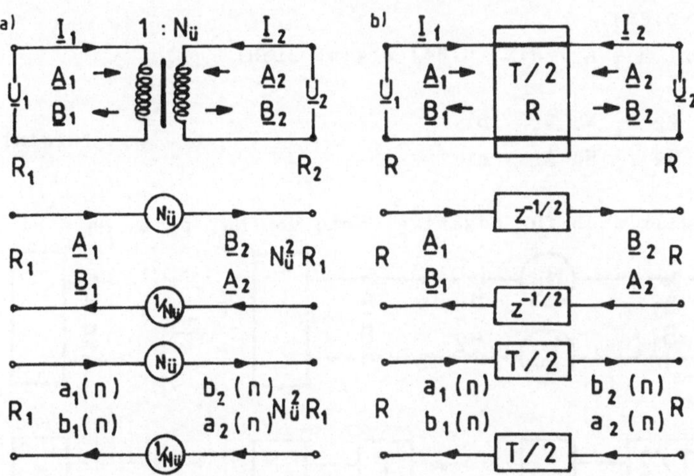

Bild 6.7 Beispiele elementarer Zweitore
  a) Idealer Übertrager b) Einheitsleitung
  Oben: ψ-Bereich; Mitte: z-Bereich
  Unten: Diskreter Zeitbereich

<u>Bild 6.7a</u>: Idealer Übertrager

$\underline{U}_2(\psi) = \underline{U}_1(\psi)\, N\ddot{u}; \quad \underline{I}_2(\psi) = -\underline{I}_1(\psi)/N\ddot{u}.$

Wählt man $R_2 = N\ddot{u}^2 R_1$, so gilt mit (6.22):

$\underline{B}_1(\psi) = \underline{U}_2(\psi)/N\ddot{u} + \underline{I}_2(\psi)\, N\ddot{u}\, R_2/N^2 = \underline{A}_2(\psi)/N\ddot{u}$

$\underline{B}_2(\psi) = \underline{U}_1(\psi)\, N\ddot{u} + (\underline{I}_1(\psi)/N\ddot{u})\, N^2 R_1 = \underline{A}_1(\psi)\cdot N\ddot{u}$

Dies gilt ebenso im z-Bereich:

$$\underline{B}_1(z) = \underline{A}_2(z)/N\ddot{u}$$
$$\underline{B}_2(z) = \underline{A}_1(z)\, N\ddot{u} \qquad\qquad (6.34)$$

Der ideale Übertrager wird zur Skalierung verwendet. Bei einem Eintor wird die Übertragungsfunktion $\underline{S} = \underline{B}/\underline{A}$ nicht verändert, wenn ein idealer Übertrager vorgeschaltet wird (Bild 6.8a):

$\underline{A} = \underline{B}_2; \quad \underline{B} = \underline{A}_2$. Mit (6.34) ergibt sich:

$$\frac{\underline{B}}{\underline{A}} = \frac{\underline{A}_2}{\underline{B}_2} = \frac{N\ddot{u}\,\underline{B}_1}{N\ddot{u}\,\underline{A}_1} = \frac{\underline{B}_1}{\underline{A}_1} \qquad\qquad (6.34a)$$

Dies gilt auch für negative Werte von $N\ddot{u}$, z. B. $N\ddot{u} = -1$.

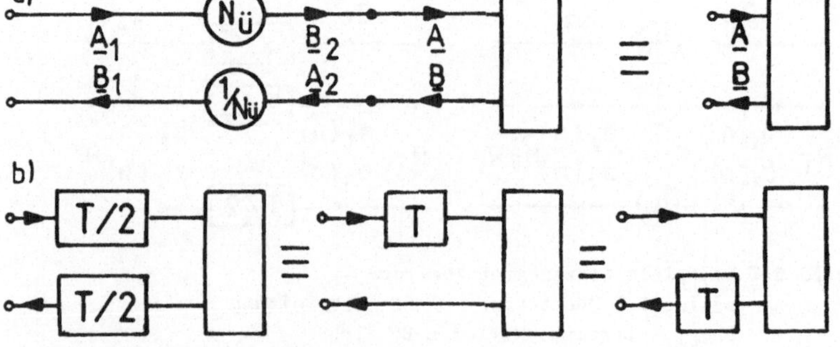

Bild 6.8 Äquivalenzen beim Eintor
     a) Eintor mit idealem Übertrager
     b) Eintor mit Einheitsleitung

<u>Bild 6.7b</u>: Einheitsleitung (Elementarleitung)

Es handelt sich um eine homogene, ideale, verlustlose Übertragungsleitung mit dem Wellenwiderstand R und der Laufzeit $t_0 = T/2$. Hierbei ist T die Abtastperiodendauer des zu entwerfenden Wellendigitalfilters. Der Wellenwiderstand (Bezugswiderstand) beträgt an beiden Toren R. Die Einheitsleitung kann als Reaktanz Verwendung finden. Die Reaktanz einer am Ende kurzgeschlossenen oder leerlaufenden, verlustlosen Leitung ist bekanntlich mit der Kreisfrequenz $\omega = \pi/t_0$ periodisch. Wählt man als Laufzeit $t_0 = T/2$, so ergibt sich Periodizität mit $\omega = 2\pi/T = \omega_a$. Hierbei ist ω_a die Abtastkreisfrequenz des digitalen Filters.

Der Frequenzbereich, in dem die Einheitsleitung durch die Leitungsgleichungen zu beschreiben ist, ist daher direkt der p-Bereich des digitalen Filters mit der Definition $z = e^{pT}$ nach (3.2). Man betrachte hierzu z. B. Bild 4.14. Die bilineare Transformation wird hierbei nicht benötigt.

Die Beziehung zwischen den ein- und auslaufenden Wellen einer verlustlosen Leitung ist sehr einfach. Auf Grund der Verzögerung um T/2 tritt eine Phasenverschiebung um $-\omega T_0 = -\omega T/2$ auf. Mit $p = \sigma + j\omega$ gilt somit:

$$\underline{B}_1(p) = \underline{A}_2(p)\, e^{-pT/2}$$
$$\underline{B}_2(p) = \underline{A}_1(p)\, e^{-pT/2}$$

Mit (3.2) ergibt sich im z-Bereich:

$$\underline{B}_1(z) = \underline{A}_2(z)\, z^{-1/2} \qquad\qquad (6.35)$$
$$\underline{B}_2(z) = \underline{A}_1(z)\, z^{-1/2}$$

Aus formalen Gründen kann man dies mit der bilinearen Transformation (6.12) in den ψ-Bereich des analogen Referenzzweitors rücktransformieren [6; 53]. Im ψ-Bereich wird das in Bild 6.7b dargestellte Schaltungssymbol verwendet.

Wird die Einheitsleitung mit einem Eintor abgeschlossen, dann ist nur das reflektierte Signal b_1 von Interesse. Die durch die Einheitsleitung verursachte Signalverzögerung auf den Pfaden zum und vom Eintor beträgt insgesamt T. Dies entspricht im z-Bereich der Funktion z^{-1}. Die beiden Verzögerungsglieder T/2 können daher in diesem Fall durch ein Verzögerungsglied T im oberen oder unteren Pfad ersetzt werden (Bild 6.8b).

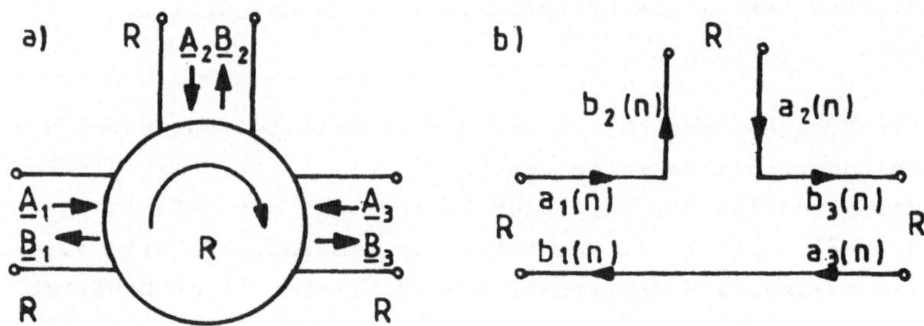

Bild 6.9 Dreitor-Zirkulator
a) Analoges Referenzelement   b) Signalflußdiagramm

<u>Dreitor-Zirkulator</u> (Bild 6.9)
Der Zirkulator besitzt die Eigenschaft, daß er einfallende Wellen zum nächsten Tor in Zirkulationsrichtung weiterreicht. Er wird als konzentriertes Element, das keine Laufzeit besitzt, betrachtet. Somit gilt

$$\underline{B}_1(\psi) = \underline{A}_3(\psi)$$
$$\underline{B}_2(\psi) = \underline{A}_1(\psi) \tag{6.40a}$$
$$\underline{B}_3(\psi) = \underline{A}_2(\psi)$$

Dies gilt ebenso im z-Bereich und im diskreten Zeitbereich.

$$\underline{B}_1(z) = \underline{A}_3(z)$$
$$\underline{B}_2(z) = \underline{A}_1(z) \qquad\qquad (6.40b)$$
$$\underline{B}_3(z) = \underline{A}_2(z)$$

Wenn das Signal $a_3(n)$ gleich Null ist, kann der untere Pfad in Bild 6.9b weggelassen werden. Der Dreitorzirkulator wird bei den in Kap. 6.3 behandelten Brückenwellendigitalfiltern verwendet.

Bei der Zusammenschaltung der besprochenen Elemente ist folgendes zu beachten:
Es dürfen nur Tore mit gleichem Wellenwiderstand (Bezugswiderstand) zusammengeschaltet werden. Ist der Bezugswiderstand unterschiedlich, so müssen frequenzunabhängige Anpassungsnetzwerke, sog. Adaptoren dazwischengeschaltet werden.
Die Zusammenschaltung muß so erfolgen, daß die Laufrichtungen der Wellen zusammenpassen: die einlaufende Welle des einen Tors mit der auslaufenden Welle des anderen Tors und umgekehrt.

Werden Abzweigschaltungen, wie sie z. B. in [19] katalogisiert sind, als Referenzfilter verwendet, so benötigt man Dreitor-Serien- und Dreitor-Parallel-Adaptoren. Sie sind in einem Großteil der eingangs erwähnten Literatur beschrieben. Bei Brückenwellendigitalfiltern, auf deren Darstellung wir uns hier beschränken, werden nur Zweitor-Adaptoren benötigt.

Bild 6.10 zeigt die Parallelschaltung zweier Tore mit unterschiedlichen Wellenwiderständen. Die Serienschaltung zweier Tore unterscheidet sich hiervon nur durch Umkehrung der Richtungen von $\underline{U}_2$ und $\underline{I}_2$, was einem zusätzlichen

idealen Übertrager mit Nü = -1 entspricht. Es genügt
daher, nur den Zweitor-Parallel-Adaptor zu verwenden.

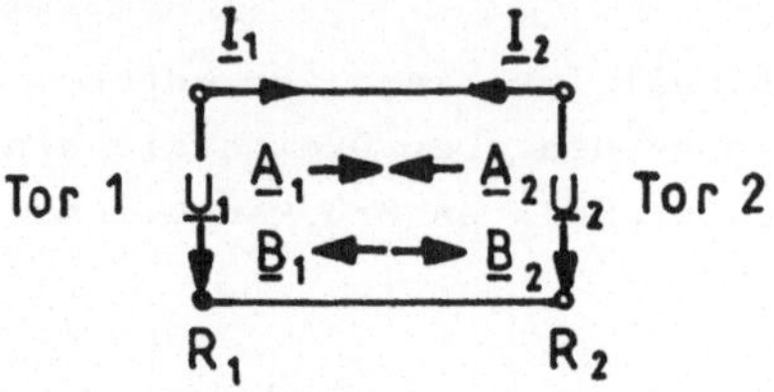

Bild 6.10
Parallelschaltung zweier Tore
mit unterschiedlichen Wellenwiderständen

In Bild 6.10 gilt mit der Kirchhoffschen Maschen- und
Knotenregel:

$$\underline{U}_1(\psi) = \underline{U}_2(\psi) = \underline{U}(\psi);$$
$$\underline{I}_1(\psi) = -\underline{I}_2(\psi) = \underline{I}(\psi).$$

Setzt man dies in (6.22) ein, so ergibt sich:

$$\underline{A}_1(\psi) = \underline{U}(\psi) + \underline{I}(\psi) R_1;$$
$$\underline{A}_2(\psi) = \underline{U}(\psi) - \underline{I}(\psi) R_2;$$
$$\underline{B}_1(\psi) = \underline{U}(\psi) - \underline{I}(\psi) R_1;$$
$$\underline{B}_2(\psi) = \underline{U}(\psi) + \underline{I}(\psi) R_2.$$

Hieraus ermittelt man die Elemente der Spannungswellenstreumatrix mit (6.24) und setzt sie in (6.23) ein:

$$\underline{B}_1(\psi) = -\gamma\underline{A}_1(\psi) + (1 + \gamma)\underline{A}_2(\psi) = \gamma[\underline{A}_2(\psi) - \underline{A}_1(\psi)] + \underline{A}_2(\psi)$$
$$\underline{B}_2(\psi) = (1 - \gamma)\underline{A}_1(\psi) + \gamma\underline{A}_2(\psi) = \underline{A}_1(\psi) + \gamma[\underline{A}_2(\psi) - \underline{A}_1(\psi)]$$
$$(6.41a)$$

mit

$$\gamma = \frac{R_1/R_2 - 1}{R_1/R_2 + 1} \qquad (6.42)$$

Der Adaptor hat also die Aufgabe, die auslaufenden Wellen
$\underline{B}$ in geeigneter Weise aus den einlaufenden Wellen $\underline{A}$ zu
kombinieren, damit die Kirchhoffschen Regeln erfüllt
sind.

Infolge der Frequenzunabhängigkeit von γ gelten die
Beziehungen von (6.41a) auch für die z-Transformierten
dieser Wellen, die Signale des WDF darstellen.

$$\underline{B}_1(z) = \gamma[\underline{A}_2(z) - \underline{A}_1(z)] + \underline{A}_2(z) \tag{6.41b}$$
$$\underline{B}_2(z) = \underline{A}_1(z) + \gamma[\underline{A}_2(z) - \underline{A}_1(z)]$$

Ebenso gelten sie im diskreten Zeitbereich

$$b_1(n) = \gamma[a_2(n) - a_1(n)] + a_2(n) \tag{6.41c}$$
$$b_2(n) = a_1(n) + \gamma[a_2(n) - a_1(n)]$$
mit γ nach (6.42).

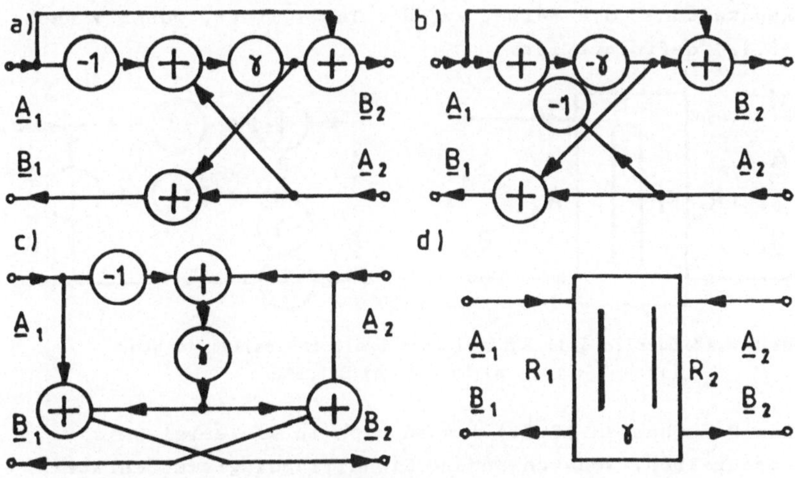

Bild 6.11 Zweitor-Parallel-Adaptor
  a), b), c) Äquivalente bzw. identische Strukturen
  d) Symbol im Signalflußdiagramm

Bild 6.11a zeigt das Signalflußdiagramm des durch (6.41)
beschriebenen Zweitor-Parallel-Adaptors.
In Bild 6.11b wurde an Stelle von $\gamma[\underline{A}_2(z) - \underline{A}_1(z)]$ der

identische Ausdruck $-\gamma[-\underline{A}_2(z) + \underline{A}_1(z)]$ verwendet. Hierdurch ergibt sich eine mit der Einmultiplizierer-Kreuzgliedstufe (Bild 6.3) identische Struktur (ohne das dortige Verzögerungsglied). Man erkennt durch Vergleich, daß für den dort als Reflexionsfaktor bezeichneten Koeffizienten r_i, den wir vereinfachend r nennen, gilt:

$$r = -\gamma \tag{6.43}$$

In Bild 6.11c ist die Struktur von Bild 6.11a nochmals umgezeichnet. Bild 6.11d zeigt eines der gebräuchlichen Symbole des Zweitor-Parallel-Adaptors. Der dickere Strich kennzeichnet die Seite, auf der Tor 1 liegt, wobei γ nach (6.42) definiert ist.

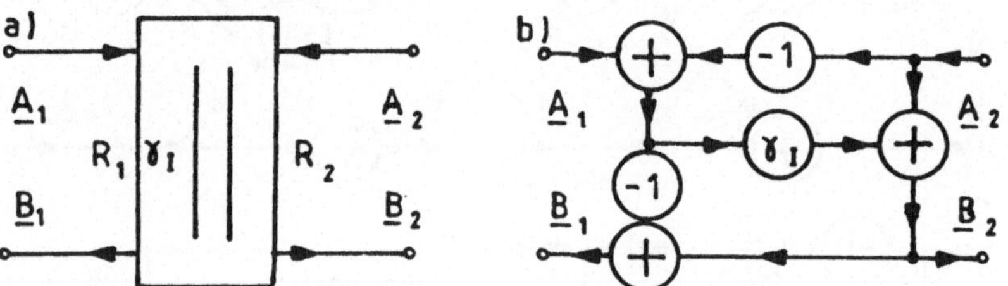

Bild 6.12 Zu Bild 6.11 äquivalenter Zweitor-Parallel-Adaptor ($\gamma_I = 1 - \gamma$); a) Symbol b) Struktur

Die Beziehungen (6.41) lassen sich in vielerlei Weise umschreiben, wodurch andere Signalflußdiagramme entstehen, die ebenfalls Realisierungen des gleichen Zweitor-Parallel-Adaptors darstellen. Eine Möglichkeit ist folgende Beziehung:

$$\underline{B}_1(z) = \underline{B}_2(z) - [\underline{A}_1(z) - \underline{A}_2(z)] \qquad (6.41d)$$

$$\underline{B}_2(z) = \gamma_I[\underline{A}_1(z) - \underline{A}_2(z)] + \underline{A}_2(z)$$

mit

$$\gamma_I = 1 - \gamma = \frac{2}{R_1/R_2 + 1} \qquad (6.44)$$

Die Identität mit (6.41b) läßt sich ohne Schwierigkeit nachweisen. Bild 6.12 zeigt das hierfür gebräuchliche Symbol und die Struktur.

6.3 Brücken-Wellendigitalfilter

Das analoge Referenzfilter im ψ-Bereich ist hier eine beidseitig mit $R_1 = R_2 = R$ abgeschlossene, symmetrische Brückenschaltung (Bild 6.13a), in der die Impedanzen $\underline{Z}'(\psi)$ und $\underline{Z}''(\psi)$ zweimal vertreten sind. Die Analyse der Schaltung ergibt für die Elemente der Streumatrix [53]

$$\underline{S}_{11} = \underline{S}_{22} = (\underline{S}' + \underline{S}'')/2 \qquad (6.45)$$

$$\underline{S}_{21} = \underline{S}_{12} = (\underline{S}'' - \underline{S}')/2$$

mit den Reflexionsfaktoren $\underline{S}'$ und $\underline{S}''$ der Impedanzen $\underline{Z}'$ und $\underline{Z}''$:

$$\underline{S}' = (\underline{Z}' - R)/(\underline{Z}' + R) \qquad (6.46)$$

$$\underline{S}'' = (\underline{Z}'' - R)/(\underline{Z}'' + R)$$

Da angenommen wird, daß die Impedanzen $\underline{Z}'$ und $\underline{Z}''$ des Referenzfilters Reaktanzen sind, stellen die Reflexionsfaktoren $\underline{S}'$ und $\underline{S}''$ Übertragungsfunktionen von Allpässen dar. Durch Einsetzen von (6.45) mit (6.46) in (6.23) ergibt sich:

$$\underline{B}_1 = 0{,}5\,[\underline{S}'(\underline{A}_1 - \underline{A}_2) + \underline{S}''(\underline{A}_1 + \underline{A}_2)] \qquad (6.47)$$

$$\underline{B}_2 = 0{,}5\,[\underline{S}'(\underline{A}_2 - \underline{A}_1) + \underline{S}''(\underline{A}_1 + \underline{A}_2)]$$

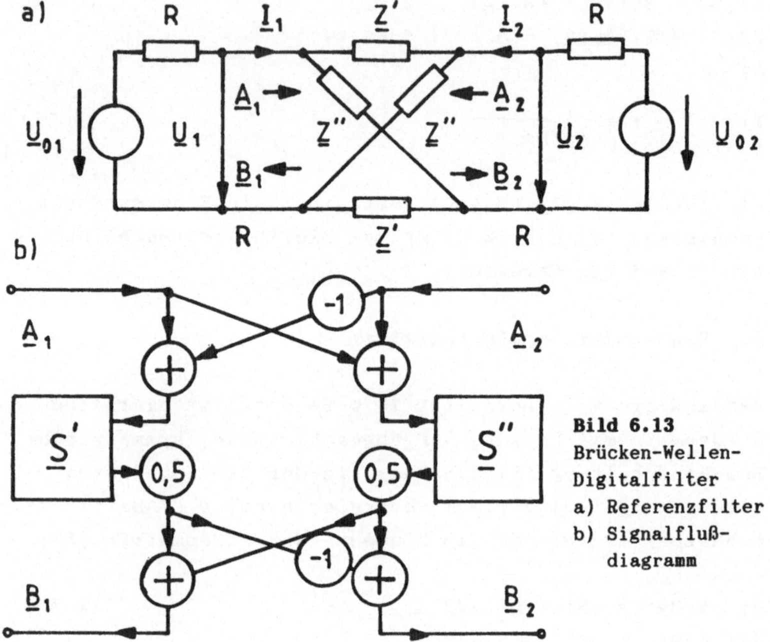

Bild 6.13
Brücken-Wellen-
Digitalfilter
a) Referenzfilter
b) Signalfluß-
diagramm

Das zugehörige Signalflußdiagramm ist in Bild 6.13b
skizziert. Man verwendet gewöhnlich nur einen Eingang. Im
folgenden wird daher angenommen:

$$\underline{A}_2 = 0 \tag{6.48}$$

Damit vereinfacht sich (6.47). Mit (6.45) gilt für die
Übertragungsfunktionen:

$$\underline{H}_1 = \underline{B}_1/\underline{A}_1 = 0,5\,(\underline{S}' + \underline{S}'') = \underline{S}_{11} \tag{6.49}$$
$$\underline{H}_2 = \underline{B}_2/\underline{A}_1 = 0,5\,(\underline{S}'' - \underline{S}') = \underline{S}_{21}$$

Nach (6.27a) sind die beiden Übertragungsfunktionen daher leistungskomplementär. Zeigt $\underline{H}_1$ z. B. Tiefpaßverhalten, so zeigt $\underline{H}_2$ Hochpaßverhalten.

$$|\underline{H}_1(\eta)|^2 + |\underline{H}_2(\eta)|^2 = 1 \qquad\qquad (6.50a)$$
bzw.
$$|\underline{H}_1(\Omega)|^2 + |\underline{H}_2(\Omega)|^2 = 1 \qquad\qquad (6.50b)$$

Außerdem gilt mit (6.49):

$$\underline{H}_1 + \underline{H}_2 = \underline{S}'' \qquad\qquad (6.51)$$

Da $\underline{S}''$ die Übertragungsfunktion eines Allpasses darstellt, sind die Übertragungsfunktionen $\underline{H}_1$ und $\underline{H}_2$ auch allpaßkomplementär:

$$|\underline{H}_1(\eta) + \underline{H}_2(\eta)| = 1 \qquad\qquad (6.51a)$$
bzw.
$$|\underline{H}_1(\Omega) + \underline{H}_2(\Omega)| = 1 \qquad\qquad (6.51b)$$

Die Gleichungen (6.50) und (6.51) können nur dann gemeinsam gültig sein, wenn $\underline{H}_1(\eta)$ mit $\underline{H}_2(\eta)$ bzw. $\underline{H}_1(\Omega)$ mit $\underline{H}_2(\Omega)$ in Quadratur steht. Das heißt, sie weisen eine Phasendifferenz von 90° auf.

Aus Bild 6.13b erkennt man, daß sich die Übertragungsfunktionen $\underline{H}_1$ und $\underline{H}_2$ als Summe bzw. Differenz zweier Allpaßübertragungsfunktionen $\underline{S}'$ und $\underline{S}''$ ergeben (Parallelschaltung). Im Durchlaßbereich eines Filters werden daher zwei gleich große, etwa gleichphasige Signale addiert. Im Sperrbereich werden zwei gleich große, etwa gegenphasige Signale addiert. Die Sperrwirkung beruht daher auf einem Kompensationseffekt, wie dies von

Brückenschaltungen bekannt ist. Bei geringfügiger Abweichung von der Gegenphasigkeit ist das Sperrverhalten bereits schlecht. Die Koeffizientenempfindlichkeit des Filters im Sperrbereich ist daher groß.

In [6; 26; 53] wird gezeigt, daß sich Potenz-, Tschebyscheff- und Cauerfilter in der gezeigten Weise durch Parallelschaltung zweier Allpässe realisieren lassen. Wie noch dargestellt wird, unterliegt der Grad des Filters jedoch gewissen Einschränkungen.

Die Pole eines derartigen Filters sind, wie noch beschrieben wird, in geeigneter Weise auf die beiden Allpässe aufzuteilen. Die Nullstellen der Allpässe liegen damit ebenfalls fest (siehe Kap. 4.11).

Offenbar werden die Nullstellen der Filter vom Potenz-, Tschebyscheff- und Cauertyp beim Entwurf des Brücken-WDF nicht benötigt. Der Grund hierfür ist, daß bei Filtern vom genannten Typ die Nullstellen bereits festliegen, wenn die Pole gegeben sind.

Die bei der Parallelschaltung der beiden Allpässe sich ergebenden Übertragungsfunktionen $\underline{H}_1$ und $\underline{H}_2$ besitzen die Pole beider Allpässe (siehe Kap. 4.3). Die Nullstellen der Allpässe verschieben sich bei der Parallelschaltung in der gewünschten Weise auf die imaginäre Achse der ψ-Ebene bzw. auf den Einheitskreis der z-Ebene.

Bei der Realisierung von <u>Tiefpässen und Hochpässen</u> ist zu beachten, daß sich der Grad k' des einen Allpasses vom Grad k'' des anderen Allpasses um 1 unterscheiden muß:

$$|k' - k''| = 1 \qquad\qquad (6.52)$$

Der TP bzw. HP hat dann den Grad $k = k' + k''$, der wegen (6.52) nur ungerade sein darf:

$$k = 1; \; 3; \; 5; \; \ldots\ldots \qquad (6.52a)$$

Das bedeutet eine gewisse Einschränkung. Der Grund ist folgender:

Durchläuft man bei einem analogen Allpaß vom Grad k' bzw. k'' den Frequenzbereich von $\eta = 0$ bis ∞, bzw. bei einem entsprechenden digitalen Allpaß den Frequenzbereich von $\omega = 0$ bis $\omega_a/2$, so beträgt die Phasendrehung $-k'\pi$ bzw. $-k''\pi$. Sind die Ausgangssignale der beiden Allpässe also z. B. bei $\eta = 0$ bzw. $\omega = 0$ phasengleich, so sind sie bei $\eta = \infty$ bzw. $\omega = \omega_a/2$ gegenphasig. Bei Addition der Ausgangssignale ergibt sich ein Tiefpaß, bei Subtraktion ein Hochpaß.

Bei der Realisierung von <u>Bandpässen und Bandsperren</u> muß gelten:

$$|k' - k''| = 2 \qquad (6.53)$$

Denn hier gibt es zwei Durchlaßbereiche bzw. zwei Sperrbereiche. Da die aus Tiefpässen entworfenen Bandpässe immer geraden Grad besitzen, sind wegen (6.53) nur Bandpässe und Bandsperren vom Grad

$$k = 2; \; 6; \; 10; \; \ldots\ldots\ldots \qquad (6.53a)$$

in dieser Weise realisierbar, d. h. sie dürfen nur aus nach (6.52a) zulässigen Tiefpässen entworfen werden. Da, wie noch gezeigt wird, Brücken-Wellendigitalfilter im

Gegensatz zu anderen rekursiven Digitalfiltern (siehe
Kap. 4) bezüglich der Anzahl der Multiplizierer kanonisch
sind, sind diese Einschränkungen nicht gravierend. Die
genannten Einschränkungen entfallen bei Verwendung von
komplexen Koeffizienten [6]. Allerdings bedeuten komplexe
Multiplikationen einen höheren Aufwand.

In [26] wird dargestellt, daß die Pole bzw. die konjugiert komplexen Polpaare, wenn man sie nach der Frequenz
(v_p', η_p oder Ω_p) ordnet, in abwechselnder Reihenfolge
den beiden Allpässen zugeteilt werden müssen. Man beginnt
hierbei mit der Frequenz 0 und ordnet in Richtung der
positiven Frequenzachse. Die Phasenänderung mit wachsender Frequenz ist dann bei beiden Allpässen zunächst
etwa gleich. Erst im Bereich der Filterflanke, wo die
Pole dicht an der imaginären Achse bzw. am Einheitskreis
liegen, ändert sich die Phase des einen Allpasses schneller, wodurch er gegenüber dem anderen eine Phasendifferenz von 180° erreicht.

Die Allpaßübertragungsfunktionen $\underline{S}'$ und $\underline{S}''$ lassen sich
durch Allpaß-Blöcke 1. und 2. Grades realisieren, die
mittels Dreitor-Zirkulatoren in Kaskade geschaltet sind.
Die Blöcke selbst kann man als Kaskade von ein oder zwei
Einheitsleitungen mit Leerlauf am Ende realisieren. In
Bild 6.14 ist dies gezeigt.
In Bild 6.15 ist das Signalflußdiagramm eines Filters
9. Grades in Brücken-WDF-Struktur gezeigt. Es entspricht
dem um 90° gedrehten Bild 6.13b mit $\underline{A}_2 = 0$. Die mit
wachsender Polfrequenz Ω_p abwechselnde Zuordnung der
Pole, zusammen mit ihren konjugiert komplexen Partnern,
zum oberen und unteren Allpaß-Pfad ist ebenfalls dargestellt.

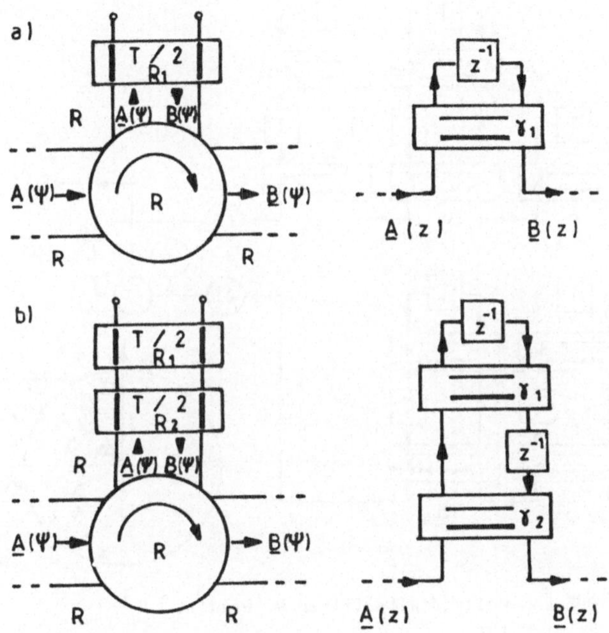

Bild 6.14 Analoge und digitale Allpaß-Blöcke
            a) 1. Grad b) 2. Grad

Bei der Frequenz 0 sind die Ausgangssignale der Allpässe
$\underline{S}'$ und $\underline{S}''$ gleichphasig, da sämtliche Allpaß-Blöcke in
gleicher Weise (mit Leerlauf) abgeschlossen sind. Bei
Addition der Ausgangssignale ergibt sich daher ein Tiefpaß. Bei Subtraktion (Multiplikation mit -1 in einem Pfad
und Addition) ergibt sich der hierzu komplementäre Hochpaß.

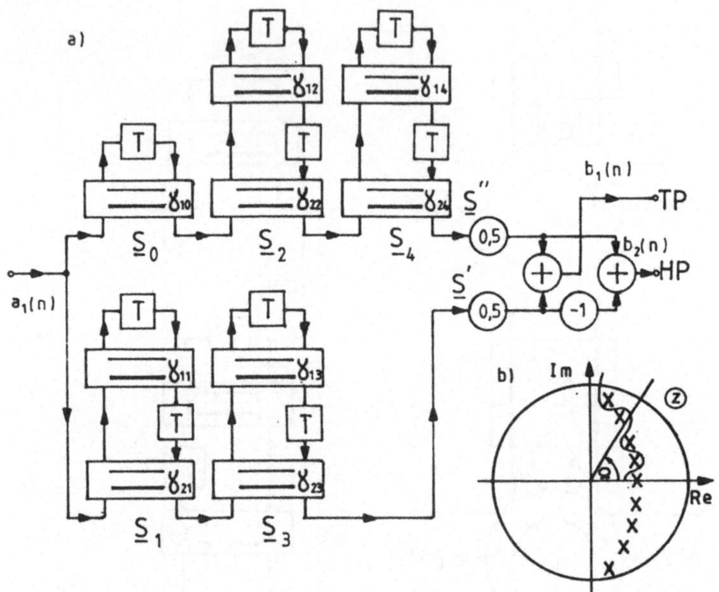

Bild 6.15 Brücken-Wellendigitalfilter 9. Grades
      a) Struktur
      b) Zuordnung der Pole zu den beiden Allpaß-Pfaden

Bei den Allpaß-Blöcken 1. und 2. Grades handelt es sich
um die in Kap. 6.1 besprochene Kreuzglied-Struktur mit
Einmultiplizierer-Kreuzgliedstufen. Man erkennt dies
durch Vergleich der Bilder 6.3 und 6.11 unter Beachtung
von (6.43). Wegen (6.10) gilt:

$$|\gamma| < 1 \tag{6.54}$$

Infolge der Allpässe (Totalreflexion des Signals) ist der
Signalpegel im oberen und unteren Hauptpfad von Bild 6.15
konstant. Das Filter besitzt dort und auch am Ausgang
L_∞-Skalierung, d. h. es ist dort für ein sinusförmiges

Signal im eingeschwungenen Zustand optimal skaliert. In den Allpaß-Blöcken selbst ist dies jedoch nicht immer der Fall, so daß dort die Gefahr besteht, daß der zulässige Zahlenbereich auch im eingeschwungenen Zustand überschritten wird. Wir wollen dies näher untersuchen.

Für einen Zweitor-Parallel-Adaptor nach Bild 6.11 oder 6.12 gilt nach (6.41b) für die Übertragungsfunktion von $\underline{A}_1$ nach $\underline{B}_2$

$$\frac{\underline{B}_2(z)}{\underline{A}_1(z)} = \frac{1 - \gamma}{1 - \gamma[\underline{A}_2(z)/\underline{B}_2(z)]} \tag{6.55}$$

Der Frequenzgang ist

$$\frac{\underline{B}_2(\Omega)}{\underline{A}_1(\Omega)} = \frac{1 - \gamma}{1 - \gamma[\underline{A}_2(\Omega)/\underline{B}_2(\Omega)]} \tag{6.55a}$$

Wegen der in Bild 6.14 bzw. 6.15 an die Adaptoren angeschlossenen Allpässe ist $\underline{A}_2/\underline{B}_2$ die Übertragungsfunktion eines Allpasses. Somit gilt
$|\underline{A}_2(\Omega)/\underline{B}_2(\Omega)| = 1$.
Befindet sich γ im Bereich $0 \leq \gamma < 1$, so ist der kleinste Wert, den der Nenner von (6.55a) annehmen kann, und auf Grund der frequenzabhängigen Phasendrehung der Allpaßübertragungsfunktion $\underline{A}_2/\underline{B}_2$ auch an einer Stelle im Frequenzbereich annimmt, $1 - \gamma$. Somit gilt:

$$\text{Max}\left|\frac{\underline{B}_2(\Omega)}{\underline{A}_1(\Omega)}\right| = \frac{1 - \gamma}{1 - \gamma} = 1 \quad \text{für } 0 \leq \gamma < 1 \tag{6.56a}$$

In diesem Fall ist daher richtig skaliert.

Befindet sich γ jedoch im Bereich $-1 < \gamma < 0$, so ist der kleinste Wert, den der Nenner von (6.55a) annimmt, $1 + \gamma$. Damit gilt:

$$\text{Max}\left|\frac{\underline{B}_2(\Omega)}{\underline{A}_1(\Omega)}\right| = \frac{1 - \gamma}{1 + \gamma} > 1 \quad \text{für } -1 < \gamma < 0 \tag{6.56b}$$

In diesem Fall dürfen die Adaptoren von Bild 6.14 und 6.15 nur verwendet werden, wenn zusätzlich mit einem idealen Übertrager skaliert wird. Der Faktor Nü muß hierbei den zu (6.56b) inversen Wert

$$\text{Nü} = \frac{1 + \gamma}{1 - \gamma} \tag{6.57}$$

besitzen, wodurch sich unter Verwendung von (6.55) folgende Übertragungsfunktion (mit Übertrager) ergibt:

$$\frac{\underline{B}_2{}'(z)}{\underline{A}_1(z)} = \frac{\underline{B}_2(z)}{\underline{A}_1(z)} \cdot \frac{1 + \gamma}{1 - \gamma} = \frac{1 + \gamma}{1 - \gamma[\underline{A}_2{}'(z)/\underline{B}_2{}'(z)]} \tag{6.58a}$$

Hierbei wurde die Beziehung
$\underline{B}_2{}'(z) = \text{Nü}\,\underline{B}_2(z)$ und $\underline{A}_2(z) = (1/\text{Nü})\,\underline{A}_2{}'(z)$
bzw. $\underline{A}_2(z)/\underline{B}_2(z) = \underline{A}_2{}'(z)/\underline{B}_2{}'(z)$ verwendet. (Bild 6.16a und b).
In ähnlicher Weise gewinnt man die Übertragungsfunktion von $\underline{A}_2{}'$ nach $\underline{B}_1$ (Bild 6.16a und b):

$$\frac{\underline{B}_1(z)}{\underline{A}_2{}'(z)} = \frac{\underline{B}_1(z)}{\underline{A}_2(z)} \cdot \frac{1 - \gamma}{1 + \gamma} = \frac{1 - \gamma}{1 + \gamma[\underline{A}_1(z)/\underline{B}_1(z)]} \tag{6.58b}$$

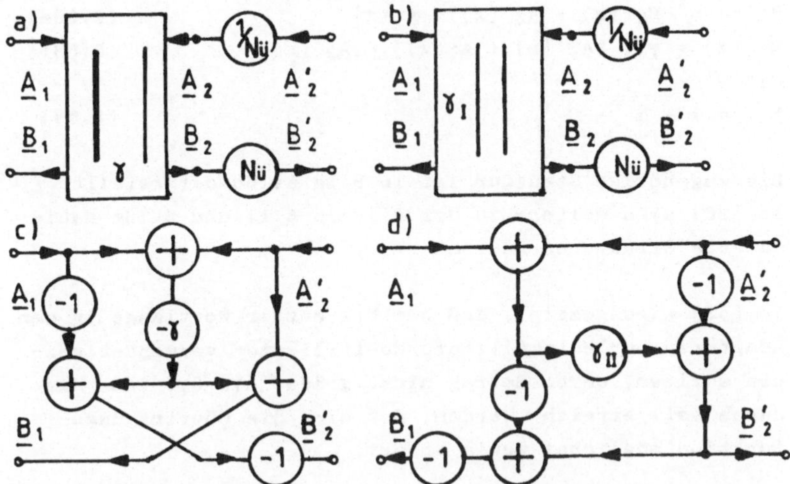

Bild 6.16 Skalierung der Adaptoren von Allpaß-Blöcken
bei negativem γ.
a), b): Mit idealen Übertragern Nü=$(1+\gamma)/(1-\gamma)$
c), d): Dazu äquivalente Strukturen (γII=$1+\gamma$)

Der ideale Übertrager läßt sich auch in den Adaptor mit-
einbeziehen, wodurch sich eine Einmultiplizierer-Struktur
ergibt [26; 53]:
Formt man (6.58a) und (6.58b) etwas um, so erhält man die
Beziehungen:

$$\underline{B}_1(z) = \underline{A}_2{}'(z) - \gamma[\underline{A}_1(z) + \underline{A}_2{}'(z)] \qquad (6.58c)$$
$$\underline{B}_2{}'(z) = \underline{A}_1(z) + \gamma[\underline{A}_1(z) + \underline{A}_2{}'(z)] \qquad (6.58d)$$

Die zugehörige Struktur ist in Bild 6.16c dargestellt.

Die Gleichungen lassen sich nochmals umformen:

$$\underline{B}_1(z) = -\underline{B}_2{}'(z) + \underline{A}_2{}'(z) + \underline{A}_1(z) \qquad (6.58e)$$

$$\underline{B}_2{}'(z) = \gamma_{II}\,[\underline{A}_2{}'(z) + \underline{A}_1(z)] - \underline{A}_2{}'(z) \qquad (6.58f)$$

mit

$$\gamma_{II} = 1 + \gamma \qquad (6.59)$$

Die zugehörige Struktur ist in Bild 6.16d dargestellt.
In [26] sind weitere zu den Bildern 6.11 und 6.16c äquivalente Strukturen zu finden.

In [53] wird gezeigt, daß bei begrenzter Wortlänge in den
Adaptoren nur Multipliziererkoeffizienten verwendet werden sollten, deren Betrag nicht größer als 0,5 ist. Hierdurch soll erreicht werden, daß sich die Übertragungsfunktion möglichst wenig ändert.

Bei der Auswahl der Adaptoren sind daher 4 Fälle zu
unterscheiden. Die Multipliziererkoeffizienten werden
hierbei α genannt [26]:

a) $1 > \gamma > 0{,}5$: $\alpha = \gamma_I = 1 - \gamma$; Struktur Bild 6.12b.
b) $0{,}5 \geq \gamma \geq 0$: $\alpha = \gamma$; Struktur Bild 6.11c.
c) $0 > \gamma \geq -0{,}5$: $\alpha = -\gamma$; Struktur Bild 6.16c.
d) $-0{,}5 > \gamma > -1$: $\alpha = \gamma_{II} = 1 + \gamma$; Struktur Bild 6.16d.

$$\qquad (6.60)$$

In allen vier Fällen ergibt sich somit für den im Kreis
des Multiplizierers einzutragenden Koeffizienten α:

$$0 \leq \alpha \leq 0{,}5 \qquad (6.60a)$$

Zur Ermittlung der Widerstandsverhältnisse der Allpaß-
Blöcke 1. und 2. Grades (Bild 6.14) bzw. der Koeffizienten γ, die über Gleichungen in der Form (6.42) mit

den Widerstandsverhältnissen in Beziehung stehen, benötigt man die Pole der Übertragungsfunktion des zu realisierenden Filters. Wie bereits erwähnt wurde, werden diese Pole den Allpaß-Blöcken zugeteilt.

Im z-Bereich sind die Pole identisch mit den Polen der Blöcke 1. und 2. Grades einer digitalen Kaskadenstruktur, deren Entwurf mit der bilinearen Transformation aus dem Filterkatalog [19] in Kap. 4.8 an Beispielen gezeigt wurde. Man benötigt hier nur den Koeffizienten a_1 des Nennerpolynoms von (4.69) bzw. die Koeffizienten a_1 und a_2 des Nennerpolynoms von (4.71). Die Übertragungsfunktionen der Allpaß-Blöcke ergeben sich damit in der Form von (4.100) bzw. (6.9).

<u>Allpaß-Block 1. Grades</u> (Bild 6.14a)

$$\underline{S}(z) = \frac{\underline{B}(z)}{\underline{A}(z)} = \frac{a_1 + z^{-1}}{1 + a_1 z^{-1}} \tag{6.61}$$

Da letztendlich nicht das Widerstandsverhältnis R/R_1 (Bild 6.14a), sondern der Koeffizient γ_1 interessiert, soll direkt γ_1 ermittelt werden. Durch Vergleich von (6.61) mit der Allpaß-Übertragungsfunktion der Kreuzglied-Struktur (6.9a) erhält man $r_1 = a_1$.
Mit (6.43) ergibt sich der Koeffizient von Bild 6.14a

$$\gamma_1 = -a_1 \tag{6.62}$$

mit a_1 entsprechend (4.69). Mit (4.70) erhält man:

$$\gamma_1 = \frac{g \; c_1 - c_0}{g \; c_1 + c_0} \tag{6.62a}$$

Allpaß-Block 2. Grades (Bild 6.14b)

$$\underline{S}(z) = \frac{\underline{B}(z)}{\underline{A}(z)} = \frac{a_2 + a_1 z^{-1} + z^{-2}}{1 + a_1 z^{-1} + a_2 z^{-2}} \tag{6.63}$$

Durch Vergleich mit der Allpaß-Übertragungsfunktion der Kreuzglied-Struktur (6.9b) erhält man

$r_2 = a_2$; $r_1 + r_1 r_2 = a_1$. Mit (6.43) ergeben sich die Koeffizienten von Bild 6.14b

$$\gamma_1 = \frac{-a_1}{1 - \gamma_2} = \frac{-a_1}{1 + a_2} \tag{6.64}$$

$$\gamma_2 = -a_2$$

mit a_1 und a_2 entsprechend (4.71). Mit (4.72) gilt:

$$\gamma_1 = \frac{g^2 c_2 - c_0}{c_0 + g^2 c_2} \tag{6.64a}$$

$$\gamma_2 = \frac{-c_0 + g\, c_1 - g^2 c_2}{c_0 + g\, c_1 + g^2 c_2}$$

Die Umkehrung von (6.64) ist:

$$a_1 = \gamma_1 \,(\gamma_2 - 1); \quad a_2 = -\gamma_2 \tag{6.64b}$$

Der zur Anordnung nach wachsender Polfrequenz benötigte Polwinkel Ω_p oberhalb der reellen Achse der z-Ebene ergibt sich aus dem Nenner von (6.63):

$$\Omega_p = \arccos\left[\frac{-a_1}{2\,\sqrt{a_2}}\right] \tag{6.65}$$

In [26] sind geschlossene Ausdrücke angegeben, mit denen sich die Koeffizienten γ ohne Filterkatalog mit dem Taschenrechner ermitteln lassen.

Ist ein Programm zum Entwurf digitaler Filter in Kaskadenstruktur zur Hand, wie z. B. [27; 28; 50], so kann man die von diesen Programmen berechneten Koeffizienten a_{1i} und a_{2i} direkt zur Ermittlung der γ_{1i} und γ_{2i} mit (6.62) bzw. (6.64) verwenden.

Beispiel 6.2

Cauer-Tiefpaß in Brücken-WDF-Struktur. Verhältnis von Grenze des Durchlaßbereichs zu Abtastfrequenz $f_d/f_a = 0{,}0166666$.

In den Beispielen 4.2 bis 4.5 wurde gezeigt, wie man durch bilineare Rücktransformation des Toleranzschemas eines gewünschten digitalen Filters die Werte des entsprechenden, normierten analogen Tiefpasses findet. Nehmen wir an, der Cauer-TP 3. Grades C0305 im Katalog [19] mit Durchlaßdämpfung $a_d = 0{,}0109$ dB und Sperrdämpfung $a_s = 43{,}5$ dB erfüllt unsere Anforderungen. Da der Grad ungerade ist, ist (6.52a) erfüllt. Sonst müßte der Grad um 1 erhöht werden.

Aus [19] entnimmt man die Werte der Pole

$u_{p0}' = -1{,}6054656$; $v_{p0}' = 0$; Block 0 (1. Grad)

$u_{p1}' = -0{,}7453971$; $v_{p1}' = 1{,}6095540$; Block 1 (2. Grad).

Für den analogen, normierten Tiefpaß-Block 1. Grades ergibt sich mit (4.46)

$c_{10} = 1$; $c_{00} = -u_{p0}' = 1{,}6054656$.

Für den Block 2. Grades erhält man mit (4.47)

$c_{21} = 1$; $c_{11} = -2\,u_{p1}' = 1{,}4907942$;

$c_{01} = q_{p1}' = u_{p1}'^2 + v_{p1}'^2 = 3{,}1462809$.

Der Faktor g ergibt sich für einen Tiefpaß aus (4.67a):

$g = 1/\tan(\pi f_d/f_a) = 19{,}081137$.

Für den Allpaß-Block 0 (1. Grad) ergibt sich aus (6.62a):

$$\gamma_{10} = \frac{g\,c_{10} - c_{00}}{g\,c_{10} + c_{00}} = 0{,}8447821$$

Bild 6.17 zeigt das Signalflußdiagramm. Der reelle Pol wird hierbei im oberen Allpaß-Pfad, der Pol mit höherer Frequenz zusammen mit seinem konjugiert komplexen Partner im unteren Allpaß-Pfad untergebracht (vergleiche hierzu Bild 6.15).

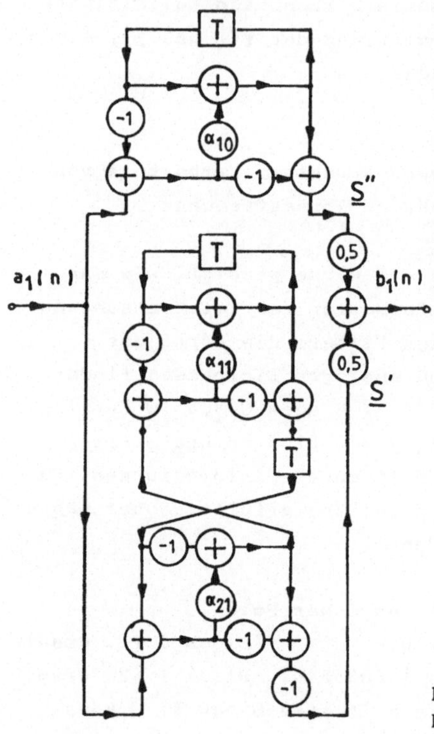

Bild 6.17
Beispiel 6.2: Tiefpaß

Für den Allpaß-Block 1 (2. Grad) ergibt sich aus (6.64a):

$$\gamma_{11} = \frac{g^2 c_{21} - c_{01}}{c_{01} + g^2 c_{21}} = 0,9828651$$

$$\gamma_{21} = \frac{-c_{01} + g\, c_{11} - g^2 c_{21}}{c_{01} + g\, c_{11} + g^2 c_{21}} = -0,8562176$$

Entsprechend (6.60) sind daher folgende Strukturen zu
wählen:

Für γ_{10}: Bild 6.12b mit $\alpha_{10} = 1 - \gamma_{10} = 0,1552179$.

Für γ_{11}: Bild 6.12b mit $\alpha_{11} = 1 - \gamma_{11} = 0,0171349$.

Für γ_{21}: Bild 6.16d mit $\alpha_{21} = 1 + \gamma_{21} = 0,1437824$.

In Bild 6.18a ist der Phasengang der beiden Allpaß-Pfade
$\underline{S}'$ und $\underline{S}''$ (siehe Bild 6.17) gezeigt. Bei tiefen Frequenzen sind diese Signale etwa gleichphasig, bei höheren
Frequenzen etwa gegenphasig. Durch Addition entsteht ein
Tiefpaß. Bild 6.18b und c zeigen den Amplituden- und
Phasengang des Tiefpasses.

Bildet man an Stelle der Summe von $\underline{S}'$ und $\underline{S}''$ die Differenz, so entsteht ein Hochpaß. Bild 18d zeigt den Amplitudengang des Hochpasses. Er ist nach (6.50b)
leistungskomplementär zum Tiefpaß. Die Sperrdämpfung des
Hochpasses erreicht dort ihr Minimum a_{sHP}, wo die Durchlaßdämpfung des Tiefpasses ihr Maximum a_d erreicht.
Mit $a_d = 0,0109$ dB ergibt sich, wenn man (6.50b) in
Dezibel ausdrückt

$$a_{sHP} = -10\,\log(1 - 10^{-a_d/10}) = 26\ \text{dB}.$$

Dieser Wert ist auch in Bild 6.18d zu erkennen
$(-a_{sHP} = -26$ dB$)$. Die Durchlaßdämpfung des Hochpasses
errechnet sich aus der Sperrdämpfung a_s des Tiefpasses.
Mit $a_s = 43,5$ dB ergibt sich

$$a_{dHP} = -10\,\log(1 - 10^{-a_s/10}) = 1,94 \cdot 10^{-4}\ \text{dB}.$$

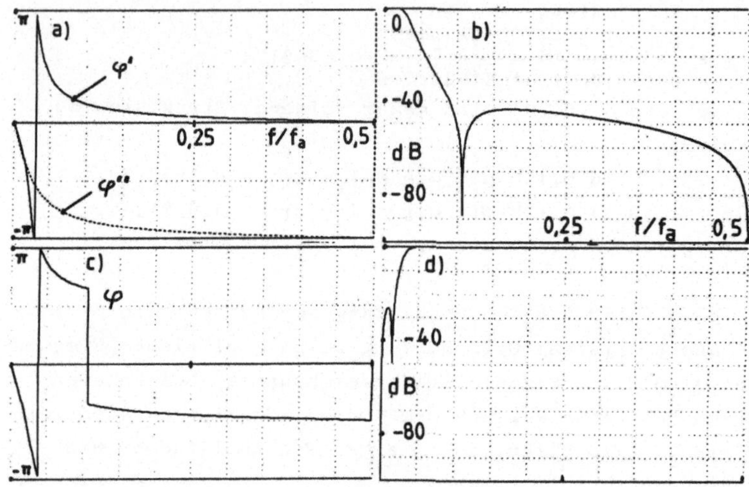

Bild 6.18 Beispiel 6.2

       a) Phasengang φ' von S' und φ'' von S''

       b) TP-Amplitudengang in dB   c) TP-Phasengang

       d) HP-Amplitudengang in dB

TP und HP bilden zusammen eine Filterweiche, siehe z. B.
Bild 6.15. Benötigt man nur einen HP, so ist es besser,
ihn direkt entsprechend seinem Toleranzschema zu
entwerfen.

Beispiel 6.3

Hier soll gezeigt werden, wie die Ergebnisse eines Ent-
wurfsprogramms für digitale Filter in Kaskadenstruktur
zur Erstellung eines Brücken-WDF verwendet werden können.
Zu entwerfen ist ein digitaler Tschebyscheff-BP mit folgenden Eigenschaften: $f_{du}/f_a = 0{,}3$; $f_{do}/f_a = 0{,}3333333$;
$f_{su}/f_a = 0{,}1$; $f_{so}/f_a = 0{,}45$; $a_d = 0{,}28$ dB; $a_s = 40$ dB.

335

Man beachte, daß bei einigen Filterentwurfsprogrammen die Welligkeit im Durchlaßbereich anders definiert ist, wodurch sich der einzugebende Zahlenwert ändert.

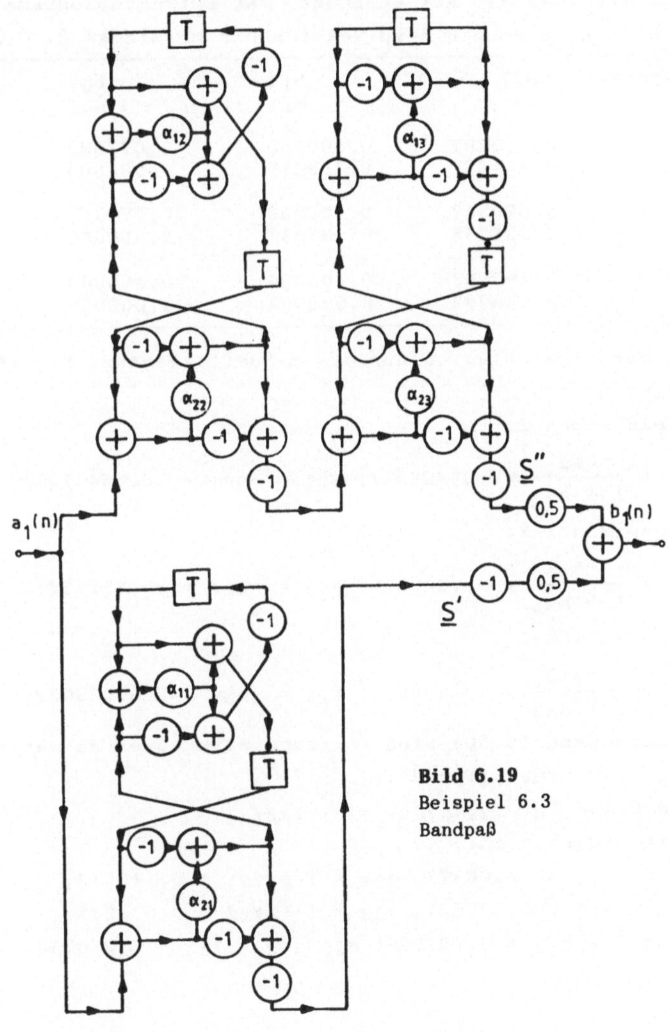

Bild 6.19
Beispiel 6.3
Bandpaß

Nach Eingabe der Daten nennt das Filterentwurfsprogramm
für den BP den Grad 4 als Möglichkeit. Dies ist jedoch
nach (6.53a) für einen Brücken-WDF-BP nicht zulässig. Der
Grad wird deshalb auf 6 erhöht. Das Entwurfsprogramm liefert dann folgenden Ausdruck für die BP-Blöcke 2. Grades:

Blocknr.	b_{2i} a_{2i}	b_{1i} a_{1i}	b_{0i} a_{0i}
1	-0,073082 0,854427	0,000000 0,758417	0,073082 1,000000
2	-0,070367 0,921768	0,000000 0,577531	0,070367 1,000000
3	-0,190063 0,929032	0,000000 0,978002	0,190063 1,000000

Wir benötigen hiervon nur die a-Koeffizienten. Mit (6.64)
ergibt sich

Allpaß-Block 1:

$$\gamma_{11} = \frac{-a_{11}}{1 + a_{21}} = -0,408977; \quad \gamma_{21} = -a_{21} = -0,854427;$$

Allpaß-Block 2:

$$\gamma_{12} = \frac{-a_{12}}{1 + a_{22}} = -0,300521; \quad \gamma_{22} = -a_{22} = -0,921768;$$

Allpaß-Block 3:

$$\gamma_{13} = \frac{-a_{13}}{1 + a_{23}} = -0,506991; \quad \gamma_{23} = -a_{23} = -0,929032;$$

Entsprechend (6.60) sind folgende Strukturen zu wählen:
Bild 6.16c für γ_{11} und γ_{12}.
Bild 6.16d für γ_{21}, γ_{22}, γ_{13}, γ_{23}.
Damit ergibt sich:

$$\alpha_{11} = -\gamma_{11} = 0,408977; \quad \alpha_{21} = 1 + \gamma_{21} = 0,145573;$$

$$\alpha_{12} = -\gamma_{12} = 0,300521; \quad \alpha_{22} = 1 + \gamma_{22} = 0,078232;$$

$$\alpha_{13} = 1 + \gamma_{13} = 0,493009; \quad \alpha_{23} = 1 + \gamma_{23} = 0,070968.$$

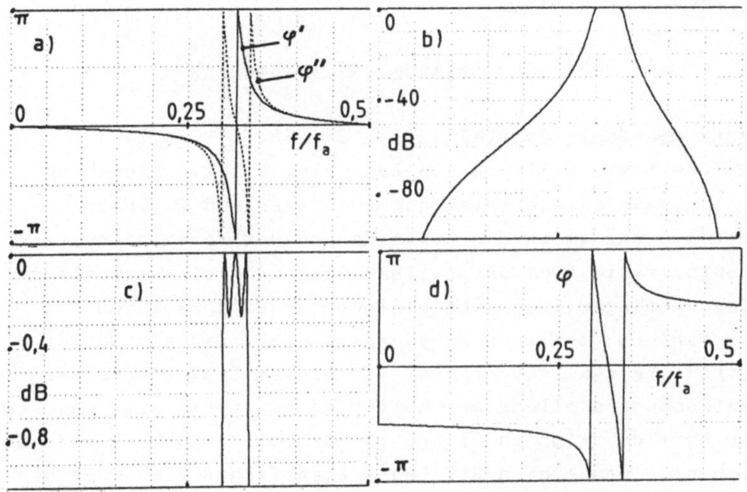

Bild 6.20 Beispiel 6.3: Bandpaß
        a) Phasengänge φ' von S' und φ'' von S''
        b) und c): Amplitudengang d) Phasengang

Die Pole sind nun nach wachsendem Winkel Ω_p (oberhalb der
imaginären Achse) zu ordnen und gemeinsam mit ihren konjugiert komplexen Partnern abwechselnd den beiden Allpaß-
Pfaden zuzuweisen. Aus (6.65) ergibt sich

$\Omega_{p1} = 114,22°$; $\Omega_{p2} = 107,50°$; $\Omega_{p3} = 120,48°$.

Man beginnt z. B. mit dem oberen Pfad:

Block 2 oben; Block 1 unten; Block 3 oben.

Bild 6.19 zeigt das Signalflußdiagramm. In Bild 6.20 sind
Amplituden- und Phasengang dargestellt.

7. Effekte begrenzter Wortlänge

7.1 Binäre Zahlendarstellung und Arithmetik

<u>Festkomma-Zahlendarstellung</u>[4; 25; 29; 31; 33; 45]
Die Festkomma-Zahlendarstellung bietet im Vergleich zur
Gleitkomma-Zahlendarstellung (Mantisse und Exponent)
Vorteile bezüglich des Aufwands und der Verarbeitungsgeschwindigkeit. Der darstellbare Zahlenbereich ist allerdings geringer, wenn von gleicher Gesamtanzahl von Bit
zur Zahlendarstellung ausgegangen wird. Deshalb muß hier
sorgfältig skaliert werden. Die binäre Zahl a wird bei
Festkommadarstellung gewöhnlich so interpretiert, daß sie
den Bereich zwischen -1 und +1 darstellt, d. h. man denkt
sich nach dem ersten Bit (Most Significant Bit, MSB) ein
Komma. Dies wird im folgenden angenommen.

Zwei Arten der Zahlendarstellung sind hier üblich: Vor-
zeichen-Betrags-Darstellung (VBD) und Zweierkomplement-
Darstellung (ZKD). Bei der VBD wird im MSB das Vorzeichen, in den Nachkommastellen der Betrag dargestellt. Bei
der ZKD werden positive Zahlen im Bereich $0 \leq a < 1$ wie
bei der VBD dargestellt. Negative Zahlen im Bereich
$-1 \leq a < 0$ werden durch Addition von 2 wie positive Zahlen dargestellt, die sich im Bereich von 1 bis 2 befinden. Bild 7.1 zeigt dies für die Wortlänge ρ = 4 Bit am
sog. Zahlenkreis.

Die ZKD besitzt gegenüber der VBD den Vorteil, daß die
Subtraktion ebenfalls als Modulo-2-Addition behandelt
werden kann, so daß kein Subtrahierwerk benötigt wird.
Beispiel (dezimale Darstellung in eckigen Klammern):

```
  0,101        [  0,625]
+ 1,100      + [-0,500]
_______        ________
  0,001        [  0,125]
```

Zwischenüberläufe bei der Addition und Subtraktion mehrerer Zahlen stören nicht, wenn das Endergebnis a im darstellbaren Zahlenbereich -1 ≤ a < 1 liegt.

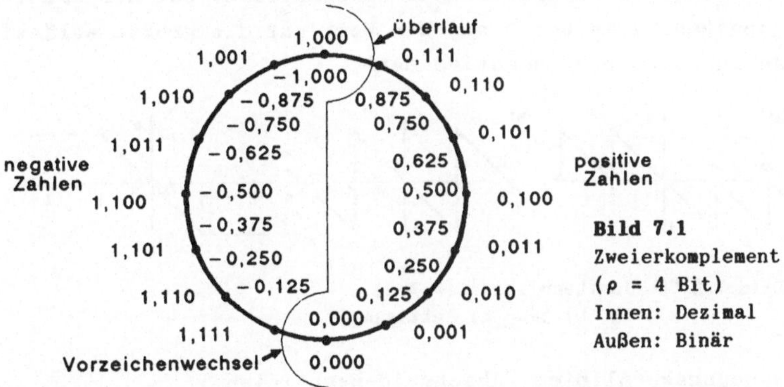

Bild 7.1
Zweierkomplement
(ρ = 4 Bit)
Innen: Dezimal
Außen: Binär

Überlaufkennlinien

Liegt das Ergebnis a einer Addition oder Subtraktion außerhalb des darstellbaren Zahlenbereichs, so wird es falsch interpretiert (a'). Bild 7.2 zeigt die Überlaufkennlinie der VBD, bei der das Vorzeichen erhalten bleibt, und der ZKD, bei der auch das Vorzeichen umspringt, wie am Zahlenkreis zu erkennen ist.

Zur Verringerung von starken Verzerrungen und, in rekursiven Systemen, von Überlaufschwingungen (siehe Kap. 7.3) verwendet man in der Praxis an Stelle dieser Kennlinien die in Bild 7.2c dargestellte Sättigungskennlinie. Sie wird auch beim AD-Wandler eingesetzt. Bei den meisten Signalprozessoren steht ein Assemblerbefehl zur Verfügung, der die Sättigungskennlinie aktiviert.

Bei der Simulation digitaler Systeme in einer Hochspra-
che, z. B. in PASCAL, lassen sich diese Kennlinien problemlos programmieren [33; 56]. Bei einer Überschreitung
des zulässigen Zahlenbereichs wird durch Addition bzw.
Subtraktion eines entsprechenden Zahlenwerts das Verhalten einer Überlaufkennlinie nachgebildet. Bei der Sättigungskennlinie setzt man den Wert auf die größte zulässige positive bzw. negative Zahl.

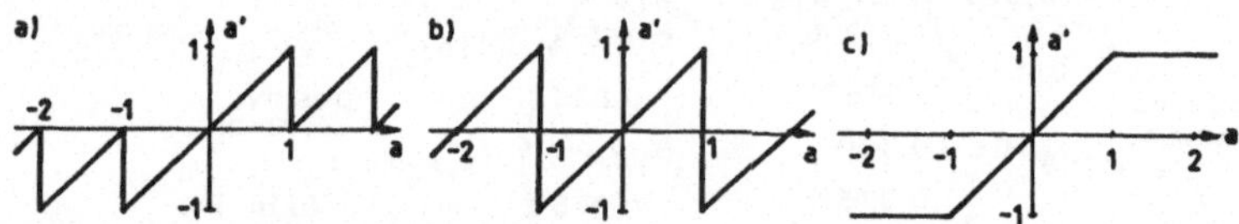

Bild 7.2 Überlaufkennlinien ($\rho \gg 1$)
        a) VBD b) ZKD c) Sättigung

Rundungskennlinien, Abschneidekennlinien

Ein Multiplikationsergebnis a muß vor der Weiterverarbei-
tung gewöhnlich auf die ursprüngliche Wortlänge ρ gekürzt
werden. Dies kann durch Runden oder Abschneiden der letzten Stellen nach dem Komma erfolgen. Hierdurch entsteht
ein Quantisierungsfehler (Rundungsrauschen bzw. Abschneiderauschen). In rekursiven Systemen können außerdem
Grenzzyklusschwingungen angeregt werden (siehe Kap. 7.3).
Bei einer Wortlänge ρ, d. h. $\rho - 1$ Stellen nach dem
Komma, beträgt die Quantisierungsstufe:

$$q = 2^{-\rho+1} \tag{7.1}$$

Beim Runden wird diejenige quantisierte Zahl a' gewählt,
die der zu rundenden Zahl a am nächsten liegt. Bild 7.3a
zeigt die Rundungskennlinie. Sie ist für die VBD und die
ZKD identisch.

Bild 7.3b zeigt die Abschneidekennlinie der VBD (Betragsabschneiden). Der Betrag der Zahl wird hierbei immer ver-
kleinert.
Bild 7.3c zeigt die Abschneidekennlinie der ZKD (ZK-Abschneiden). Der Betrag positiver Zahlen wird hierbei ver-
kleinert; der Betrag negativer Zahlen wird vergrößert.
Man kann dies am Zahlenkreis, Bild 7.1 leicht nachprüfen.

Zur Simulation der Quantisierung kann die in Hochspra-
chen, z. B. PASCAL, verfügbare Funktion verwendet werden,
die die Stellen nach dem Komma einer reellen Zahl ab-
schneidet [33; 56]. Wir wollen sie hier mit int[...] bezeichnen.

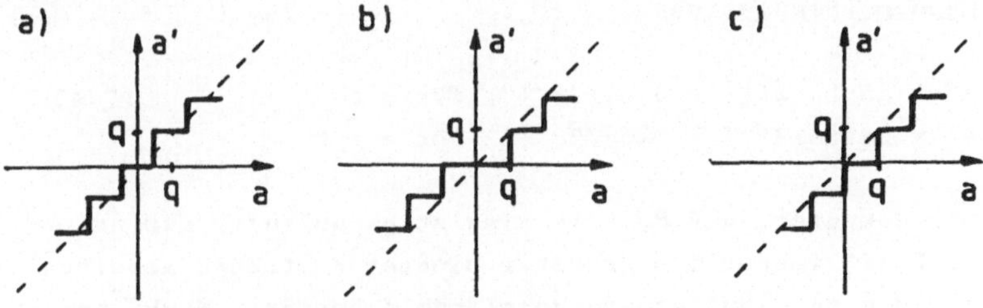

Bild 7.3 Quantisierungskennlinien
      a) Rundung b) Abschneiden (VBD) c) Abschneiden (ZKD)

<u>Betragsabschneiden (Simulation)</u>
Soll die Zahl a auf $\rho - 1$ binäre Stellen nach dem Komma
gekürzt werden (a'), so ist sie zunächst mit $2^{\rho-1}$ zu
multiplizieren, um $\rho - 1$ binäre Nachkommastellen vor das
Komma zu bringen. Dann wird abgeschnitten und anschließend durch $2^{\rho-1}$ dividiert:

$$a' = int[a \cdot 2^{\rho-1}]/2^{\rho-1} \qquad\qquad (7.2)$$

Beispiel:

a = -0,7148437 soll durch Betragsabschneiden auf

$p - 1 = 4$ Bit nach dem Komma gekürzt werden.

$a' = int[-0,7148437\cdot2^4]/2^4 = int[-11,4375]/2^4 = -11/2^4$
   $= -0,6875.$

In ähnlicher Weise kann man auch die anderen Kennlinien simulieren:

Zweierkomplementabschneiden (Simulation)

$a' = int[a\cdot2^{p-1}]/2^{p-1}$ für $a \geq 0$ (7.3)

$a' = int[a\cdot2^{p-1} - 1]/2^{p-1}$ für $a < 0$

Runden (Simulation)

$a' = int[a\cdot2^{p-1} + 0,5]/2^{p-1}$ für $a \geq 0$ (7.4)

$a' = int[a\cdot2^{p-1} - 0,5]/2^{p-1}$ für $a < 0$

Der Computer, auf dem die Simulation abläuft, muß natürlich mit wesentlich größerer binärer Wortlänge arbeiten
als die zu simulierende Wortlänge p beträgt. Nach [56]
genügt hierbei eine Wortlänge der Mantisse von $2p$.

Gleitkomma-Zahlendarstellung [4; 25; 29; 55]
Eine Gleitkommazahl a wird in folgender Form dargestellt:

$a = c\cdot b^E$ (7.5)

c = Mantisse; b = Basis; E = Exponent.

Als Basis wird meist 2 verwendet. Für die Mantisse nimmt
man VBD oder, seltener, ZKD. Der Exponent wird meist im
Offset-Dual-Code, siehe [25], dargestellt, jedoch nach
Negation des MSB als ganzzahlige ZKD interpretiert.

Die Anzahl der insgesamt zur Verfügung stehenden binären
Stellen muß in geeigneter Weise auf Mantisse und Exponent
aufgeteilt werden. Je mehr Stellen der Exponent besitzt,
um so größer wird der darstellbare Zahlenbereich, wodurch
die Gefahr eines Überlaufs verringert wird. Je mehr Stellen die Mantisse besitzt, um so besser wird der Abstand
zum Rundungsrauschen bzw. Abschneiderauschen und zu even-
tuell auftretenden Grenzzyklusschwingungen. Meist werden
der Mantisse etwa 75% der Gesamtzahl verfügbarer Stellen
zugewiesen. Der Rest steht für den Exponenten zur Verfügung.
Die Mantisse c wird normiert, wodurch ein Bit bereits
festliegt. Zum Beispiel kann folgende Normierung verwendet werden:

$$0,5 \leq |c| < 1 \qquad\qquad (7.6)$$

Das erste Bit nach dem Komma ist hier z. B. in VBD
gleich 1. Bei der Darstellung der Mantisse kann es weggelassen werden (Hidden Bit).

Addition und Multiplikation von Gleitkommazahlen

Zur Addition zweier Gleitkommazahlen müssen die Exponenten gleich sein. Ist dies nicht der Fall, so muß hierzu
eine der Mantissen entnormiert werden, wodurch einige Bit
verloren gehen. Dies trägt zum Rundungsrauschen bzw. Abschneiderauschen bei und kann in rekursiven Systemen eine
Grenzzyklusschwingung bewirken. Nach der Addition der
Mantissen wird ein nichtnormiertes Ergebnis wieder normiert.
Bei der Multiplikation zweier Gleitkommazahlen werden die
Exponenten addiert, die Mantissen multipliziert. Ein
nichtnormiertes Ergebnis wird wieder normiert. Das Produkt der Mantissen muß auf die zulässige Wortlänge

gekürzt werden. Hierdurch entsteht Rundungsrauschen bzw.
Abschneiderauschen und in rekursiven Systemen u. U. eine
Grenzzyklusschwingung.

<u>Überlauf und Unterlauf bei Gleitkomma-Zahlendarstellung</u>
Ein Unterlauf tritt auf, wenn der Exponent den kleinstmöglichen Wert besitzt und die Mantisse sich nicht mehr
normiert darstellen läßt. Meist wird hier der Wert der
Zahl gleich Null gesetzt (sofortiger Unterlauf). Aufwendiger ist die zweite Möglichkeit, bei der die nicht normierte Mantisse zugelassen wird (gradueller Unterlauf).

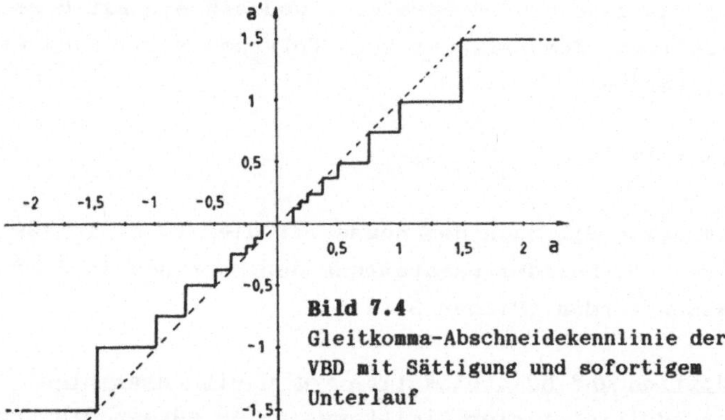

Bild 7.4
Gleitkomma-Abschneidekennlinie der
VBD mit Sättigung und sofortigem
Unterlauf

Bild 7.4 zeigt eine Abschneidekennlinie für VBD der Mantisse mit sofortigem Unterlauf und Sättigung. Die Mantisse ist hier mit ρ = 3 Bit dargestellt (inclusive Vorzeichen und Hidden Bit). Die Basis ist 2. Der Exponent ist
eine ganzzahlige Zweierkomplementzahl mit 2 Bit (inclusive Vorzeichen) und nimmt die folgenden Werte an:
-2; -1; 0; 1.
Der kleinste Betrag (abgesehen von Null) ist
$a' = 0,5 \cdot 2^{-2} = 0,125$.
Der größte Betrag ist $a' = 0,75 \cdot 2^{1} = 1,5$ (Sättigung).

Bei der Gleitkomma-Zahlendarstellung sind, ähnlich wie
bei der Kompandierungskennlinie der PCM, Signalamplitude
und Quantisierungsstufenhöhe etwa proportional. Im Gegensatz zur Festkomma-Zahlendarstellung ist deshalb hier der
Abstand zum Rundungsrauschen bzw. Abschneiderauschen und
zu Grenzzyklusschwingungen in einem großen Dynamikbereich
nahezu unabhängig vom Signalpegel. Er hängt im wesentlichen von der Stellenzahl der Mantisse ab.
Die Simulation von digitalen Systemen, die mit Gleitkomma-Zahlendarstellung arbeiten, kann nach ähnlichen
Prinzipien geschehen wie bei Festkommaverarbeitung, siehe
hierzu [55; 56].

7.2 Koeffizientenquantisierung

Infolge der Koeffizientenquantisierung durch Runden ändert sich der Frequenzgang eines Filters. Er läßt sich
direkt berechnen, wenn die Übertragungsfunktion bekannt
ist. Sonst kann man durch Simulation im Zeitbereich die
Impulsantwort und durch FFT den Frequenzgang ermitteln.
Hierbei dürfen nur die Koeffizienten quantisiert werden.
Die Berechnung der Impulsantwort und die FFT müssen mit
großer Genauigkeit erfolgen.
Für die durch Koeffizientenquantisierung verursachte Änderung des Amplitudengangs von IIR-Filtern als Kaskade
von Blöcken 1. und 2. Grades in Direktstruktur und von
FIR-Filtern in Direktstruktur existieren Abschätzungsformeln, aus denen sich die benötigte Koeffizientenwortlänge näherungsweise ermitteln läßt [14; 31].

Häufig liegt die Wortlänge der Filterkoeffizienten z. B.
durch den ausgewählten Signalprozessor bereits fest.
Zeigt sich hierbei, daß der Frequenzgang nicht mehr

vollständig innerhalb des Toleranzbereichs liegt, so gibt
es verschiedene Möglichkeiten:
a) Ist die Welligkeit ausreichend gering, die Verstärkung
jedoch zu groß oder zu klein, so kann man durch gering-
fügige Änderung eines der (ebenfalls quantisierten) Skalierungsfaktoren versuchen, den Amplitudengang in die
Toleranzgrenzen zurückzubringen.
b) Man verwendet für den Entwurf der ungerundeten Koeffizienten engere Toleranzgrenzen, was darauf hinausläuft,
den Filtergrad zu erhöhen. Hat man z. B. festgestellt,
daß nur im Durchlaßbereich das Toleranzschema verletzt
wird, dann wird man nur dort engere Toleranzgrenzen beim
Filterentwurf verwenden [4; 6].
c) Man versucht es mit einer anderen Filterstruktur, von
der bekannt ist, daß sie im Durchlaß- und/oder im Sperrbereich unempfindlicher gegenüber Koeffizientenquantisierung ist.
d) Durch Suche im diskreten Parameterraum in der Umgebung
der exakten Koeffizienten kann meist ein Satz von
Koeffizienten gefunden werden, der die Toleranzvorschrift
besser erfüllt [6].
e) Bei schmalbandigen Tiefpässen kann durch Kaskadierung
von Filterstufen, in denen jeweils dezimiert wird, d. h.
die Abtastfrequenz erniedrigt wird, die relative Bandbreite und Flankenbreite vergrößert werden, wodurch die
erforderliche Koeffizientengenauigkeit abnimmt [49].
Falls erforderlich, kann nach der Filterung durch stufenweise Interpolation die ursprüngliche Abtastfrequenz wieder erreicht werden.
f) Schmalbandige Bandpässe und Hochpässe können durch
Frequenzumsetzung des Signals, d. h. durch Multiplikation
mit Abtastwerten von Sinus und Cosinus einer Träger-
schwingung, auf den Fall e) zurückgeführt werden (digitale Quadraturmodulation, Einseitenbandmodulation) [49].

Falls erforderlich, kann nach der Filterung durch Frequenzumsetzung die ursprüngliche Frequenzlage des Signals wieder hergestellt werden. Das Prinzip der Frequenzumsetzung mit anschließender stufenweiser Filterung und Dezimierung wird auch bei der sog. Zoom-FFT, d. h. bei Spreizung eines Ausschnitts des Spektralbereichs verwendet. Hier folgt auf die Dezimierung eine FFT.

Koeffizientenempfindlichkeit von Blöcken 2.Grades

Die Koeffizientenquantisierung bewirkt, daß die Pole und Nullstellen in der z-Ebene nur noch an diskreten Stellen liegen können. Für einen Block 1. Grades ist die Berechnung der möglichen Nullstellen trivial. Für einen Block 2. Grades in einer Direktstruktur, z. B. nach Bild 4.20 oder 4.21, mit Koeffizienten nach (4.11) gilt nach (4.13) für einen komplexen Pol (Index i weggelassen):

$$\text{Re}[z_p] = -a_1/2; \qquad |z_p| = \sqrt{a_2} \qquad (7.7)$$

Bild 7.5a zeigt die innerhalb des Einheitskreises der z-Ebene möglichen komplexen Pole, wenn die Koeffizienten mit 3 Bit nach dem Komma dargestellt werden (Festkommadarstellung). Da das Polgitter sowohl zur reellen Achse als auch zur imaginären Achse symmetrisch ist, ist nur der 1. Quadrant dargestellt. Entsprechend (7.7) ändert sich der Realteil mit konstanter, der Betrag mit nichtkonstanter Schrittweite. Für Pole innerhalb des Einheitskreises gilt $|a_1| < 2$ und $|a_2| < 1$. Bei 3 Bit nach dem Komma läßt sich a_1 daher mit $\rho = 5$ Bit und a_2 mit $\rho = 4$ Bit darstellen. Um den Koeffizienten a_1 ebenfalls mit 4 Bit darstellen zu können, spaltet man ihn auf: An Stelle von $-1{,}875 \cdot y(n)$ berechnet man z. B. den Ausdruck $-y(n) - 0{,}875 \cdot y(n)$. Dies bedeutet in der Struktur eine zusätzliche Addition.

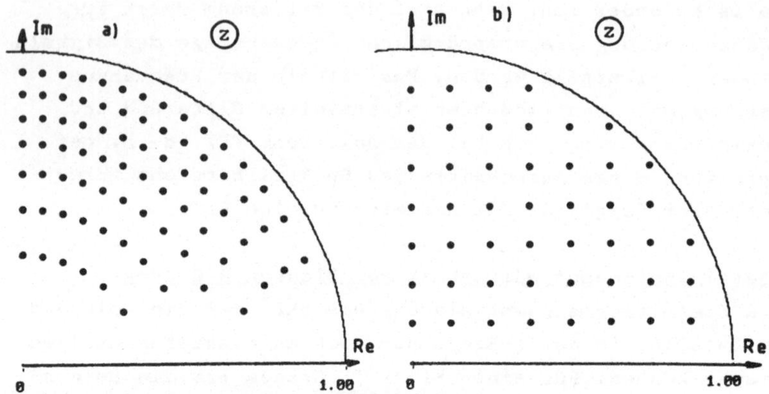

Bild 7.5 Block 2. Grades. Polgitter für Koeffizienten mit
3 Binärstellen nach dem Komma
a) Direktstruktur b) Gekoppelte Struktur

Für die möglichen Nullstellen ergeben sich die gleichen
Orte wie für die Pole, da der Zähler von (4.11) die gleiche Struktur wie der Nenner hat. Bei den Nullstellen ist
es jedoch sinnvoll, das Gitter auch auf dem Einheitskreis
und darüber hinaus darzustellen.

In Bild 7.5a ist zu erkennen, daß das Polgitter der Direktstrukturen nicht gleichmäßig ist. Insbesondere befinden sich in der Umgebung von z = +1 und z = -1 wenige
mögliche Pollagen. Dies führt dazu, daß bei schmalbandigen, rekursiven Tief- und Hochpässen, deren Pole in der
Umgebung dieser Stellen liegen, starke Änderungen der
Filtercharakteristik bei Rundung der Koeffizienten auftreten.
Die Art des Polgitters ist strukturabhängig. Bild 7.6
zeigt die rein rekursive, sog. gekoppelte oder normierte
Struktur [13; 14; 29; 34; 52]. Sie besteht aus einem
Zweitor-Adaptor (Kreuzgliedstufe ohne Verzögerungsglied)

in der sog. normierten Form, an die rechts ein Verzögerungsglied und ein Multiplizierer mit -1 (hier durch
Vorzeichenumkehrung der beiden auf die Verzweigung folgenden Koeffizienten realisiert) und links ein Verzögerungsglied angeschlossen ist.
Die gekoppelte Struktur stellt somit ein Wellendigitalfilter dar, so daß sich Grenzzyklusschwingungen vermeiden
lassen.

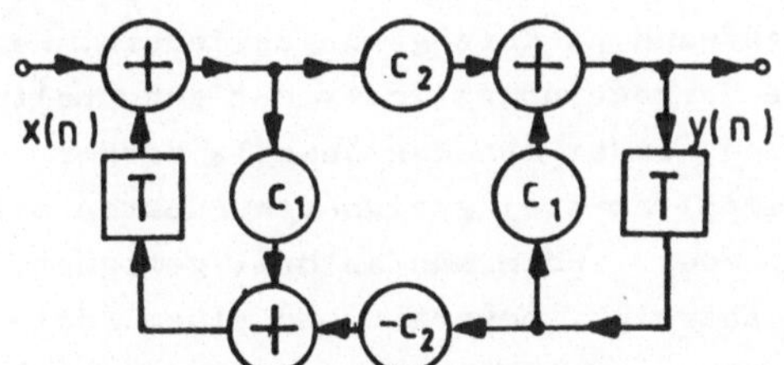

Bild 7.6
Gekoppelte Struktur

Je nachdem, an welchem Punkt der Struktur das Eingangssignal additiv eingekoppelt wird, ergibt sich ein unter-
schiedliches Zählerpolynom der Übertragungsfunktion. Das
Nennerpolynom bleibt immer gleich. Für die in Bild 7.6
gezeigte Einkopplung erhält man die Übertragungsfunktion
[34]:

$$\underline{H}(z) = \frac{c_2}{1 - 2c_1 z^{-1} + (c_1^2 + c_2^2)z^{-2}} \qquad (7.8)$$

Hieraus ergibt sich für komplexe Pole:

$$Re[z_p] = c_1; \quad Im[z_p] = \pm c_2 \qquad (7.9a)$$

$$\text{bzw. } |z_p| \cos \Omega_p = c_1; \quad |z_p| \sin \Omega_p = \pm c_2 \qquad (7.9b)$$

Für Pole innerhalb des Einheitskreises bleibt der Betrag
der Koeffizienten kleiner 1.

Die gekoppelte Struktur besitzt somit nach (7.9a) ein gleichmäßiges Polgitter. Es ist in Bild 7.5b gezeigt, wobei die Koeffizienten c_1 und c_2 mit $\rho - 1 = 3$ Bit nach dem Komma dargestellt sind (Festkommadarstellung).

Schaltet man eine nichtrekursive Struktur 2. Grades in Kaskade zur gekoppelten Struktur, so ergibt sich ein allgemeiner rekursiver Block 2. Grades. Dies bedeutet einen zusätzlichen Aufwand an Verzögerungsgliedern. Man kann jedoch auch die Verzögerungsglieder der gekoppelten Struktur selbst nutzen, indem man das jeweils vorher bewertete Eingangssignal an drei geeigneten Punkten mit Addierern einspeist, oder, indem man an drei geeigneten Punkten die Signale abzweigt, bewertet und einem Addierer zuführt, um das Ausgangssignal zu gewinnen. Derartige Ein- oder Auskopplungen haben den Nachteil, daß gewöhnlich die Nennerkoeffizienten der Übertragungsfunktion zusätzlich auch im Zähler auftreten. In [32] ist eine Struktur mit gleichmäßigem Pol- und Nullstellengitter angegeben, bei der die Nennerkoeffizienten nicht im Zähler auftreten. Es handelt sich allerdings nicht um ein Wellendigitalfilter.
Es wäre wünschenswert, das Polgitter dort möglichst eng zu machen, wo die Pole eines Filters liegen. Derartige Strukturen sind ebenfalls in [32] zu finden.

FFT mit quantisierten Koeffizienten

Die FFT stellt eine Filterbank dar. Die Quantisierung der Koeffizienten, d. h. der sin- und cos-Werte der Drehfaktoren, ändert den Frequenzgang der einzelnen Filter in unterschiedlicher Weise. Die Dämpfung im Sperrbereich eines Filters kann sich verringern, wodurch am Ausgang von Filtern, deren Mittenfrequenz (Auswertefrequenz) von der Frequenz eines sinusförmigen Eingangssignals weit entfernt ist, zusätzlich zum u. U. vorhandenen Leckeffekt ein Fehlersignal auftritt (Fehlerspektrallinie). Dieser Effekt ist nahezu unabhängig von der Art des verwendeten Fensters.

Nach [57] sollte die Koeffizientenwortlänge etwa gleich der zur Darstellung des Spektrums am FFT-Ausgang verwendeten Wortlänge gewählt werden. In diesem Fall bleiben die Fehlerspektrallinien bei Vollaussteuerung mit Sinus in der Größenordnung einer halben Quantisierungsstufe. Mit wachsender FFT-Länge N werden die Fehlerspektrallinien im untersuchten Bereich von $N = 32$ bis 1024 nur geringfügig größer.

Koeffizientenoptimierung im diskreten Parameterraum

Wenn ein Filter das Toleranzschema mit dem Satz von gerundeten Koeffizienten auf Grund der zur Verfügung stehenden geringen Wortlänge nicht mehr erfüllt, läßt sich durch Suche im diskreten Parameterraum in der Umgebung der genauen Koeffizienten häufig noch ein brauchbarer Satz von Koeffizienten finden. Um die Laufzeit des Suchprogramms in Grenzen zu halten, muß man sich hierbei allerdings auf die engste Nachbarschaft der genauen Koeffizienten beschränken, wodurch ein existierender, brauchbarer Satz u. U. nicht gefunden wird. Allerdings ist die Wahrscheinlichkeit gering, daß vom exakten Wert weit entfernte Koeffizienten an brauchbaren Sätzen beteiligt sind.

Im einfachsten Fall verwendet man nur die beiden Werte eines Koeffizienten der Wortlänge ρ, die dem exakten Wert am nächsten liegen. Der eine Wert ergibt sich durch Abschneiden des vom Filterentwurfsprogramm ermittelten exakten Koeffizienten auf ρ Bit, der andere ergibt sich z. B. bei ZKD durch Addition eines geringstwertigen Bits (least significant Bit, LSB) zu diesem abgeschnittenen

Wert (siehe Abschneidekennlinie der ZKD, Bild 7.3c). Zur Ermittlung der kleinstmöglichen Koeffizientenwortlänge im eingeschränkten Parameterraum bei vorgegebenem Toleranzschema beginnt man die Grobsuche mit großer Wortlänge, z. B. 30 Bit, und berechnet den Frequenzgang nur für den Satz von gerundeten Koeffizienten. Wird das Toleranzschema hierbei erfüllt, so verringert man die Wortlänge um 1 Bit und rechnet wieder mit gerundeten Koeffizienten. Dies wird so lange fortgeführt, bis das Toleranzschema mit gerundeten Koeffizienten nicht mehr einzuhalten ist. Dann beginnt die oben beschriebene Feinsuche im diskreten Parameterraum.

Ist μ die Anzahl der Filterkoeffizienten, so sind bei der Feinsuche für eine einzige Wortlänge ρ bis zu 2^μ Koeffizientensätze zu untersuchen. Der Satz mit gerundeten Koeffizienten ist mit enthalten. Für jeden Koeffizientensatz muß der Frequenzgang ermittelt werden. Erfüllt ein Satz das Toleranzschema, so kann man die Feinsuche abbrechen und mit um 1 Bit verringerter Wortlänge wieder aufnehmen, wobei wieder bis zu 2^μ Koeffizientensätze zu untersuchen sind.

Bei IIR-Filtern in Kaskadenstruktur mit Blöcken 1. und 2. Grades in Direktform sind die Nullstellen der Übertragungsfunktion nur durch die Koeffizienten der Zählerpolynome und die Pole nur durch die Koeffizienten der Nennerpolynome bestimmt. Hier genügt es meist, die Zählerkoeffizienten allein und/oder die Nennerkoeffizienten allein zu variieren.

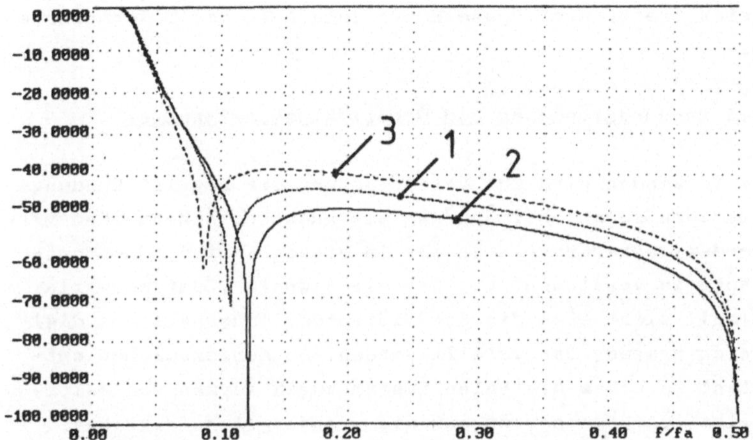

Bild 7.7 Amplitudengang des Filters von Beisp. 6.2 in dB.
Koeffizienten: Kurve 1 genau; Kurve 2 optimiert (ρ = 8 Bit)
Kurve 3 gerundet (ρ = 8 Bit)

Bild 7.7 zeigt das Ergebnis der Koeffizientenoptimierung
für das Filter von Beispiel 6.2 [55]. Die erforderliche
Wortlänge hängt davon ab, wie dicht die Toleranzgrenzen
an den mit exakten Koeffizienten berechneten Amplitudengang (Kurve 1) herangeschoben werden. Es wurde folgendes
Toleranzschema gewählt:

f_d/f_a = 0,01666666; f_s/f_a = 0,100000;

a_d = 0,02 dB; a_s = 40 dB.

Bei der Grobsuche ergab sich, daß dieses Schema bei der
Wortlänge ρ = 10 Bit (mit Vorzeichen) letztmalig mit dem
Satz von gerundeten Koeffizienten erfüllt wird. Die Feinsuche ergab, daß es für ρ = 9 Bit und ρ = 8 Bit noch
brauchbare Koeffizientensätze gibt. Kurve 2 ist ein Beispiel für ρ = 8 Bit. Kurve 3 ergibt sich, wenn man die
genauen Koeffizienten auf ρ = 8 Bit rundet. Sie verletzt

im Sperrbereich die Toleranzvorschrift. Im Durchlaßbereich bleibt auch diese Kurve innerhalb des Toleranzschemas.

7.3 Rundungsrauschen und Grenzzyklusschwingungen

Im folgenden wird zur Vereinfachung der Begriff Rundungsrauschen sowohl bei Rundung als auch bei Abschneiden verwendet. Unter Wortlänge ist in diesem Kapitel die Wortlänge zu verstehen, mit der die Signale (Zustandsvariablen), nicht etwa die Koeffizienten, innerhalb des digitalen Systems dargestellt werden. Rundungsrauschen entsteht in einem digitalen System durch Kürzen von Multi-
plikationsergebnissen auf die ursprüngliche Wortlänge.
Bei Gleitkomma-Zahlendarstellung entsteht es u. U. auch
bei der Addition durch das Kürzen einer Mantisse. Die
Rauschleistung kann stark von der gewählten Struktur ab-
hängen. Bei Festkommaverarbeitung sollte auf die Skalierung geachtet werden. Jede Rauschquelle im Inneren einer
Struktur trägt zum Ausgangsrauschen bei. Pole, die dicht
am Einheitskreis liegen, liefern sowohl bei Festkommaverarbeitung als auch bei Gleitkommaverarbeitung starke
Rauschbeiträge. Bei Filtern tritt das Rundungsrauschen am
Ausgang im wesentlichen im Durchlaßbereich auf, d. h. es
handelt sich nicht um weißes Rauschen. Die Wortlänge
sollte so groß gewählt werden, daß das Rundungsrauschen
in der Größenordnung des Quantisierungsrauschens der AD-
und DA-Wandler liegt. Bei Erhöhung der Wortlänge um 1 Bit
nimmt das Rundungsrauschen um 6 dB ab.

Auf die Berechnung des Rundungsrauschens einer digitalen
Struktur wird in vielen Werken eingegangen, siehe z. B.
[4; 6; 14; 29; 31; 34; 47; 57]. Hier soll nur auf die
Möglichkeit der Simulation hingewiesen werden. Man führt

gewöhnlich 2 Simulationsläufe durch, einmal mit der zur
Verfügung stehenden großen Wortlänge des Computers, auf
dem die Simulation läuft (ergibt $y(n)$), und einmal mit
der zu untersuchenden Wortlänge, deren Simulation in
Kap. 7.1 beschrieben wurde (ergibt $y_Q(n)$). Die Differenz
der beiden Ausgangssignale ist das Rundungsrauschen:

$$y_R(n) = y_Q(n) - y(n) \tag{7.10}$$

Die Filterkoeffizienten müssen in beiden Fällen identisch
sein, d. h. mit gleicher Wortlänge dargestellt werden.
Auch das Eingangssignal muß in beiden Fällen den gleichen
Verlauf und die gleiche Wortlänge haben. Man verwendet
z. B. annähernde Vollaussteuerung durch einen Sinus. Die
Frequenz sollte im Durchlaßbereich des digitalen Filters
liegen und in nichtrationalem Verhältnis zur Abtastfrequenz stehen, um periodische Rauschanteile zu vermeiden.
Das Rauschsignal sollte erst ab dem Zeitpunkt ausgewertet
werden, zu dem die Struktur eingeschwungen ist.
Das Spektrum des Rundungsrauschens kann durch FFT, die
mit großer Wortlänge durchzuführen ist, ermittelt werden.

Steht nur ein Simulator für die begrenzte Wortlänge zur
Verfügung, oder liegen Meßwerte des Ausgangssignals eines
digitalen Systems vor, so können in dem mit hoher Genauigkeit durch FFT ermittelten Spektrum dieses Signals
die Spektrallinien des Sinus und seiner u. U. vorhandenen
Harmonischen ohne Schwierigkeit vom "Rauschteppich"
unterschieden werden. Bei der FFT sollte ein Fenster
verwendet werden, um den Leckeffekt zu verringern. Das
Spektrum eines Kaiser-Fensters (Kap. 5.3) mit $\beta = 11$
besitzt z. B. Nebenlappen, die nicht größer als -82 dB
sind, d. h. der Leckeffekt liegt dann ebenfalls unter

diesem Wert. Das gewählte Fenster beeinflußt allerdings
auch die Höhe des Rauschteppichs [38; 46].

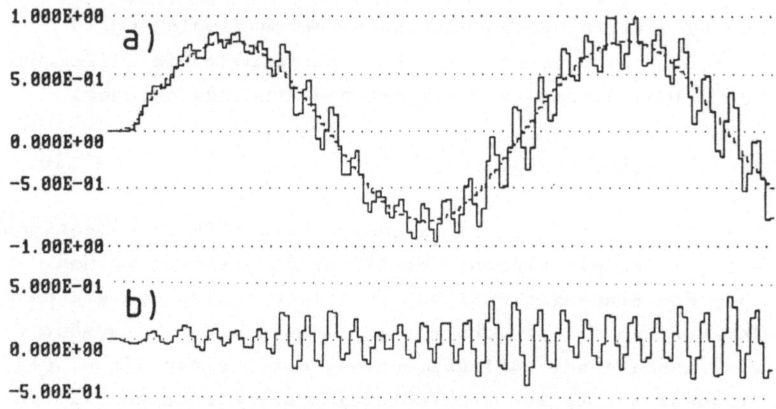

Bild 7.8 Rundungsrauschen eines Filters (ρ = 7 Bit)
      a) Ausgangssignal $y_Q(n)$ und $y(n)$ (gestrichelt)
      b) Rundungsrauschen $y_R(n)$

Bild 7.8a zeigt das Ausgangssignal $y_Q(n)$ des Tiefpasses
9. Grades in Kaskadenstruktur nach Bild 4.24 und Tabelle 4.1 bei Runden auf eine Signalwortlänge von ρ = 7 Bit
(mit Vorzeichen) im Filter (Simulation). Das Eingangssignal besteht hierbei aus mit großer Wortlänge dargestellten Abtastwerten eines Sinus der Amplitude 0,8. Das
in einem zusätzlichen Simulationslauf mit großer Wortlänge ermittelte Ausgangssignal $y(n)$ ist gestrichelt eingezeichnet. Man erkennt, daß der Spitze-Spitze-Wert des
Rauschsignals (Bild 7.8b) hier etwa 45 Quantisierungsstufen beträgt ($q = 2^{-6}$). Bei der AD- oder DA-Wandlung
ergibt sich dagegen nur ein Spitze-Spitze-Wert des Quantisierungsrauschens von 1q (siehe Bild 2.8). Da sowohl
das Rundungsrauschen als auch das Quantisierungsrauschen

etwa gleichverteilt sind, verhalten sich ihre Effektivwerte hier ebenfalls etwa wie 1 : 45. Verwendet man z. B.
12-Bit AD- und DA-Wandler, so müßte die Signalverarbeitung bei diesem Filter mit einer Wortlänge von
12 + (20 log45)/6 $\approx$ 18 Bit erfolgen, damit das Rundungsrauschen in der Größenordnung des Quantisierungsrauschens
der Wandler liegt.

Das bei der Durchführung einer FFT mit begrenzter Wortlänge auftretende Rundungsrauschen läßt sich ebenfalls
abschätzen oder durch Simulation ermitteln [14; 31; 47;
57]. Bei skalierter Festkomma-FFT ergibt sich, daß die
Signalwortlänge etwa 1 bis 2 Bit größer zu wählen ist als
die am Ausgang zur Darstellung des Spektrums gewählte
Wortlänge. Dann bleiben die durch Rundungsrauschen vorge-
täuschten Spektrallinien bei den einzelnen Auswertefrequenzen in der Größenordnung des Quantisierungsrauschens
der am Ausgang verwendeten Wortlänge.
Die in der Literatur angegebenen Signal-Rausch-Abstände
bei einer einzelnen Auswertefrequenz sind unterschiedlich
definiert: Wird als Signal ein Sinus der Auswertefrequenz
verwendet, so erscheint die volle Signalleistung bei dieser Auswertefrequenz. Hier ergibt sich keine Abhängigkeit
des Signal-Rausch-Abstandes von der Transformationslänge
N. Wird dagegen ein stochastisches Signal verwendet, das
weißem Rauschen gleicht, so verteilt sich die Signalleistung gleichmäßig auf alle N Auswertefrequenzen. Bei
dieser Definition ist das Verhältnis von Signalleistung
zu Rauschleistung umgekehrt proportional zu N.

Grenzzyklusschwingungen in rekursiven Systemen

In rekursiven Systemen können, auch wenn die Pole innerhalb des Einheitskreises der z-Ebene liegen, auf Grund der nichtlinearen Überlauf-, Rundungs- und Abschneidekennlinien sog. Grenzzyklusschwingungen auftreten. Die Zustandsvariablen nehmen dann im diskreten Parameterraum periodisch immer wieder die gleichen Werte an. Je dichter die Pole am Einheitskreis liegen, um so eher besteht diese Möglichkeit, da bei nur schwach abklingenden Schwingungen die gleichen diskreten Zustände leichter wieder "angesprungen" werden.

In der Literatur findet man Angaben über die grenzzyklusfreien Bereiche der Koeffizienten bzw. Pole von Blöcken 1. und 2. Grades in Direktstruktur, siehe z. B. [4; 6; 29; 34].

Je nach Anregung können häufig verschiedene Grenzzyklen unterschiedlicher Amplitude, Form und Periodendauer auftreten. Stellt sich bei verschwindendem Eingangssignal am Ausgang ein konstanter Wert $\neq$ 0 ein, so handelt es sich um einen Grenzzyklus der Periode 1. Um sämtliche Fälle zu prüfen, muß das System mit allen möglichen Kombinationen von Werten der diskreten Zustandsvariablen gestartet werden. Meist genügt es schon, das System am Eingang mit einem Impuls oder einem nach einigen Perioden abgeschalteten Sinus anzuregen, um einen Grenzzyklus zu erhalten. Entsteht hierbei kein Grenzzyklus, so ist dies noch kein Beweis, daß kein Grenzzyklus möglich ist.

Grundsätzlich gibt es 2 Arten von Grenzzyklusschwingungen. <u>Überlaufschwingungen</u> entstehen durch die stark nichtlinearen Überlaufkennlinien der ZKD und VBD. Ihre Amplitude liegt im Bereich der Vollaussteuerung. Überlaufschwingungen lassen sich bei rekursiven Blöcken, deren Grad nicht größer als 2 ist, vermeiden, indem man am Ausgang der Addierer die Sättigungskennlinie nach

Bild 7.2c verwendet, siehe z. B. [6]. Die Sättigungskennlinie sollte grundsätzlich in jeder Struktur verwendet
werden.

<u>Granulare Grenzzyklusschwingungen</u>, meist einfach Grenz-
zyklusschwingungen genannt, entstehen durch Runden oder
Abschneiden. Ihre Amplitude beträgt, außer bei Polen
hoher Güte, meist nur einige Quantisierungsstufen q. Bei
Vergrößerung der Signalwortllänge im System werden sie um
6 dB/Bit kleiner.

Bild 7.9 zeigt die Anregung einer Grenzzyklusschwingung
durch einen an den Eingang angelegten Impuls beim Tiefpaß
9. Grades in Kaskadenstruktur nach Bild 4.24 und Tabelle 4.1 bei ZK-Abschneiden auf ρ = 7 Bit (mit Vorzeichen).
Dargestellt ist das Ausgangssignal (Simulation). Die
Impulsantwort klingt nicht auf 0 ab. Einer der 5 Blöcke
ist in einen Grenzzyklus geraten. Der Spitze-Spitze-Wert
des Grenzzyklus beträgt am Ausgang hier etwa 60q
(q = 2^{-6}). Die Verarbeitungswortlänge im Filter sollte
daher hier um (20 log60)/6 $\approx$ 6 Bit größer gewählt werden
als die Wortlänge von AD- und DA-Wandler. Dies ist auch
wegen des Rundungsrauschens empfehlenswert, siehe
Bild 7.8. Durch Verwendung unterschiedlicher Anregungen
wäre noch zu prüfen, ob Grenzzyklen größerer Amplitude
auftreten können.

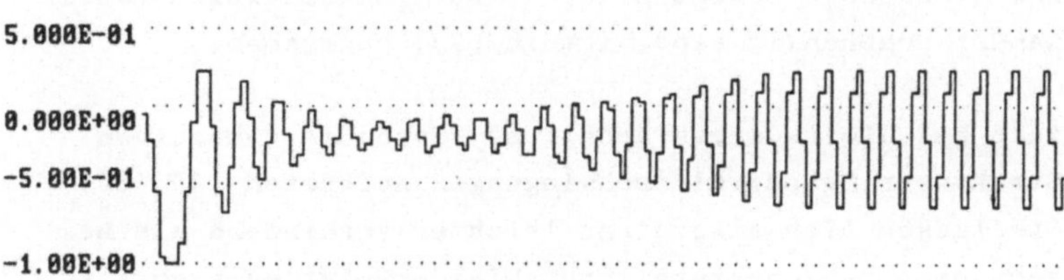

Bild 7.9 Grenzzyklusschwingung eines IIR-Filters
bei ZK-Abschneiden auf ρ = 7 Bit

Grenzzyklen können auch auftreten, wenn gleichzeitig am
Eingang eines Systems ein konstanter Wert (Gleichspannung) eingespeist wird. Wird ein periodisches Signal eingespeist, dessen Frequenz in rationalem Verhältnis zur
Abtastfrequenz steht, so sind die am Ausgang auftretenden
Störungen periodisch. Sie können als Rundungsrauschen
oder als Grenzzyklus aufgefaßt werden.

Durch Betragsabschneiden an Stelle von Runden oder ZK-Abschneiden lassen sich Grenzzyklen häufig verhindern. Mit
Sicherheit vermeiden lassen sie sich jedoch nur bei Wellendigitalfiltern, wenn dort Betragsabschneiden auf die
Wortlänge ρ und Sättigung erst vor den Verzögerungsgliedern vorgenommen wird. Innerhalb der Adaptoren dürfen
keine Wortlängenverkürzungen vorgenommen werden d. h.,
dort muß die Wortlänge 2ρ in Kauf genommen werden [53].
Bei Verletzung dieser Vorschrift, oder Verwendung von
Runden oder ZK-Abschneiden können auch bei Wellendigitalfiltern Grenzzyklusschwingungen auftreten.

Blöcke 2. Grades, die man für die Kaskaden- oder
Parallelform benötigt, können als WDF konzipiert werden,
um Grenzzyklusschwingungen zu vermeiden. Hier kommt z. B.
für den rekursiven Teil die gekoppelte Struktur nach
Bild 7.6 in Frage. Ein WDF 2. Grades, bei dem die Zähler-
und Nennerkoeffizienten der Übertragungsfunktion voneinander unabhängig sind, ist in [53] angegeben.

Auch bei Gleitkommaverarbeitung können in rekursiven
Strukturen Grenzzyklusschwingungen auftreten [29; 55].
Sie lassen sich allerdings leichter verhindern als bei
Festkomma-Zahlendarstellung. Hier erweist es sich als
günstig, Betragsabschneiden, sofortigen Unterlauf und
große Mantissenwortlänge zu verwenden.

Literatur

[1] Marko H.: Methoden der Systemtheorie
     (2. Aufl., Springer, Berlin 1986)
[2] Föllinger O.: Laplace- und Fouriertransformation
     (4. Aufl., AEG-Telefunken, Berlin 1986)
[3] Lüke H.D.: Signalübertragung
     (3. Aufl., Springer, Berlin 1985)
[4] Azizi S.A.: Entwurf und Realisierung digitaler
     Filter (4. Aufl., Oldenbourg, München 1988)
[5] Hölzler E., Holzwarth H.: Pulstechnik, Bd. 1
     (2. Aufl., Springer, Berlin 1986)
[6] Schüßler H.W.: Digitale Systeme zur
     Signalverarbeitung (1. Aufl. 1973,
     2. Aufl., Bd. 1, 1988, Springer, Berlin)
[7] Bogner R.E., Constantinides A.G.: Introduction to
     Digital Filtering (John Wiley, New York 1975)
[8] Mäusl R.: Digitale Modulationsverfahren
     (Hüthig, Heidelberg 1985)
[9] Rabiner L.R., Gold B.: Theory and Application of
     Digital Signal Processing
     (Prentice Hall, Englewood Cliffs, NJ, 1975)
[10] Haug K., Lüder E.: Determination of all Equivalent
     and Canonic Second Order Digital Filter Structures.
     Archiv für Elektrische Übertragung, Bd.36 (1982)
     S. 436
[11] Lücker R.: Grundlagen digitaler Filter
     (2.Aufl., Springer, Berlin 1985)
[12] Kaiser J.F.: Some Practical Considerations in the
     Realization of Linear Digital Filters.
     Dig. Sign. Proc., IEEE Press, New York 1972
[13] Jackson L.B.: Digital Filters and Signal Processing
     (Kluwer, Boston 1986)
[14] Oppenheim A.V., Schafer R.W.: Digital Signal
     Processing
     (Prentice Hall, Englewood Cliffs, NJ, 1975)
[15] Programs for Digital Signal Processing
     (IEEE Press, New York 1979)
[16] Lacroix A., Witte K.H.: Zeitdiskrete normierte
     Tiefpässe (Hüthig, Heidelberg 1980)
[17] Stearns S.D.: Digitale Verarbeitung analoger Signale
     (4. Aufl., Oldenbourg, München 1988)
[18] Schwieger E.: Digitale Butterworthfilter
     (Oldenbourg, München 1983)

[19] Saal R.: Handbuch zum Filterentwurf
     (AEG-Verlag, Berlin 1979)
[20] Zverev A.I.: Handbook of Filter Synthesis
     (John Wiley, New York 1967)
[21] Christian E., Eisenmann E.: Filter Design Tables
     (John Wiley, New York 1966)
[22] Pfitzenmaier G.: Tabellenbuch Tiefpässe
     (Siemens AG, Berlin 1971)
[23] Temes G.C., Mitra S.K.: Modern Filter Theory and
     Design (John Wiley, New York 1973)
[24] Blinchikoff H.J., Zverev A.I.: Filtering in the Time
     and Frequency Domains (John Wiley, New York 1976)
[25] Tietze U., Schenk C.: Halbleiter-Schaltungstechnik
     (9. Aufl., Springer, Berlin 1989)
[26] Gaszi L.: Explicit Formulas for Lattice Wave Digital
     Filters. IEEE Transactions on Circuits and Systems,
     Vol. CAS 32, Jan. 1985, S. 68
[27] Digital Filter Design Package (DFDP). Atlanta Signal
     Processors Inc., 770 Spring St., N.W., Suite 208,
     Atlanta, Georgia, 30308, USA
     Auch zu beziehen bei den örtlichen Vertretungen von
     Texas Instruments Inc.
[28] Hypersignal Workstation. Electronic Tools,
     Am Waldfriedhof 7, D 4030 Ratingen.
[29] Lacroix A.: Digitale Filter
     (3. Aufl., Oldenbourg, München 1988)
[30] Parks T.W., Burrus C.S.: Digital Filter Design
     (John Wiley, New York 1987)
[31] Bellanger M.: Digital Processing of Signals
     (2.Aufl., Teubner, Stuttgart; John Wiley,
     New York 1989)
[32] Avenhaus E.: Zum Entwurf digitaler Filter mit
     minimaler Speicherwortlänge. Diss. 1971, Universität
     Erlangen-Nürnberg
[33] Lang T.: Entwurf und Simulation rekursiver Digital-
     filter. Dipl.-Arbeit, Fachhochschule München, 1988
[34] Hess W.: Digitale Filter (Teubner, Stuttgart 1989)
[35] Entenmann W.: CCD-Filter (Oldenbourg, München 1980)
[36] Brigham E.O.: FFT, Schnelle Fourier-Transformation
     (Oldenbourg, München 1982)
[37] Kammeyer K.D., Kroschel K.: Digitale Signal-
     verarbeitung (Teubner, Stuttgart 1989)
[38] Harris, F.J.: On the Use of Windows for Harmonic
     Analysis with the Discrete Fourier Transform.
     Proc. of the IEEE, Vol 66, No.1, Jan. 1978, S. 51.

[39] Brigham E.O.: The Fast Fourier Transform and its
     Applications (Prentice-Hall, London 1988)
[40] Lange D.: Methoden der Signal- und Systemanalyse
     (Vieweg, Braunschweig 1985)
[41] Brook D., Wynne R.J.: Signal Processing
     (Edward Arnold, London 1988)
[42] Achilles D.: Die Fourier-Transformation in der
     Signalverarbeitung (2. Aufl., Springer, Berlin 1985)
[43] Burrus C.S., Parks T.W.: DFT/FFT and Convolution
     Algorithms (John Wiley, New York 1985)
[44] Martini H.: Methoden der Signalverarbeitung
     (Franzis, München 1987)
[45] Wupper H.: Einführung in die digitale Signalver-
     arbeitung (Hüthig, Heidelberg 1989)
[46] Hesselmann N.: Digitale Signalverarbeitung
     (Vogel, Würzburg 1983)
[47] Best R.: Digitale Signalverarbeitung und Simulation
     Bd. 1 (AT Verlag, Aarau 1989)
[48] Bateman A., Yates W.: Digital Signal Processing
     Design (Pitman, London 1988)
[49] Crochiere R.E., Rabiner L.R.: Multirate Digital
     Signal Processing
     (Prentice-Hall, Englewood Cliffs, NJ, 1983)
[50] Software Tools. Achenbach Systeme, Hühnerbergweg 5,
     D 6370 Oberursel/Taunus
[51] Markel J.D., Gray A.H.: Linear Prediction of Speech
     (Springer, Berlin 1976)
[52] Vaidyanathan P.P.: The doubly terminated lossless
     digital Two-Pair in Digital Filtering.
     IEEE Transactions on Circuits and Systems,
     Vol. CAS 32 No. 2, Feb. 1985, S.197
[53] Fettweis A.: Wave Digital Filters: Theory and
     Practice.
     Proc. of the IEEE, Vol. 74 No. 2, Feb. 1986, S.270
[54] Strum R., Kirk D.: First Principles of Discrete
     Systems and Digital Signal Processing
     (Addison-Wesley, Reading, Massachusetts, 1988)
[55] Ortner J.: Simulation von Signalprozessoren mit
     Gleitkomma-Arithmetik. Dipl.-Arbeit,
     Fachhochschule München, FB 04, 1989
[56] Ullrich U.: Simulation von Digitalfiltern mit Hilfe
     von Großrechnern. Archiv für Elektrische Übertragung
     Bd. 28 (1974) Heft 2, S. 81
[57] Heute U.: Fehler in DFT und FFT.
     Ausgew. Arbeiten über Nachrichtensysteme Nr. 54
     Universität Erlangen-Nürnberg, 1982

Sachverzeichnis

TEUBNER STUDIENSKRIPTEN (TSS) UND LEHRBÜCHER FÜR INGENIEURE

- Eine Auswahl für den Elektrotechniker -

Digitale Nachrichtentechnik

Bellanger, Digital Processing of Signals
    2. Auflage.   Kart. DM 64,--

Hess, Digitale Filter   (TSB) DM 39,--

Kammeyer/Kroschel, Digitale Signalverarbeitung   (TSB) DM 38,--

Digitaltechnik

Borucki, Digitaltechnik
    3., überarbeitete und erweiterte Auflage.   Kart. DM 52,--

Haack, Einführung in die Digitaltechnik
    4. Auflage.   (TSS) DM 19,80

Hentschke, Grundzüge der Digitaltechnik   Kart. DM 36,--

Schaller/Nüchel, Nachrichtenverarbeitung

    Band 1: Digitale Schaltkreise
             3., überarbeitete Auflage.   (TSS) DM 18,80
    Band 2: Entwurf digitaler Schaltwerke
             4., überarbeitete und erw. Auflage.   (TSS) DM 20,80
    Band 3: Entwurf von Schaltwerken mit Mikroprozessoren
             2., neubearbeitete und erw. Auflage. (TSS) DM 18,80

Regelungstechnik

Dörrscheidt/Latzel, Grundlagen der
    Regelungstechnik   Geb. DM 58,--

Ebel, Regelungstechnik
    5., überarbeitete und erweiterte Auflage.   (TSS) DM 21,80

Ebel, Beispiele und Aufgaben zur Regelungstechnik
    3., überarbeitete und erweiterte Auflage.   (TSS) DM 17,80

Leonhard, Digitale Signalverarbeitung in der
    Meß- und Regelungstechnik   (TSB) DM 42,--

Schaufelberger/Sprecher/Wegmann, Echtzeit-Programmierung
    bei Automatisierungssystemen   (TSB) DM 29,80

TSS: Teubner Studienskripten (12,7 x 18,8 cm)
TSB: Teubner Studienbücher (13,7 x 20,5 cm)

(Preisänderungen vorbehalten)